AF368626

TRAITÉ

DE LA

TYPOGRAPHIE

PARIS

DELARUE, LIBRAIRE
QUAI DES AUGUSTINS, 11

TRAITÉ

DE LA

TYPOGRAPHIE

PAR

HENRI FOURNIER

IMPRIMEUR

—

DEUXIÈME ÉDITION

CORRIGÉE ET AUGMENTÉE

TOURS

AD MAME ET Cie, IMPRIMEURS-LIBRAIRES

—

MDCCCLIV

A MONSIEUR

FIRMIN DIDOT

COMME A L'HOMME DONT L'AMITIÉ M'HONORE LE PLUS

ET DONT LE SUFFRAGE ME SERAIT LE PLUS CHER

SON ÉLÈVE RECONNAISSANT

H. FOURNIER

La première édition de ce Traité parut sous les
auspices bienveillants de **M. Firmin Didot**, à
l'école duquel l'auteur avait étudié et pratiqué.
Aujourd'hui c'est à la mémoire de ce savant,
de cet éminent artiste, que le livre reste dédié.
Heureusement pour l'avenir de la typographie,
cet homme si regrettable n'est pas mort tout
entier ; ses fils, **MM.** Ambroise et Hyacinthe,
après avoir noblement soutenu l'honneur du
nom, se disposent à transmettre à une nouvelle
génération ce glorieux héritage.

DIVISION DE L'OUVRAGE

AVANT-PROPOS

POUR CETTE DEUXIÈME ÉDITION

Depuis la première publication de cet ouvrage,
achevé en 1824, de grands changements se sont
opérés dans certaines parties de la typographie.
Comme tous les arts industriels, la typographie, durant cette période laborieuse et exempte de longues
perturbations, a fait d'énergiques efforts pour ne pas
demeurer stationnaire; ces efforts ont été suivis de
succès, et elle s'est placée à un rang honorable dans
les annales du progrès, ainsi que l'attestent les produits qu'elle a montrés et les récompenses qu'elle a

obtenues dans les expositions de la France et de l'Angleterre.

La gravure des caractères, qui par moments semblait perdre de vue les bons modèles et mettre en péril notre supériorité nationale, est rentrée dans une voie plus sévère et revenue à des types admis par le goût. La fonderie a participé à cette tendance vers un ensemble de travaux corrects et satisfaisants.

Le tirage a rencontré dans la propagation prompte et incessante, dans l'amélioration indéfinie des presses mécaniques, la nécessité d'une transformation où devaient être conciliées la rapidité de la production et la perfection du produit.

D'autres causes sont venues modifier la nature des opérations typographiques. L'application de la mécanique à la fabrication du papier, l'immense consommation qui s'en est suivie, et les ressources illimitées que le papier continu a offertes à la librairie; le développement simultané des machines à papier et des machines de tirage; l'extension donnée à la gravure sur bois, qui est devenue un art nouveau sous le nom, nouveau également, d'illustration: toutes ces circonstances, survenues presque concurremment, ont placé l'imprimerie dans des conditions d'activité et d'avancement qui ont été pour elle toute une révolution.

Aujourd'hui comme alors associé au mouvement typographique, nous avons assisté à son développement progressif; nous en avons observé tous les détails, nous en avons étudié et, nous pouvons dire, secondé la marche (1). Aussi avons-nous tenu compte dans cette nouvelle édition de toutes les innovations heureuses que nous avons vues apparaître, des habitudes nouvelles qui ont prévalu, des procédés qui ont pris racine, des moindres modifications qui se sont introduites. Nous n'avons pas même laissé sans une mention spéciale les essais infructueux, pensant qu'il n'était pas inutile, pour l'histoire de l'art et pour l'expérience de ceux qui l'exercent, de signaler ces tentatives que des hommes doués d'imagination, mais dépourvus de pratique, conçoivent et exécutent sans se préoccuper de la facilité, de la possibilité d'application.

Nous formons le vœu que cette édition, mise au

(1) L'auteur dirige aujourd'hui, à Tours, les ateliers typographiques de la maison Mame, le plus vaste établissement d'imprimerie, de librairie et de reliure qui existe dans le monde entier.

niveau de la situation présente et à la portée de tous les typographes, puisse profiter à l'enseignement trop souvent incomplet de bon nombre d'entre eux, dont l'apprentissage négligé ou inachevé, dont l'instruction mal dirigée, dont les travaux routiniers doivent chercher à se retremper dans la théorie, et y puiser des notions propres à sauver l'art de la décadence et à les sauver eux-mêmes de la médiocrité, condition funeste à l'homme et surtout à l'ouvrier.

PRÉFACE

L'ART dont l'invention est le plus beau titre de
gloire du xv° siècle, et le fait le plus mémorable
de l'histoire des connaissances humaines ; le procédé ingénieux qui, vainqueur du temps et de
l'espace, reproduit à l'infini les travaux de l'esprit
et les inspirations du génie, et dont la noble
destinée est de rendre désormais la vérité impérissable, la barbarie impossible, la science populaire : l'imprimerie, en un mot, a suivi l'impulsion
donnée aux autres arts, pendant cinquante années
d'industrieux efforts, par la civilisation, le plus
glorieux de ses résultats.

Illustrée en France par les Estienne, elle y a été
portée de nos jours par les Didot à son plus haut

degré de perfection. Comme artistes, ils ont placé leurs produits au-dessus de la critique la plus sévère ; comme lettrés, ils ont donné l'exemple inconnu avant eux d'éditions exemptes de fautes. Les types ont acquis sous leur burin cette finesse de gravure, cette régularité de proportions, cette élégance de formes, qu'on chercherait vainement chez les Elzevier, et dont la supériorité sur ces derniers, proclamée par le bon goût, ne saurait plus être contestée que par le caprice des bibliomanes. De nombreuses améliorations, introduites par eux dans les procédés de la fonderie et dans le mécanisme des presses, ont complété l'heureuse révolution qu'ils ont opérée dans la typographie. Animés par l'exemple de ces grands maîtres, quelques imprimeurs se sont associés à leur renommée ; et, grâce à leurs habiles efforts, l'art de Gutenberg paraît être dans notre patrie à l'abri d'une prochaine décadence.

Mais si nos célèbres artistes n'avaient coopéré à la gloire de leur pays en lui assurant sur ce point une prééminence incontestable ; si, par des sacrifices de tout genre antérieurs à leurs succès, ils ne nous avaient inspiré le sentiment exclusif

de la reconnaissance, nous serions tenté de leur
adresser un reproche, celui de n'avoir point dicté
eux-mêmes les préceptes après avoir offert les
modèles les plus parfaits. Auraient-ils dédaigné
cette œuvre de patience? ou plutôt auraient-ils
craint de dérober à l'illustration nationale quelques heures d'un temps incessamment consacré
au perfectionnement d'un art qu'ils voulaient élever à son apogée? Quel que soit le motif de nos
regrets, que nous devions ou non les en accuser,
la privation d'un semblable ouvrage, qui eût été
classique dans tous les pays où s'exerce leur noble
profession, laisse une page à remplir dans les
annales de l'industrie contemporaine (1). C'est
cette page que, plus ou moins imparfaitement,
nous avons essayé d'écrire, sans toutefois espérer
de pouvoir suppléer dans la description de cet art

(1) Depuis que nous avons écrit ces lignes, et tout
récemment, M. Ambroise - Firmin Didot a publié, sous le
titre d'*Essai sur la Typographie* (extrait de l'*Encyclopédie
moderne*), une histoire très-complète de cet art, et riche de
documents précieux et nouveaux. Mais la partie didactique
y a été seulement esquissée, et sous ce rapport nos plaintes
subsistent.

ceux qui lui ont voué de longues années de travaux, et de travaux heureux.

Les progrès récents de la typographie, qui aujourd'hui, tant par la perfection de son mécanisme que par celle de ses résultats, semble être parvenue à sa période stationnaire, n'ont point encore été constatés. Les ouvrages écrits jusqu'à présent sur cette matière, incomplets pour la plupart dans le temps même où ils ont vu le jour, ne peuvent plus maintenant atteindre leur but que sur un petit nombre de points (1). Les nombreux changements successivement introduits dans les procédés de l'imprimerie, les améliorations apportées aux usages de la composition, la rectification des instruments du tirage, enfin une somme d'innovations équivalente à une création

---

(1) C'est faire un acte de stricte justice que d'excepter de cette proscription générale le Manuel publié par un de nos plus habiles typographes, M. Brun, que recommandent éminemment l'étude approfondie de son art et les aperçus les plus ingénieux sur les procédés qui s'y rattachent. Cet ouvrage, remarquable à la fois par le choix des principes et par les exemples qu'il offre dans son exécution, est un excellent guide pour tous ceux qui recherchent des enseignements pratiques sur les travaux de l'imprimerie.

nouvelle, exposent ceux qui se serviraient de ces ouvrages à y rencontrer moins de vérités que d'erreurs. La tâche que nous osons entreprendre a donc pour objet de satisfaire aux besoins actuels de l'art.

Voici quel est le plan que nous avons suivi.

Nous avons présenté dans l'introduction un précis historique sur l'origine et les progrès de la typographie, sur l'époque de son importation dans les différents États du monde civilisé, sur l'extension plus ou moins rapide qu'elle y a acquise, sur les perfectionnements qu'elle y a reçus. Comme la naissance de cet art demeure enveloppée dans des ténèbres que n'ont pu dissiper entièrement les recherches de l'érudition, notre travail a dû se borner à donner le résumé des opinions qui nous ont offert à cet égard les probabilités les plus fondées. Après avoir examiné les monuments qui servent de date à cette invention, nous avons révélé l'immensité de l'intervalle qui sépare les essais grossiers du xve siècle des chefs-d'œuvre si parfaits de l'imprimerie moderne. Nous avons terminé l'introduction par un tableau qui embrasse synoptiquement l'ensemble de la typographie ; préliminaire indispensable de la description de ses opérations, laquelle fait l'objet de ce Traité.

Quoique le langage technique soit inévitable dans un ouvrage spécial, nous nous sommes écarté le moins possible du langage vulgaire. Nous nous sommes constamment appliqué à définir les mots et à expliquer les faits, afin de nous mettre à la portée de quiconque est intéressé à acquérir les connaissances relatives à la fabrication des livres. Ainsi nous espérons être parvenu à nous rendre facilement intelligible aux libraires, aux éditeurs et aux auteurs, toutes personnes auxquelles nous désirons que ce livre puisse être de quelque utilité.

Si nos lecteurs étaient portés à nous reprocher d'avoir été minutieux dans certaines énumérations, dans certains développements, nous leur répondrions que, d'une part, nous avons omis tous les faits qui nous ont paru superflus ou vieillis, et de plus un nombre infini de points qui se résolvaient par la pratique la plus élémentaire, mais que, d'un autre côté, nous avons scrupuleusement consigné toutes les circonstances, même dans des conditions d'activité et d'avancement qui ont été pour elle toute une révolution.

Aujourd'hui comme alors associé au mouvement typographique, nous avons assisté à son développement progressif; nous en avons observé tous les détails, nous en avons étudié et, nous pouvons dire, secondé la marche (1). Aussi avons-nous tenu compte dans cette nouvelle édition de toutes les innovations heureuses que nous avons vues apparaître, des habitudes nouvelles qui ont prévalu, des procédés qui ont pris racine, des moindres modifications qui se sont introduites. Nous n'avons pas même laissé sans une mention spéciale les essais infructueux, pensant qu'il n'était pas inutile, pour l'histoire de l'art et pour l'expérience de ceux qui l'exercent, de signaler ces tentatives que des hommes doués d'imagination, mais dépourvus de pratique, conçoivent et exécutent sans se préoccuper de la facilité, de la possibilité d'application.

Nous formons le vœu que cette édition, mise au

(1) L'auteur dirige aujourd'hui, à Tours, les ateliers typographiques de la maison Mame, le plus vaste établissement d'imprimerie, de librairie et de reliure qui existe dans le monde entier.

niveau de la situation présente et à la portée de tous les typographes, puisse profiter à l'enseignement trop souvent incomplet de bon nombre d'entre eux, dont l'apprentissage négligé ou inachevé, dont l'instruction mal dirigée, dont les travaux routiniers doivent chercher à se retremper dans la théorie, et y puiser des notions propres à sauver l'art de la décadence et à les sauver eux-mêmes de la médiocrité, condition funeste à l'homme et surtout à l'ouvrier.

PRÉFACE

L'art dont l'invention est le plus beau titre de gloire du xve siècle, et le fait le plus mémorable de l'histoire des connaissances humaines; le procédé ingénieux qui, vainqueur du temps et de l'espace, reproduit à l'infini les travaux de l'esprit et les inspirations du génie, et dont la noble destinée est de rendre désormais la vérité impérissable, la barbarie impossible, la science populaire: l'imprimerie, en un mot, a suivi l'impulsion donnée aux autres arts, pendant cinquante années d'industrieux efforts, par la civilisation, le plus glorieux de ses résultats.

Illustrée en France par les Estienne, elle y a été portée de nos jours par les Didot à son plus haut degré de perfection. Comme artistes, ils ont placé leurs produits au-dessus de la critique la plus sévère; comme lettrés, ils ont donné l'exemple inconnu avant eux d'éditions exemptes de fautes. Les types ont acquis sous leur burin cette finesse de gravure, cette régularité de proportions, cette élégance de formes, qu'on chercherait vainement chez les Elzevier, et dont la supériorité sur ces derniers, proclamée par le bon goût, ne saurait plus être contestée que par le caprice des biblio-manes. De nombreuses améliorations, introduites par eux dans les procédés de la fonderie et dans le mécanisme des presses, ont complété l'heureuse révolution qu'ils ont opérée dans la typographie. Animés par l'exemple de ces grands maîtres, quelques imprimeurs se sont associés à leur renommée; et, grâce à leurs habiles efforts, l'art de Gutenberg paraît être dans notre patrie à l'abri d'une prochaine décadence.

Mais si nos célèbres artistes n'avaient coopéré à la gloire de leur pays en lui assurant sur ce point une prééminence incontestable; si, par des sacrifices de tout genre antérieurs à leurs succès, ils ne nous avaient inspiré le sentiment exclusif de la reconnaissance, nous serions tenté de leur adresser un reproche, celui de n'avoir point dicté eux-mêmes les préceptes après avoir offert les modèles les plus parfaits. Auraient-ils dédaigné cette œuvre de patience? ou plutôt auraient-ils craint de dérober à l'illustration nationale quelques heures d'un temps incessamment consacré au perfectionnement d'un art qu'ils voulaient élever à son apogée? Quel que soit le motif de nos regrets, que nous devions ou non les en accuser, la privation d'un semblable ouvrage, qui eût été classique dans tous les pays où s'exerce leur noble profession, laisse une page à remplir dans les annales de l'industrie contemporaine (1). C'est cette page que, plus ou moins imparfaitement, nous avons essayé d'écrire, sans toutefois espérer de pouvoir suppléer dans la description de cet art

(1) Depuis que nous avons écrit ces lignes, et tout récemment, M. Ambroise - Firmin Didot a publié, sous le titre d'*Essai sur la Typographie* (extrait de l'*Encyclopédie moderne*), une histoire très-complète de cet art, et riche de documents précieux et nouveaux. Mais la partie didactique y a été seulement esquissée, et sous ce rapport nos plaintes subsistent.

ceux qui lui ont voué de longues années de travaux, et de travaux heureux.

Les progrès récents de la typographie, qui aujourd'hui, tant par la perfection de son mécanisme que par celle de ses résultats, semble être parvenue à sa période stationnaire, n'ont point encore été constatés. Les ouvrages écrits jusqu'à présent sur cette matière, incomplets pour la plupart dans le temps même où ils ont vu le jour, ne peuvent plus maintenant atteindre leur but que sur un petit nombre de points (1). Les nombreux changements successivement introduits dans les procédés de l'imprimerie, les améliorations apportées aux usages de la composition, la rectification des instruments du tirage, enfin une somme d'innovations équivalente à une création

(1) C'est faire un acte de stricte justice que d'excepter de cette proscription générale le Manuel publié par un de nos plus habiles typographes, M. Brun, que recommandent éminemment l'étude approfondie de son art et les aperçus les plus ingénieux sur les procédés qui s'y rattachent. Cet ouvrage, remarquable à la fois par le choix des principes et par les exemples qu'il offre dans son exécution, est un excellent guide pour tous ceux qui recherchent des enseignements pratiques sur les travaux de l'imprimerie.

d'une importance subalterne, que nous avons
jugées nécessaires au complément de nos explications; convaincu que dans un travail didactique
la crainte d'être fastidieux doit toujours céder au
danger d'être obscur ou inexact.

Il est encore un autre genre de blâme que nous
avons sciemment encouru, c'est celui que pourraient nous attirer certaines recommandations,
qui, trouvant également leur application dans une
partie de ce Traité comme dans une autre, ont
été parfois reproduites, de peur que le lecteur ne
les rencontrât pas là où il croirait devoir les
chercher.

Il nous reste à exprimer un vœu, c'est que cet
ouvrage, qui tend à ériger en théories les résultats
d'exercices pratiques, ne présente pas un contraste
trop fréquent entre le précepte et l'exemple.

INTRODUCTION

I

De la naissance de l'imprimerie, et de la propagation de cet art.

C'est un fait digne de remarque, que l'invention qui a contribué le plus puissamment à perpétuer les souvenirs historiques n'ait pu jusqu'à ce jour répandre la lumière sur le mystère qui enveloppe sa propre origine. Trois villes, Mayence, Strasbourg et Harleim, se disputent l'honneur d'avoir été le berceau de l'imprimerie. Quant à l'époque de sa naissance, on la fait généralement remonter à la moitié du XVe siècle. Il résulte néanmoins de l'hésitation des érudits sur ce point une incertitude qui porte à la fois sur l'auteur, sur le lieu et sur l'année de cette découverte. Si l'on considère la proximité des temps et des pays témoins de cet événement, on s'expliquera difficilement les causes qui suspendent encore la solution de ce triple problème. Le concours des traditions contemporaines et des plus savantes investigations n'a donné pour résultats que des probabilités plus ou moins fondées, mais jamais une évidence suffisante pour triompher des scrupules de l'histoire.

Depuis le commencement du XVIe siècle jusqu'au nôtre, un grand nombre d'ouvrages ont été publiés sur cette matière dans différentes langues. Les historiens et les bibliographes se sont livrés aux recherches les plus laborieuses et les plus diverses, sans parvenir à une certitude irréfragable sur aucun des trois points controversés. Nous ne prétendons pas jeter une clarté nouvelle sur une question discutée par les écrivains les plus éclairés; nous nous bornerons à présenter le résumé succinct des opinions qui s'accordent le plus avec la vraisemblance, et que doivent faire prévaloir le nombre aussi bien que la consistance des autorités qui les ont soutenues, jusqu'au jour où quelque monument authentique fera jaillir la vérité de cet amas de conjectures.

Vers l'année 1440 (1), Jean Gensfleich, ou **Gutenberg**, surnom qu'il a depuis immortalisé, né en 1400 d'une famille noble de Mayence, conçut le dessein de substituer au travail long et dispendieux des manuscrits un procédé mécanique qui multipliât à l'infini les copies d'un ouvrage. Éclairé sans doute par les résultats déjà connus de la xylographie (2), il imagina de

(1) Cette date parait devoir être admise sans contestation. (A.-F. Didot, *Essai sur la Typographie.*)

(2) La plus ancienne gravure sur bois que l'on connaisse accompagnée de texte, et qui ait une date, est celle d'une image de saint Christophe portant à travers la mer l'enfant Jésus. Elle est datée de 1423. Id., *ibid.*

graver sur des planches de bois des lettres en relief,
dont la surface, enduite d'une certaine composition,
et mise en contact avec une feuille de vélin, dût
produire une empreinte analogue à celle de l'écriture.
Il choisit en conséquence les formes de ses nouveaux
types dans les manuscrits les plus remarquables de
cette époque, et il se livra avec ardeur à l'exécution
de son projet. Mais les frais résultants de ces premiers
essais épuisèrent promptement ses ressources pécu-
niaires. Les avances qu'il eut à faire pour l'achat des
planches de bois, qui, employées une fois, ne pouvaient plus être d'aucune utilité, la lenteur de ces
travaux, l'éloignement et l'incertitude de leur produit
le déterminèrent à chercher un collaborateur.

En 1444, il quitta Strasbourg, où depuis huit ans il
s'occupait de mener à fin son entreprise, et se rendit
à Mayence. Ce fut dans cette ville qu'il s'adjoignit
d'abord Jean Fust, ou Faust, qui y exerçait la
profession d'orfèvre; et ils formèrent ensemble une
association dans laquelle l'un apporta son industrie,
source probable de bénéfices ultérieurs, et l'autre une
somme destinée à subvenir aux premières dépenses.
Leur société s'augmenta plus tard de quelques autres
membres dont les noms ne sont pas venus jusqu'à
nous, si l'on en excepte toutefois celui de Meydenbach;
mais leur rôle se borna exclusivement à celui de
bailleurs de fonds.

Pendant son séjour à Strasbourg, Gutenberg avait
mis au jour, au moyen de son nouveau procédé, deux
traités composés pour les écoles, et dont, en raison de

leur fréquent usage, il espérait débiter promptement les copies imprimées. Il paraît que Faust, initié par lui aux secrets de l'art qu'il venait de créer, et frappé de l'imperfection des planches, dont la destination était spéciale, conçut l'idée d'en composer avec des lettres isolées, dont la libre combinaison pût acquérir une application universelle. Cette modification importante reçut une prompte exécution, et elle eut pour premiers résultats la *Grammaire de Donat*, ainsi que quelques autres ouvrages. Mais Gutenberg et Faust s'aperçurent bientôt que la substance de ces caractères, dont l'emploi n'était plus borné à une seule impression, manquait de la solidité nécessaire; ils imaginèrent alors de fabriquer des types métalliques. Obligés de recourir au secours d'une main étrangère pour l'accomplissement de ce nouveau projet, ils admirent dans leur confidence Pierre Schœffer, domestique de Faust, que celui-ci avait jugé capable de seconder leur entreprise. Les travaux de Schœffer répondirent pleinement à leur attente; il grava des poinçons en relief, avec lesquels il frappa des matrices; ces matrices, ajustées dans des moules en fer, servirent à la fonte des caractères, dont l'alliage fut modifié jusqu'à ce qu'ils eussent obtenu le degré de consistance convenable (1).

Ce fut au moyen de ce dernier procédé qu'ils firent une *Bible* latine, dont l'impression dura sept à huit ans et fut achevée en 1450. Si l'on considère les frais

---

(1) Faust récompensa les soins et l'habileté de son ancien serviteur en lui donnant pour épouse sa fille unique.

de tout genre que leur coûta la confection de ce grand ouvrage, les immenses préparatifs qu'ils eurent à faire avant de parvenir à leur but, les difficultés qu'ils eurent à vaincre, les précautions qu'ils durent prendre pour ensevelir leur découverte dans un silence aussi prolongé, on ne peut assez admirer l'exécution miraculeuse de ce premier monument de la typographie. Nous trouvons dans l'histoire des sciences et des arts quelques inventions non moins étonnantes que celle de l'imprimerie; mais elle n'en offre aucune dont l'accomplissement ait été aussi rapide, et en même temps aussi complet.

Nous venons de voir les trois périodes distinctes qui marquent la création de l'art. La première est la gravure des planches fixes; la seconde est la décomposition de ces planches de bois en types mobiles de la même matière qui en généralise l'emploi; enfin la troisième est la gravure du poinçon et la fabrication du moule qui multiplient ces lettres à l'infini et avec une rigoureuse identité. Ce n'est réellement que de cette dernière période que date l'invention de l'imprimerie, qui jusque-là conservait avec la gravure une affinité trop intime (1). Il est donc juste de confondre dans notre admiration les trois hommes qui ont concouru à cette tâche féconde. A Gutenberg appartient la gloire d'avoir conçu le premier l'idée de cet art;

(1) C'est aux informes essais des cartes à jouer, puis des images avec légendes, puis des Donats, imprimés d'abord sur tables de bois, puis sur lettres de bois mobiles, puis en caractères de métal, soit sculptés sur pièce, soit retouchés au burin après avoir été coulés, que l'imprimerie rattache son origine. (A.-F. DIDOT, *ibid.*)

à Schœffer le mérite d'une exécution laborieuse qui a complété l'œuvre et assuré le succès; Faust prit part à leurs travaux et les dirigea en les perfectionnant, il a les mêmes droits à la reconnaissance de la postérité.

Leur association ne subsista que peu d'instants après l'époque où elle s'était illustrée. Dans la même année où ils publièrent la *Bible*, il s'éleva entre eux des débats d'intérêts qui entraînèrent une rupture; Gutenberg resta à Mayence, où il poursuivit ses travaux. Faust et Schœffer demeurèrent associés, et continuèrent aussi à imprimer dans la même ville. Ce ne fut que quelques années après la dissolution de la première société que l'existence de leur découverte acquit de la publicité; jusque-là ils avaient su la cacher à tous les yeux, pensant trouver dans ses résultats futurs le dédommagement de leurs efforts et de leurs sacrifices. Les premiers produits de leurs presses étaient des imitations, et l'on peut dire des contrefaçons de manuscrits. Profitant de l'ignorance de leurs contemporains sur le procédé qu'ils mettaient en usage, ils y trouvèrent l'avantage de vendre comme copies manuscrites leurs exemplaires imprimés, et de s'assurer ainsi pour quelque temps la possession exclusive du fruit de leur industrie. Mais d'une part la comparaison de quelques-unes de ces prétendues copies, de l'autre l'indiscrétion des personnes chargées d'exécuter sous leurs yeux certains travaux relatifs à leur art, en divulguèrent bientôt le secret.

Faust se rendit à Paris, en 1462, avant que l'invention de l'imprimerie fût connue en France.

Il emporta avec lui un certain nombre d'exemplaires d'une *Bible* qu'il avait imprimée conjointement avec Schœffer. Il les vendit d'abord comme manuscrits; mais il réduisit bientôt ce prix au dixième, puis au vingtième de leur valeur primitive. Ces variations de prix et la ressemblance parfaite des volumes causèrent une surprise générale. L'ignorance superstitieuse de ce temps fit envisager comme un sortilége cette production extraordinaire de l'imagination humaine. On fit des recherches dans la maison que Faust habitait; on y trouva une certaine quantité de ces livres; les ornements en encre rouge qui décoraient plusieurs pages passèrent pour avoir été tracés avec son sang. Il fut mis en prison, et accusé de magie. Mais Louis XI ordonna qu'on lui rendît la liberté, sous la condition qu'il ferait connaître les moyens employés par lui pour multiplier dans cette proportion inouïe les copies d'un même livre. Faust mourut à Paris en 1466; on croit qu'il fut victime de la peste qui désola cette ville dans la même année.

Nous venons d'exposer en très-peu de mots, nous ne dirons pas la vérité, mais la vraisemblance sur l'origine de l'imprimerie (1). Cette matière méritait

(1) Quoique nous exprimions encore des doutes sur la réalité des titres de Gutenberg comme inventeur, nous devons dire que ces doutes ont été fortement ébranlés et presque changés en une conviction complète par un travail publié en 1840, à l'occasion du quatrième retour séculaire de la naissance de l'art, sous le titre d'*Histoire de l'invention de l'Imprimerie par les Monuments*, par M. Duverger, un de nos plus habiles et de nos plus savants typographes. M. Duverger s'attache à démontrer que non-seulement la *Bible* fut imprimée avec

sans doute plus de développements; et nous l'aurions traitée avec moins de brièveté, si nous n'eussions pensé qu'on ne pouvait discourir sur des conjectures aussi longuement que sur des faits, et qu'en abrégeant notre narration nous devions diminuer nos chances d'erreurs. Nous nous sommes donc borné à présenter les sommités de cet intéressant épisode des fastes de l'industrie humaine. D'un autre côté, comme plusieurs villes et plusieurs individus revendiquent la gloire de cette invention, comme ce procès est encore pendant au tribunal de l'histoire, qui n'a pas prononcé en dernier ressort, il est de notre devoir de faire connaître les réclamations des autres parties contendantes.

Les habitants de Harleim prétendent que Laurent-Jean Coster, un de leurs compatriotes, inventa l'imprimerie vers l'an 1430, et que dès la naissance de cet art il se servit des planches fixes en bois. Selon eux, il abandonna bientôt ce procédé, il se mit à tailler des poinçons en acier, à frapper des matrices,

des types mobiles métalliques, mais que la *Grammaire de Donat*, qui l'avait précédée de quelques années, avait été imprimée avec les mêmes types. Il paraît donc évident que Gutenberg a résolu le problème complet; et cette hypothèse trouverait sa confirmation dans les actes d'un procès qui fut intenté en 1439 par l'un de ses associés, et à l'occasion duquel on découvre qu'il eut de longs rapports d'affaires avec des orfèvres et avec un charpentier, et qu'il faisait des achats de plomb : circonstance qu'on ne saurait attribuer qu'aux travaux nécessités par la gravure et la fonte des lettres, ainsi que par la construction de sa presse. M. Duverger a efficacement servi l'histoire et la typographie en se livrant aux recherches consciencieuses et aux essais laborieux qui l'ont amené à des conclusions aussi positives.

et à fondre des lettres de métal. Ils assurent que, pendant qu'il était à l'église, Gutenberg, son collaborateur, lui déroba les instruments de son travail, et s'enfuit à Mayence, où il passa pour en être l'inventeur. Ils parlent beaucoup d'un livre intitulé *Speculum humanæ salvationis*, imprimé dans leur ville en hollandais et en latin, et ils affirment que ce livre est le premier produit de la typographie ; mais comme il ne porte pas de date, cette assertion manque de preuves, et peut être suspectée de partialité. Ils n'en célèbrent pas moins encore une fête séculaire en l'honneur de la prétendue découverte de Coster.

Voici, d'un autre côté, les titres que les habitants de Strasbourg ont fait valoir. Ils disent que Jean Mentelin, citoyen de leur ville, conçut le premier l'idée de l'imprimerie, qu'il s'adjoignit Gutenberg dans ses travaux, que celui-ci profita de ses ouvertures et se rendit à Mayence, où il devança Mentelin dans l'exécution de son projet. Ils appuient leurs prétentions des lettres de noblesse qui lui furent envoyées par l'empereur Frédéric III. Il est bien constant que Mentelin fut le premier imprimeur qui s'établit à Strasbourg, et un des premiers qui exercèrent cette nouvelle profession hors de Mayence. De là vient sans doute qu'on lui a attribué le mérite de l'invention, et qu'il en a même reçu la récompense.

Mayence, Strasbourg et Harleim ne furent pas les seules villes qui voulurent enrichir leurs annales du fait glorieux que chacune d'elles réclama pour un de ses enfants. Ce titre d'illustration fut brigué par d'autres villes de l'Europe (1), mais avec trop peu de fondement pour qu'on doive s'arrêter à leurs prétentions.

Quant à l'ancienne tradition qui désigne la Chine comme le berceau de cet art, il est certain que l'imprimerie tabellaire fut connue dans cet empire longtemps avant qu'on l'eût inventée en Occident ; mais il n'est pas moins avéré que les types mobiles et métalliques y furent apportés par les Européens, et que maintenant encore l'usage des planches en bois n'y est pas abandonné.

Dès que le secret des inventeurs fut divulgué, une foule d'établissements de ce genre se formèrent promptement dans différentes contrées de l'Europe. Paris fut une des premières villes qui en reçurent ; Ulrich Gering, Crantz et Friburger commencèrent à y imprimer en 1470. A la fin du siècle il existait déjà plus de deux cents imprimeries dont les nombreux produits attestaient le mérite de cette invention.

En France son importation fit de rapides progrès (2).

(1) Anvers, Augsbourg, Bâle, Bamberg, Cologne, Dordrecht, Feltri, Florence, Lubeck, Nuremberg, Rome, Russembourg, Schelestadt, Venise, etc.

(2) Nous avons réuni dans le tableau suivant la liste des imprimeurs qui s'y établirent dans les trente dernières années du XVe siècle, et les noms des villes où ils exercèrent leur profession.

1458.	Jean MENTELIN,	à Strasbourg.
1470.	Ulrich GERING, CRANTZ et FRIBURGER,	à Paris.
1473.	Barthélemi BUYER,	à Lyon.
1477.	Jean DE JARRE et Jean DE MORELLI,	à Angers.
1478.	Pierre LEROUGE,	à Chablis.
1479.	Joannes TEUTONICUS.	à Toulouse.

Au commencement du xvie siècle, Simon de Colines,
Vascosan, les Estienne, littérateurs et érudits, se-
condés par l'habile graveur Garamond, donnèrent
des éditions remarquables à la fois par la beauté de
l'impression et par la pureté irrépréhensible du texte.
Dans le xviie siècle, Cramoisy, célèbre imprimeur, fut
chargé le premier par Louis XIII de la direction de
l'imprimerie royale, fondée sous son règne, en 1640,
et établie d'abord au Louvre. L'art typographique
fut illustré dans le xviiie par les Anisson, les Pierre,
les Barbou, les Didot. Notre siècle est redevable à
MM. Pierre et Firmin Didot de plusieurs découvertes
remarquables, parmi lesquelles doit figurer en première ligne la stéréotypie, dont on avait fait il y a
cent ans des essais infructueux, et dont la réussite,

1479.	J. Bouyer,	à Poitiers.
1480.	Durandus et Ægidius Quijoue,	à Caen.
1481.	Pierre Schenck,	à Vienne.
1483.	Guillaume Lerouge,	à Troyes.
1484.	R. Fouquet,	à Loudéac.
—	P. Bellesculée et Josse,	à Rennes.
1486.	Jean Dupré et Pierre Gerard,	à Abbeville.
1487.	Jean Comtel,	à Besançon.
—	Guillaume le Tailleur,	à Rouen.
1490.	Matthieu Vivan,	à Orléans.
1491.	Pierre Metlinger,	à Dijon.
—	N.	à Angoulême.
1493.	Michel Wenssler,	à Cluny.
—	Étienne Larcher,	à Nantes.
1495.	Jean Berton,	à Limoges.
1496.	Guillaume Tavernier,	à Provins.
—	Matthias Latteron,	à Tours.
1497.	Nicolas Lepe,	à Avignon.
1500.	J. Rosembach de Heidelberg.	à Perpignan.

constatée aujourd'hui par de nombreux résultats, tend à populariser l'instruction en mettant les livres à la portée de toutes les fortunes. L'exécution de cet ingénieux procédé est pour cette famille célèbre un titre de gloire non moins réel que tous les chefs-d'œuvre que leurs presses ont fait éclore, et qui ont porté l'art typographique à l'apogée de sa splendeur. M. Firmin Didot est l'inventeur des caractères cursifs imitant la continuité des traits de la plume, et des cartes typogéographiques, véritable conquête faite par la typographie sur le domaine de la gravure.

L'Italie fut une des contrées qui recherchèrent avec le plus d'empressement l'art dont la naissance venait d'étonner l'Europe. Le culte des lettres, qui s'y était réfugié de la Grèce asservie, préparait naturellement un accueil favorable aux presses qui devaient répandre les productions immortelles dont Boccace, Dante et Pétrarque avaient doté leur patrie dans le siècle précédent. Rome, Venise, Milan, et un grand nombre de villes, virent bientôt des imprimeries s'établir dans leur sein. Nicolas Jenson, né en France, où il était graveur de médailles, se rendit d'abord à Mayence pour y étudier les secrets de la typographie, et ensuite à Venise, où il se livra avec talent à sa nouvelle profession. Les Manuces commencèrent à y exercer vers la fin du XVe siècle, et leur famille produisit plusieurs générations d'imprimeurs également célèbres. A la fin du dernier siècle et au commencement de celui-ci, les presses de Bodoni, imprimeur de Parme, ont rivalisé avec celles de la France. Les volumes qui en sont sortis se font généralement remarquer par la netteté du tirage; mais, sous le rapport de la gravure et de la fonte, ses caractères sont loin de l'élégance et de la perfection de ceux des Didot. Nous ne craignons pas qu'aujourd'hui cette assertion paraisse hasardée, malgré le jugement porté par le jury français, qui se prononça en faveur de l'imprimeur de Parme.

Les éditions hollandaises ont eu, dans le xvie et dans le xviie siècle, une célébrité méritée. Jean de Westphalie fut le premier imprimeur qui exerça dans les Pays-Bas. Il se rendit en 1474 dans la ville de Louvain, qui fut le siége de son imprimerie. Christophe Plantin, né à Tours, établit à Anvers, en 1560, des presses qui acquirent une grande renommée. Plus tard les Blæuw, les Elzevier, illustrèrent la typographie hollandaise.

C'est dans l'année 1474 que **William Caxton** établit en Angleterre la première imprimerie. Il se fixa à Westminster. L'art typographique est longtemps demeuré stationnaire chez cette nation accoutumée à perfectionner lorsqu'elle n'invente pas. Ce n'est que dans le siècle dernier qu'elle a mis au jour des éditions qui ont surpassé ce que les autres pays avaient encore produit de plus remarquable en ce genre. Foulis de Glascow et Baskerville de Birmingham ont opéré dans la typographie une révolution qui a placé dès lors cet art au niveau des autres branches de l'industrie anglaise. Bensley et Bulmer s'y sont fait une haute réputation. L'Angleterre peut s'honorer d'un grand nombre de découvertes et d'améliorations dont le but est de procurer à la typographie de vastes moyens d'exploitation ; et ses presses rivalisent avec celles de la France pour l'exportation de leurs nombreux produits. En examinant leurs travaux sans partialité, sans cet esprit de nationalité exclusif qui nous rend souvent injustes, en comparant les éditions anglaises aux livres français, nous trouverons que leur papier est en général supérieur au nôtre, que leurs caractères sont généralement aussi mieux fondus quant à l'approche et à l'alignement, que l'identité de leurs types est plus constante, qu'ils résistent plus longtemps à l'action de la presse ; que les nôtres sont plus élégants, d'une gravure plus fine et plus parfaite. En un mot, on peut dire que leurs livres sont mieux *fabriqués*, et que l'ensemble de la typographie anglaise est plus satisfaisant ; mais que les chefs-d'œuvre des presses françaises offrent une supériorité à laquelle les leurs n'ont pas atteint, et qu'enfin l'Angleterre n'a point de nom qu'elle puisse opposer à celui des Didot (1).

L'imprimerie fut importée en Espagne dans la même année où l'Angleterre la reçut. La première presse fut établie à Valence en 1474. La typographie espagnole a produit peu d'éditions remarquables, si

1 Les poinçons dont les frappes avaient servi aux éditions de *Virgile* et d'*Horace* in-f°, furent encore améliorés par M. Firmin Didot, et ont été jugés le *nec plus ultra* de la perfection par les membres du jury de Londres, qui, en 1851, se rendirent au *British Museum* pour y comparer les impressions d'Ibarra, de Bodoni, de Bulmer et de Bensley avec le *Racine*.

ce n'est dans ses premiers temps; on ne peut toutefois refuser à celles d'Ibarra, célèbre imprimeur de Madrid au XVIIIe siècle, le mérite de l'exécution matérielle joint à celui d'une rare correction. C'est lui qui le premier a employé le satinage du papier après le tirage.

Ce n'est que plus de cent ans après son invention que l'imprimerie fut introduite en Russie, bien qu'elle se fût répandue très-rapidement dans toutes les parties de l'Allemagne : encore la fabrication des livres éprouva-t-elle les plus grands obstacles chez cette nation, alors plongée dans l'ignorance et dans la barbarie.

Peu de temps après la découverte du Nouveau-Monde des presses européennes furent transportées dans l'Amérique méridionale. Avant la fin du XVIe siècle. un certain nombre de livres s'étaient imprimés au Mexique et au Pérou. Vers le milieu du XVIIe, cet art était pratiqué dans l'Amérique du Nord.

La presse a étendu son empire depuis les rochers glacés de l'Islande jusque dans certaines îles de l'Océan Pacifique et dans l'Australie; il n'existe plus maintenant que quelques contrées barbares de l'Afrique et de l'Asie où elle n'a pu pénétrer et porter le germe de la civilisation.

II

Des perfectionnements introduits dans la typographie.

Les premières productions de l'imprimerie étaient grossières et imparfaites, comme l'ont été toutes les ébauches des arts dans leur enfance. Ce n'est qu'après plusieurs générations d'imprimeurs qu'on a commencé à remarquer dans les livres cette harmonie et cette variété dont le concours a fait depuis leur plus bel ornement. Une monotonie constante dans l'emploi des caractères, l'absence de principes fixes pour la composition, un tirage pâle et inégal, tels étaient les points qui attendaient des améliorations. Voici les particularités qu'on retrouve dans les monuments qui marquent la naissance de la typographie.

Les caractères gothiques furent les premiers dont on se servit. La forme carrée et anguleuse que ces lettres avaient reçue primitivement était d'une plus grande facilité pour la gravure; ce ne fut qu'après l'invention des poinçons d'acier que, pour varier la conformation des lettres et les rendre ainsi plus distinctes, on arrondit quelques-unes d'entre elles. Ce genre d'écriture, formé de l'écriture latine dégénérée, était en usage depuis environ deux siècles; il s'est encore conservé chez les peuples du nord de l'Europe. Nicolas Jenson à Venise, Gering, Simon de Colines, Robert Estienne à Paris, furent les premiers imprimeurs qui se servirent des caractères romains.

L'in-folio et l'in-quarto ont été les premiers formats connus.

Les livres avaient tous les défauts des manuscrits, dont ils n'étaient qu'une imitation servile. Ils ne portaient ni titres courants, ni folios. L'usage des capitales et des alinéas ne s'est introduit que plus tard. L'orthographe était variable et presque arbitraire. La ponctuation était incomplète; elle ne comportait que trois signes, le point, le comma, et un signe équivalent à la virgule, qui était figuré par une barre diagonale.

Les divisions des ouvrages commençaient par des lettres grises; c'étaient des majuscules entourées d'ornements ou de sujets de tout genre. Quelquefois on n'imprimait que la majuscule, et, comme pour les manuscrits, on laissait à un dessinateur le soin de tracer et de colorier son entourage.

Il y a cinquante ans on ne connaissait qu'une seule espèce de presses, celles qui, à quelques modifications près, étaient en usage dans l'imprimerie presque depuis son invention. Les perfectionnements qu'elles avaient éprouvés consistaient dans la substitution de crémaillères en fer aux cordes qui suspendaient la platine, de marbres en pierre, puis en fonte, de platines en fonte ou en cuivre, aux marbres et aux platines établis primitivement en bois. Quelques pièces avaient été simplifiées ou supprimées; d'autres avaient reçu quelques rectifications. Le changement le plus important qui y eût été apporté était l'introduction d'une platine de la dimension du tympan, et qui ne

demandait plus qu'un seul coup de barreau pour le
tirage de la feuille, au lieu de deux que nécessitaient
les anciennes platines. Mais enfin cette somme d'améliorations successives était loin de suffire aux exigences
d'un art qui marchait rapidement vers sa perfection;
et, telles qu'elles étaient alors, elles demeuraient
encore sujettes à une foule d'inconvénients, auxquels
le temps et l'expérience devaient porter remède.
Un foulage variable suivant la force employée par
l'ouvrier, le défaut de justesse des pièces construites
en bois, leur prompte détérioration, la position in-
commode et fatigante de l'ouvrier qui tire le barreau.
tels étaient les points principaux qui laissaient cette
machine imparfaite. Vers les premières années de
notre siècle, on exécuta en Angleterre une presse en
fonte presque entièrement semblable aux anciennes
quant à son système mécanique, mais qui résolut
complétement le problème dont celle-ci ne pouvait
jamais offrir l'entière solution. Dès lors les pièces
acquirent ce parallélisme rigoureux duquel dépend
la régularité du tirage; leur substance métallique
put résister à l'influence de la température et à la
continuité du mouvement qui leur est imprimé; le
degré de pression put à la fois être modifié suivant
la nature du tirage, et demeurer uniforme dans un
tirage identique; le coup du barreau fut déterminé
par un régulateur; enfin l'attitude de l'ouvrier devint
moins pénible.

Cette première découverte en fit naître d'autres,
dont le nombre grossit chaque jour. mais dont les

résultats offrent en général moins d'améliorations que de changements. L'invention à laquelle lord Stanhope a attaché son nom a excité en France et en Angleterre l'émulation des mécaniciens, qui se sont précipités à l'envi dans cette nouvelle carrière ouverte à l'industrie; et en peu d'années l'imprimerie a renouvelé presque entièrement cette partie de son matériel.

Les presses mécaniques, dont la création appartient à l'Angleterre (1), parviennent chaque jour à un nouveau degré de simplification. On leur applique pour moteur, soit la vapeur, soit un nombre de bras déterminé par la force que la presse exige. La France possède aujourd'hui une grande quantité de ces machines, et la plupart d'entre elles se fabriquent dans son sein. L'application générale de ce nouveau procédé favorise l'extension que prend journellement la typographie française, qui est appelée à répandre de plus en plus ses produits dans toutes les parties du monde civilisé. Il facilite et multiplie dans une proportion considérable les moyens d'exploitation de cet art; mais s'il lui était appliqué à l'exclusion des procédés de tirage connus jusqu'à ce jour, il le ferait rétrograder infailliblement. Il ne saurait suppléer complétement aux soins et à la surveillance continuelle de l'ouvrier, qui seuls peuvent assurer à une impression une exécution irréprochable.

Une des innovations qui ont secondé le plus puis-

---

(1) La première presse mécanique a été établie à Londres, en 1813, par deux Saxons nommés Kœnig et Bauer. L'essai en fut fait sur le journal *the Times*.

samment l'usage des presses en fonte est la substitution du rouleau aux balles. Quand on réfléchit à
l'imperfection de ces instruments dont la surface
n'embrassait qu'une partie de la forme, aux soins que
leur distribution et leur montage exigeaient de la part
des ouvriers, on s'étonnera que cette découverte ne
date encore pour la France que d'un petit nombre
d'années. Certes, avant cette époque, notre typographie avait déjà marqué sa régénération par plus
d'une production digne d'éloges, et il serait inexact
de dire que les résultats de cet art aient constamment
suivi pas à pas les progrès de son mécanisme ; mais
il n'en est pas moins certain que son état actuel,
dans lequel les soins de l'ouvrier se trouvent réduits
le plus possible par la perfection des machines, doit
généralement donner lieu à des produits d'une nature
plus satisfaisante.

III

De la typographie en général.

La *typographie* embrasse toute la série des opérations relatives à la fabrication et à l'emploi des
caractères. Elle comprend donc, outre l'imprimerie,
la fonderie et la gravure. Bien qu'il n'entre point dans
le plan de notre ouvrage de traiter de ces deux derniers genres de travaux, et que notre but soit de lui

donner pour circonscription les attributions de l'imprimeur, nous avons jugé à propos de renfermer les
notions préliminaires qui s'y rattachent naturellement
dans une description sommaire de la typographie,
afin qu'on pût y parcourir sur tous ses points le
domaine de cet art.

La première de ces opérations est la gravure du
poinçon. Le *poinçon* est une tige d'acier à l'extrémité
de laquelle est gravée en relief une des lettres faisant
partie d'un caractère. Le travail du graveur est sans
contredit, de tous ceux qui concourent à la fabrication
des livres, celui dont l'exécution requiert un talent
plus spécial, et dont les habiles résultats assurent le
plus justement à leur auteur le titre honorable d'artiste. Pour se livrer à ce genre de gravure, il faut
avant tout être doué d'une grande justesse de coup
d'œil. L'étude des bons modèles, faite avec discernement, est également nécessaire. C'est ordinairement
un seul graveur qui est chargé de tous les poinçons
d'un même caractère. Lorsqu'il est fixé sur la condition
primitive, qui est la forme générale qu'il doit donner
au caractère, il grave comme essai une première
lettre, qu'il retouche jusqu'à ce qu'elle puisse servir
de base pour les autres. Chaque lettre doit être passée
au *calibre*, instrument qui mesure la hauteur de l'œil
de la lettre. Le calibre doit mesurer : 1° les lettres
courtes, sans prolongement, telles que l'o, le n, etc.,
et la portion équivalente dans les autres lettres, cette
partie étant fondamentale et radicale pour tout le
caractère ; 2° le prolongement, soit supérieur, soit

inférieur, des lettres *longues* du bas de casse; 3° les grandes capitales; 4° les petites capitales, lorsque leur hauteur excède celle des lettres ordinaires; 5° les lettres à double prolongement, ou *pleines*, comme le Q, le *f*, la parenthèse, le crochet, etc.

La largeur de l'œil de la lettre, ne pouvant être déterminée comme sa hauteur, ne peut non plus être assujettie à une mesure commune ainsi que cette dernière dimension. Mais il est certaines lettres que l'analogie de leurs formes indique au graveur comme devant être identiques dans leurs proportions: tels sont d'une part le b, le d, le p et le q, et d'une autre part le n et l'u. Les soins du graveur doivent tendre constamment à ramener chaque poinçon à un système uniforme de gravure, de manière que toutes les lettres d'un même caractère considérées collectivement offrent une harmonie parfaite. Pour faire épreuve du poinçon, on le présente à la flamme d'une bougie, et l'on en prend l'empreinte sur une carte sèche et bien lisse, qui doit reproduire avec la plus grande netteté les gras et les fins de la lettre. Cette épreuve s'appelle un *fumé*. Le graveur fait d'abord un fumé de chaque lettre isolément, afin de corriger les imperfections de détail, et ensuite un fumé général du caractère, pour allégir ou regraisser les lettres dont les gras seraient trop lourds ou trop maigres, et pour corriger les autres défauts d'ensemble.

Lorsque le poinçon a été définitivement retouché et qu'on lui a donné la trempe nécessaire, on s'en sert pour frapper la matrice. La *matrice* est un morceau de cuivre, dressé en forme de parallélipipède. Pour opérer la *frappe* de la matrice, on pose sur un point déterminé de l'une de ses faces l'extrémité gravée du poinçon, et on l'enfonce à l'aide d'un marteau, en frappant sur l'autre extrémité, qui, en raison de cette opération, doit offrir une surface un peu plus large. Pour les frappes dont la gravure est d'une finesse particulière, on s'est quelquefois servi de matrices incrustées d'argent, ce métal étant plus tendre et susceptible de recevoir et de reproduire avec plus de netteté l'empreinte du poinçon. Il arrive assez fréquemment que le poinçon se casse pendant la frappe, soit par la faiblesse de la trempe, soit par un défaut de l'acier, soit enfin parce que le poinçon n'a pas été placé pour l'opération dans une position convenable, c'est-à-dire perpendiculaire. Les matrices d'argent préviennent beaucoup de ces accidents.

Après la frappe des matrices, on procède à leur *justification*. Cette opération a pour but de les équarrir en se réglant sur l'empreinte qu'elles ont reçue, et d'égaliser leur profondeur, qui a pu varier à la frappe ; ce qui se fait avec la lime. La frappe et la justification des matrices doivent être confiées à un mécanicien intelligent, et qui ait des connaissances pratiques en métallurgie.

C'est immédiatement après ces deux opérations que commence la série des travaux qui sont du ressort de la fonderie.

Le *moule* qui sert à la fonte des lettres se compose

de quatre parties, dont deux sont invariables et règlent la force de corps; les deux autres, parallèles comme celles-ci, se rapprochent ou s'éloignent suivant l'épaisseur de la lettre. L'ouvrier place la matrice à l'extrémité du moule, où elle est assujettie par un crochet en fer. Il prend avec une cuiller la matière (1) qui est en fusion dans le creuset, et la verse dans une espèce d'entonnoir pratiqué pour cet effet à la jonction des deux pièces du moule. La matière tombe perpendiculairement; et afin que le métal se précipite plus rapidement, le fondeur opère avec la main gauche, qui tient le moule, un mouvement tendant à faire pénétrer plus sûrement la fonte dans toutes les cavités de la matrice. L'ouvrier démonte chaque fois le moule pour en extraire la lettre qui vient d'être fondue.

Comme il arrive fréquemment que plusieurs ouvriers fondeurs travaillent à un même caractère, il est nécessaire que le chef chargé de les diriger s'assure si leur ouvrage concorde sous le rapport de la hauteur, de la force de corps, de la pente, de l'approche et de l'alignement des lettres. L'observation constamment uniforme de ces conditions est de la plus grande importance pour la perfection des résultats.

Les opérations qui succèdent à la fonte proprement dite, et qui sont relatives à l'*apprêt* des lettres, sont :

1° La *rompure*, qui a pour objet de détacher du pied

(1) L'alliage des caractères se compose de 70 parties de plomb et de 30 parties de régule d'antimoine. On y joint quelquefois, en petite quantité, de l'étain, du cuivre, du zinc.

de la lettre un excédant de matière qui est nécessaire pour la fonte, mais qui ne doit pas subsister après cette opération;

2° La *frotterie*, dont le but est de faire disparaître les barbes qui adhèrent aux angles des lettres, ce qu'on fait en frottant sur une pierre unie les deux faces latérales dont la distance est la mesure de l'épaisseur;

3° La *composition*, qui se fait par *sortes* et dans de longs *composteurs* en bois.

Après cette opération, les lettres arrivent à l'*apprêt* proprement dit. Elles passent du composteur de bois dans une espèce de composteur en fer, qui fait partie de l'instrument appelé *coupoir*. Elles se trouvent dans le coupoir placées perpendiculairement, et maintenues à l'aide d'une vis qui le serre et le desserre au besoin. Au moyen du coupoir et de différents rabots faits pour cet usage, on pratique d'abord une gouttière sous le pied de la lettre, pour faire disparaître les aspérités qui restent après la rompure, et qui feraient varier la hauteur; ensuite on fait les talus, en abattant les angles inutiles de la surface qui porte l'œil de la lettre; enfin on ajoute, quand il y a lieu, les crans supplémentaires, qui servent à distinguer entre eux des caractères du même corps et d'œils différents. Toutes ces opérations se font, non sur chaque lettre isolément, mais sur tout un composteur à la fois.

Les lettres, après avoir subi l'apprêt, sont replacées dans les composteurs, pour y être toutes examinées successivement, et réformées lorsque quelque défaut les met hors d'état de servir. On en fait ensuite des paquets, où toutes les sortes sont rangées distinctement, et sur lesquels est inscrite l'indication de leur contenu. Il n'y a aucun inconvénient à ce que les cadrats et les espaces soient mis en cornets, pourvu toutefois que chaque sorte d'espaces soit séparée.

Ici s'arrête la série des opérations typographiques qui précèdent l'impression. La suite de ce résumé succinct forme l'objet principal de ce Traité, et s'y trouvera avec tous les développements qu'elle comporte. Nous répétons que nous n'avons point prétendu suppléer par ce rapide aperçu à la description d'une partie de la typographie plus spéciale et moins familière à nos études ainsi qu'à nos travaux, et que notre but sera complétement atteint, si nos lecteurs peuvent en retirer la connaissance sommaire de cet art, dont les branches, maintenant divisées, demeurèrent quelque temps réunies en un seul faisceau.

TRAITÉ

DE LA

TYPOGRAPHIE

PREMIÈRE PARTIE

COMPOSITION

CHAPITRE I

ÉLÉMENTS DE LA COMPOSITION

CARACTÈRE.

LES personnes qui ne connaissent pas le langage de la typographie supposent le mot *caractère* synonyme du mot *lettre*. Cette erreur est facile à comprendre. En effet, le mot *caractère*, appliqué à l'écriture, désignait originairement un signe quelconque ayant pour but de matérialiser la pensée et de la rendre perceptible aux yeux, soit qu'un tel signe représentât une lettre, un mot, ou même une phrase. Mais ce terme, pris ici dans son acception spéciale, veut dire, par extension, l'ensemble de toutes les diverses sortes de lettres qui

composent une casse, et conséquemment qui sont fondues avec identité entre elles d'œil et de corps. Les
caractères, étant faits pour être combinés ensemble,
doivent tous avoir la même hauteur; c'est seulement par
la force de corps et par une épaisseur proportionnelle
qu'ils varient entre eux. La première de ces conditions,
ainsi qu'on va le voir, est ce qui détermine leurs diverses
dénominations.

Les noms primitifs des *caractères* d'imprimerie étaient
purement conventionnels. La plupart étaient empruntés
au titre des ouvrages ou au nom des auteurs dont
l'impression avait donné lieu au premier emploi de ces
caractères (1); les autres venaient d'origines aujourd'hui
inconnues. Ces dénominations, qui remontent en partie
à la découverte de l'art, se sont transmises par la force
de l'usage, et ont été maintenues jusqu'à nos jours.
Un habile typographe a senti la nécessité de substituer
à ces appellations dues au hasard une nomenclature
expressive, régulière et durable. Il a imaginé de déterminer leurs noms d'après les rapports qui existent
matériellement entre eux; et pour cela il s'est servi d'une
mesure commune, qu'il a appelée *point typographique*,
et qui est la sixième partie de la ligne de l'ancien pied
de roi. La *force de corps* étant une condition particulière
à chaque *caractère*, en même temps qu'une dimension
commune à toutes ses lettres, le nombre de points qui

---

(1)　La dénomination de *saint-augustin* remonte à une édition
de *la Cité de Dieu* imprimée, en 1468, au couvent de Subiaco en Italie.
Celle de *cicéro* vient de l'édition des Œuvres du grand orateur romain
qui sortit des mêmes presses.

est contenu dans la force de corps a servi à désigner le *caractère*. Ensuite, comme on a reconnu que l'œil n'était pas toujours dans un rapport exact avec le corps, en prenant pour règle les proportions ordinairement affectées aux talus supérieur et inférieur de la lettre, on a ajouté pour ces cas anormaux les qualifications de *gros-œil* et de *petit-œil*.

Afin d'éviter la confusion entre plusieurs *caractères* de même force, mais d'œils différents, on doit se concerter avec le fondeur, qui a soin de les rendre distincts par le nombre et par le placement des crans.

Nous avons réuni dans le tableau ci-après (page 38) les espèces de *caractères* les plus connues.

Il indique : 1° l'ancienne nomenclature ; 2° le nombre de points contenus dans chaque *caractère*, ce qui constitue, comme nous l'avons dit précédemment, les nouvelles dénominations. Seulement, comme autrefois les *caractères* n'avaient point de mesure commune, qu'ils étaient fondus sur des corps arbitraires, et que, d'après le nouveau système, on a cherché à les réduire autant que possible à un nombre entier de points typographiques, il existe nécessairement encore de légères variations entre les forces de corps des anciens et celles des nouveaux qui leur correspondent.

Nous n'avons pas jugé à propos de présenter à la suite de ces indications des modèles des différents *caractères* énumérés dans le tableau, convaincu d'avance que notre tâche n'aurait pu être qu'imparfaitement remplie. Les fonderies ne s'étant point toutes assujetties à cette mesure identique, ni sous le rapport de l'œil, ni sous

ANCIENS NOMS DES CARACTÈRES.	DÉNOMINATIONS NOUVELLES. FORCES DE CORPS EN POINTS.
Diamant.	Trois.
Perle.	Quatre.
Parisienne ou Sédanoise.	Cinq.
Nonpareille.	Six.
Mignonne.	Sept.
Petit-Texte.	Sept-et-demi.
Gaillarde	Huit.
Petit-Romain.	Neuf.
Philosophie.	Dix.
Cicéro.	Onze.
Saint-Augustin.	Douze, Treize.
Gros-Texte *.	Quatorze, Quinze, Seize.
Gros-Romain.	Dix-huit.
Petit-Parangon.	Vingt.
Gros-Parangon.	Vingt-deux.
Palestine.	Vingt-quatre.
Petit-Canon.	Vingt-huit.
Trismégiste.	Trente-six.
Gros-Canon.	Quarante-quatre, Quare-huit.
Double-Canon	Cinquante-six.
Double-Trismégiste. . . .	Soixante-douze.
Triple-Canon	Quatre-vingt-huit.
Grosse-Nonpareille. . . .	Quatre-vingt-seize.
Moyenne de fonte.	Cent.

* A partir du Gros-Texte, les caractères devenant de moins en moins usuels, leurs anciennes dénominations ne répondent plus à des forces de corps invariables, et il règne à cet égard beaucoup d'arbitraire dans les fonderies.

celui de la force de corps elle-même, il en résulte une diversité doublement marquée entre les *caractères* de même degré. Cette considération, fortifiée par toutes les anomalies que le caprice ou des nécessités réelles introduisent journellement dans les usages de la typographie, nous a arrêté dans l'exécution d'une partie de notre travail à laquelle nous désespérions de pouvoir donner l'exactitude théorique.

On appelle *caractère romain* celui dont la forme est le plus généralement usitée en Europe et dans les pays qui ont adopté les idiomes européens. C'est de lui qu'on se sert pour toute la partie courante d'un livre; on ne recourt à d'autres que dans les cas exceptionnels. On l'appelle ainsi parce que ce fut un imprimeur de Rome qui, vers la fin du xv⁰ siècle, substitua les formes de ce *caractère* à celles du gothique, les seules que la typographie eût adoptées jusque alors.

Le *caractère italique* est couché comme l'écriture, dont il prend quelquefois les formes, bien que plus ordinairement il ne soit autre chose que le romain penché. Cette dénomination lui vient de ce que, peu d'années après la découverte de l'imprimerie, Alde Manuce, célèbre imprimeur de Venise, se servit le premier de *caractères* de ce genre, qui reçurent alors et ont conservé jusqu'à présent le nom du pays où ils avaient été inventés. On l'emploie pour faire ressortir des mots ou des phrases qu'on tient à rendre apparents, des expressions ou des pensées sur lesquelles on veut fixer l'attention du lecteur.

Chaque *caractère* romain doit avoir un italique qui lui

correspoude, c'est-à-dire qui soit fondu sur le même corps, dont l'œil ait la même hauteur, et dont les talus soient les mêmes, de telle manière que l'alignement soit parfaitement observé. Comme il arrive rarement que dans un texte quelconque il ne se présente pas des occasions de l'employer, une casse italique est d'une nécessité rigoureuse. Un *caractère* romain sans italique serait presque aussi incomplet qu'une casse dépourvue de capitales. Seulement l'italique, étant d'un usage beaucoup moins fréquent, doit entrer, sur la police de fonte, dans une proportion bien inférieure, pour un dixième, par exemple.

Outre les deux sortes de *caractères* que nous venons de faire connaître comme étant d'un usage incomparablement plus général que toutes les autres, il en existe plusieurs espèces réunies sous la dénomination générique de *caractères d'écriture*. Telles sont : la *coulée*, la *bâtarde*, la *gothique*, la *ronde*, l'*anglaise* ou *cursive*, etc. Les deux premières, et particulièrement la seconde, se rapprochent des formes de l'italique et sont penchées ainsi que lui; mais elles en diffèrent totalement quant aux majuscules; quelques lettres du bas de casse reçoivent chacune deux et quelquefois trois formes différentes, suivant qu'elles se trouvent placées au commencement, dans l'intérieur ou à la fin d'un mot. Elles n'ont pas de petites majuscules, non plus que tous les *caractères* d'écriture

La *gothique* a des formes qui ne sont soumises à aucun type déterminé; elles varient non-seulement suivant les temps et les pays, mais encore, indépendamment de ces conditions, suivant la diversité des goûts, qui en fait un *caractère* de fantaisie.

La *ronde* et l'*anglaise*, s'écartant beaucoup plus que les autres *caractères* des conditions générales, exigent quelques développements particuliers qui fassent connaître les difficultés résultant de cette anomalie pour le travail de la composition.

L'*anglaise* ou *cursive* n'a aucune analogie, sous quelque rapport que ce soit, avec le *caractère* romain, ni même avec la plupart des autres *caractères* d'écriture; le système actuel de sa gravure et de sa fonte lui assigne un rang entièrement isolé.

La *cursive* (c'est ainsi qu'on l'appelait d'abord) était primitivement un *caractère* qui, adoptant les formes de l'écriture, n'admettait point cependant la liaison des lettres entre elles, et en cela différait peu de l'italique. Un typographe (1), non moins célèbre comme graveur que comme imprimeur, sentit la nécessité de substituer à une méthode aussi imparfaite un système qui atteignît plus sûrement le but d'imitation auquel il tendait. Jusque-là on s'était borné à améliorer les formes de ce *caractère;* mais les difficultés d'innovation n'avaient point été vaincues. On n'avait pas cherché, ou du moins on n'avait pas réussi à effectuer la réunion d'une lettre terminée par un délié avec la suivante commençant de même : cette continuité cependant est le signe essentiel et caractéristique de l'écriture expédiée. La solution de ce grand problème typographique, qui avait été pour

____

(1) M. Firmin Didot.

son inventeur l'objet de recherches nécessairement longues et pénibles, couronna ses travaux d'une réussite complète. Voici de quelle manière il fut résolu.

La forme sur laquelle, depuis l'origine de l'art, les lettres avaient été fondues, celle d'un parallélipipède rectangulaire, se refusait à cette liaison nécessaire à obtenir. Il fallait faire subir à la lettre entière l'inclinaison qu'on donnait à l'œil. En conséquence, les faces supérieure et inférieure de la lettre, celles de la tête et du pied, cessèrent d'être des rectangles, tout en restant des parallélogrammes; et les lignes latérales à l'œil de la lettre, celles dont la distance est la mesure de son épaisseur, au lieu d'être perpendiculaires, reçurent une direction oblique. Mais, comme les lettres, ainsi fondues, n'auraient pu se soutenir dans le composteur, on imagina de fondre, pour le commencement et pour la fin de chaque ligne, des cadrats en forme d'équerre destinés à maintenir l'aplomb. De plus, chacune des faces latérales de la lettre porte un épaulement en sens contraire, l'un inférieur et l'autre supérieur, dans lequel s'engrènent successivement toutes les lettres de la ligne, de manière qu'elles semblent ne former qu'une pièce. Les espaces et les cadrats sont faits suivant ce système, qui donne aux lignes et aux pages plus de solidité que n'en ont les compositions ordinaires.

Le genre d'écriture que la gravure a adopté pour modèle a fait donner à la cursive la dénomination spéciale d'*anglaise*. L'exemple suivant fera connaître quelques-unes des lettres, parties ou combinaisons de lettres, qui sont contenues dans la casse d'anglaise, et donnera une idée de la méthode de composition particulière à ce *caractère*.

On remarquera que plusieurs de ces lettres sont *courtes* ou *longues*, c'est-à-dire à délié court ou long : les premières s'emploient devant les lettres rondes; les autres devant celles qui commencent par un jambage, ou à la fin des mots.

La même lettre se compose de différents assemblages, suivant que sa position est initiale, intérieure ou finale.

EXEMPLE :

« Nous sommes trop près encore des premiers jours de l'Imprimerie pour mesurer son influence; nous en sommes déjà trop loin pour connaître avec certitude les circonstances de son origine. » (DAUNOU.)

La *ronde* est un *caractère* vertical dont plusieurs lettres sont liées les unes aux autres suivant leur position respective, réunion que la plume effectue dans ce genre d'écriture. Pour donner une idée plus exacte et plus complète de son système de fonte, nous allons présenter un exemple de la composition de ce *caractère*, qui emploie, comme l'anglaise, des lettres courtes ou longues, suivant l'occurrence.

EXEMPLE :

« Pour s'informer si un peuple est policé ou barbare, l'on peut se réduire à demander : A-t-il l'usage de l'imprimerie? a-t-il la liberté de la presse? » (**VOLNEY**.)

Pour s'informer si un peuple est policé ou barbare, l'on peut se réduire à demander : A-t-il l'usage de l'imprimerie? a-t-il la liberté de la presse?

Nous ne pouvons mentionner ici qu'en termes généraux les *caractères* de fantaisie, qui servent à la composition de certains titres, des couvertures de volumes et des nombreux travaux compris dans la catégorie des ouvrages de ville. Ces *caractères*, soumis aux caprices de la mode, et empreints la plupart d'un goût fort équivoque, auraient probablement cessé d'exister alors que nous entreprendrions de les énumérer et de les décrire. Nous recommanderons en tous cas de ne les employer dans le cours des volumes qu'avec réserve et discernement, et de les exclure avec rigueur de tout ouvrage classique, et de tous les textes où ils formeraient un contraste choquant avec la sévérité des matières.

Il est une autre série de *caractères* dont nous nous abstiendrons entièrement de parler : ce sont ceux qui servent à l'impression des langues étrangères où l'alphabet romain n'a pas été adopté, et notamment l'immense variété des *caractères* orientaux. La description de ces *caractères*, qui exigerait à l'appui des modèles complets et même des explications grammaticales, comporterait un traité spécial et des développements très-étendus. Non-seulement nous n'avons point entendu comprendre dans notre cadre ces détails trop scientifiques ; mais nous croirions aussi qu'ils ne profiteraient qu'à un fort petit nombre de nos lecteurs, qui attendent de nous des notions usuelles de l'art typographique, et non point une œuvre d'érudition.

LETTRE.

La *lettre* a la forme d'un hexaèdre, et sa matière est un alliage métallique. L'une de ses extrémités se termine par un double talus portant en relief à son sommet l'un des signes en usage dans l'écriture et dans l'imprimerie, tels que ceux de l'alphabet, les chiffres, les ponctuations, etc. Ce relief, devant produire sur le papier l'image du signe qu'il représente, est figuré sur le métal dans un sens différent; il est, non pas retourné, suivant une assertion erronée et trop souvent reproduite, mais renversé de la tête au pied, sans transposition des parties latérales.

La *lettre* a les trois dimensions des corps géométriques, savoir : *longueur*, *largeur* et *hauteur*. Nous substituerons aux deux premières les termes de *force de corps* et *épaisseur*, dénominations adoptées par la typographie.

La *force de corps* d'une *lettre* a pour mesure la distance comprise entre deux lignes parallèles dont l'une serait menée perpendiculairement au sommet d'un signe à jambage supérieur (comme le d), et l'autre perpendiculairement à la base d'un signe à jambage inférieur (comme le p). Bien que le plus grand nombre des *lettres* n'ait ni l'une ni l'autre de ces parties, qui excèdent la hauteur fondamentale de l'œil et qui n'en sont que le prolongement accidentel, il a nécessairement fallu, afin de conserver le double alignement des *lettres* et l'identité de leurs proportions, prendre pour mesure commune la perpendiculaire abaissée du sommet d'une *lettre* pleine sur sa base. La force de corps est une condition essentielle et distinctive propre à tel ou tel caractère; aussi est-ce d'elle que chacun tire sa dénomination, laquelle est déterminée, comme nous l'avons vu précédemment, par le nombre de *points* contenu dans le corps de la *lettre*. Les autres sont, ou d'une application générale, ou relatives entre elles.

L'*épaisseur* d'une *lettre* est le rapport qui existe entre elle et les autres, considérées dans leur position horizontale, et dans la proportion de l'espace qu'elles occupent respectivement lorsqu'elles sont réunies. Par exemple, le m, qui a trois jambages, est plus large (ou a plus d'épaisseur) que l'i, qui n'en a qu'un. Cette relation toutefois n'a lieu que d'une *lettre* à une autre du même caractère, et non pas entre les caractères eux-mêmes. Comme cette dimension n'a point pour mesure commune une unité quelconque, il en résulte que certaines *lettres* sont incommensurables, ce qui entraîne de fréquents inconvénients dans la composition, et notamment dans celle des tableaux. Pour remédier, au moins dans les cas possibles, à ce vice organique de gravure et de fonte, on a pris une même épaisseur, le demi-cadratin du corps, pour les dix chiffres de chaque caractère, dont l'alignement vertical se trouve par ce moyen assuré d'une manière invariable. La *lettre* n est regardée comme celle dont l'épaisseur peut servir de terme moyen parmi toutes les autres.

La *hauteur* d'une *lettre* est la distance qui sépare l'*œil* de cette *lettre* de la face qui lui est parallèle et qui s'appelle le *pied*. Cette hauteur est identique pour toutes les *lettres* du même caractère; et l'on sent que cela est nécessaire pour qu'elles viennent également au tirage. Elle doit être aussi exactement semblable pour les caractères entre eux, alors même qu'ils ne sortent pas d'une seule fonderie; car les caractères sont destinés à être combinés les uns avec les autres aussi bien que les *lettres*. La hauteur des caractères doit donc être ramenée à une mesure commune, et cette mesure est dix lignes et demie, ou vingt-quatre millimètres.

Les cadrats, cadratins, demi-cadratins et espaces sont plus bas d'environ un tiers que les *lettres*, parce qu'ils n'ont pas d'œil et qu'ils ne servent qu'à séparer les mots, à compléter les lignes, etc., et que, s'ils n'étaient de moindre hauteur, ils maculeraient le papier au tirage.

Cette dimension s'appelle aussi *hauteur en papier*, pour indiquer qu'elle s'entend bien du sens de la *lettre* dans lequel se trouve le côté qui est mis en contact avec le papier.

L'*œil* de la *lettre* est le relief, c'est-à-dire l'extrémité saillante (bien qu'unie à sa surface), laquelle, étant couverte d'encre d'imprimerie, laisse son empreinte et forme ce qu'on appelle l'impression. Quoique, en règle générale, l'œil de la *lettre* doive correspondre à la force de corps, il y a cependant certains cas où le corps est, comparativement aux proportions ordinaires, ou plus faible ou plus fort que l'œil. Alors la *lettre*, comme tout le caractère dont elle fait partie, ajoute à sa dénomination ordinaire la qualification de *petit-œil* ou de *gros-œil*.

Le *talus* de la *lettre* est cette partie taillée en biseau qui est située sous l'œil. Cette pente a pour objet de laisser l'œil se détacher entièrement du reste de la *lettre*, et d'abattre les angles de la face sur le sommet de laquelle il est placé, lesquels marqueraient au tirage; elle est plus ou moins prononcée suivant le degré de consistance de la composition métallique; dans celle où le cuivre et le régule dominent, elle se prolonge davantage; l'œil y a plus de soutien, parce que la matière en est plus dure. Ce talus règne en dessus et en dessous de l'œil de la *lettre*, quand il n'a pas de partie inférieure ni supérieure; dans ce cas il est le même des deux côtés de l'œil; mais pour les *lettres* qui ont un prolongement quelconque, soit en haut, soit en bas, le talus n'existe point du côté où ce prolongement a lieu; ainsi les *lettres* pleines, c'est-à-dire celles dont l'œil règne sur toute l'étendue du corps, n'ont pas de talus.

Le *cran* est une marque que porte la *lettre* pour indiquer au compositeur le sens dans lequel il doit la tourner quand il la place dans le composteur. C'est une petite entaille pratiquée vers le pied de la *lettre* et dans sa force de corps, et opérée par une partie saillante placée dans le moule où elle se fond. Le placement du cran est simplement de convention; mais lorsqu'il a été fixé, il doit être maintenu pour tous les caractères, autant que la nécessité n'oblige point à contrevenir à cette règle; car chaque changement apporté à sa position exige une nouvelle étude de la part du compositeur. En France on a l'habitude de mettre le cran du côté de la tête de la *lettre*, et conséquemment en dessous dans le composteur; cette manière est préférable à l'autre, en ce que l'ouvrier aperçoit promptement ou sent avec le doigt une lettre retournée dont le cran se trouve en dessus: mais il y a beaucoup de pays où l'usage est contraire. Souvent, pour distinguer deux caractères du même corps, mais d'œil différent ou dont la fonte n'est pas la même, le fondeur ajoute avec le rabot un ou deux crans placés soit dans le haut, soit dans le bas de la *lettre*, et plus ordinairement du même côté de l'œil que le premier. C'est ainsi qu'on dit, *Onze deux crans*, *Dix trois crans*, etc.

Il y a dans chaque caractère trois espèces de *lettres*, qui sont : celles du *bas de casse*, les *grandes capitales* et les *petites capitales*.

Les *lettres* du *bas de casse* sont les *lettres* ordinaires, celles qui servent au texte courant d'un ouvrage quelconque, et, par conséquent, dont l'emploi est le plus fréquent. Elles sont ainsi nommées à cause de la place qu'elles occupent dans la casse, et par opposition aux deux autres espèces, qui se partagent le casseau supérieur. Outre les *lettres* de l'alphabet, on comprend dans cette espèce les voyelles accentuées, quoique le bas de casse ne les contienne pas toutes, mais parce qu'elles entrent avec les autres dans la composition, qu'elles leur sont entièrement semblables à l'accent près, et que ce signe modificatif semble ne pas faire corps avec la *lettre*, et n'en être qu'une partie additionnelle qu'elle s'adjoint au besoin.

Il se trouve dans le bas de casse deux *lettres* doubles qui sont le fi et le fl (1). On est obligé de fondre ces *lettres* ensemble pour les réunir en une seule, parce que la rencontre du f, qui est créné, avec l'i ou le l, entraînerait la perte de l'une des deux *lettres*, si elles n'étaient séparées par une espace; or ce moyen est contraire à la règle, qui n'admet pas la séparation de deux *lettres* du bas de casse faisant partie du même mot,

---

(1) Un grand nombre de fonderies ont conservé le ff, le ffi, le ffl.

si légèrement qu'elle puisse être marquée. Il y a encore quelques *lettres* doubles, telles que les diphthongues œ, æ, et le w. Ces deux dernières sont toujours fondues d'une seule pièce. Quant à la première, pour les grandes et petites capitales, on la compose quelquefois avec un O créné qu'on adapte à un E simple.

Les *grandes capitales* ou majuscules excèdent de près de la moitié le corps de la *lettre;* elles suivent son alignement ordinaire par le bas, et, par le haut, celui du prolongement supérieur. Comme ces *lettres* n'ont pas ou n'ont que fort peu de talus en tête, on a supprimé les voyelles accentuées dont l'usage n'est pas absolument indispensable pour l'intelligence des mots où elles sont employées; on n'a conservé avec les accents que les E, qui forment le cas d'exception ci-dessus mentionné; encore ce signe n'est-il que faiblement indiqué. Pour les caractères dans lesquels les capitales ne portent aucun talus en tête, le fondeur est obligé de faire créner l'accent; mais souvent, dès le commencement du tirage, cet appendice, n'ayant aucun soutien pour résister à l'action répétée de la touche, se détache de la *lettre*, et occasionne une faute qu'on attribue naturellement à l'imprimeur, quoiqu'elle ne doive pas lui être imputée.

Le mot *majuscules* ne s'emploie plus que pour exprimer les capitales des caractères imitant l'écriture, tels que l'anglaise, la ronde, la gothique, etc.

Les *petites capitales*, ou minuscules (cette dernière dénomination est tombée en désuétude), ont la forme des grandes capitales; mais elles n'ont guère plus de volume que les *lettres* du bas de casse (1), et, comme celles-ci, elles sont susceptibles de recevoir l'accent sur le talus supérieur. Cette espèce existe dans tous les caractères romains, fort rarement dans les italiques.

Il nous serait difficile d'énumérer ici tous les cas particuliers et même généraux dans lesquels on emploie les *capitales*; cette application est comprise dans la science pratique du compositeur et du correcteur. Nous nous bornerons à dire que les *grandes capitales* se placent au commencement de tous les noms propres, et de quelques substantifs communs dans certaines acceptions déterminées. On en fait également usage pour des titres courants ou des divisions de matières. Les *petites capitales*, qui ne servent jamais comme initiales, s'emploient après la *grande capitale* ou la *lettre* de deux points pour compléter le premier mot d'une division d'ouvrage; on s'en sert également pour les interlocuteurs dans les pièces de théâtre, pour la composition de titres et de sous-titres, etc.

Outre ces trois sortes de *lettres*, chaque caractère contient les différents signes de la ponctuation, et quelques autres en usage dans l'imprimerie, qui tous, dans le sens typographique, sont des *lettres*, quoique, d'après leur valeur grammaticale, ils ne soient pas considérés comme tels.

Il existe dans chaque caractère des *lettres* qu'on

______

(1) Quelques-unes des *petites capitales* devraient toujours être distinguées du bas de casse par un cran particulier: ce sont celles qui ont la même forme que les lettres du bas de casse, mais un peu plus d'œil, comme : o, s, v, x, z.

appelle *supérieures*, parce que, étant beaucoup plus
petites d'œil que celles de leur corps, elles s'alignent
avec elles par le haut. Elles ne servent ordinairement
que comme signes d'abréviation. Les plus usitées sont
l'e, l'o, le r et le s; et, à moins d'une matière spéciale,
il n'y a qu'un petit nombre de ces sortes-là qui fassent
partie des fontes. Les autres ne sont en usage que pour
les ouvrages scientifiques, et elles se commandent
particulièrement pour des cas semblables.

Les *lettres de deux points* ont la forme des capitales.
On en place une, sans la renfoncer, au commencement
du texte d'un volume ou de chacune de ses grandes
divisions. Cette dénomination, qui n'est pas rigoureusement exacte, vient de ce que leur force de corps étant
double, ou à peu près, de celle du caractère qu'elles
accompagnent, elles occupent environ la valeur de deux
lignes.

Elles sont aussi appelées *initiales;* ce nom est plus
significatif. On les nomme encore *lettres montantes,*
parce qu'étant, comme nous venons de le dire, quant
à l'œil et au corps, à peu près le double des capitales
du caractère auquel elles s'adjoignent, elles s'alignent
avec lui par le bas et le dépassent dans la partie supérieure. Il arrive souvent, au contraire, que les *initiales*
s'alignent du haut, et règnent sur les deux lignes, ou
même sur un plus grand nombre.

Le mot commencé par une *lettre* de deux points se
continue en petites capitales, qu'il soit simple ou composé.

On se sert de ces *lettres* pour la composition des lignes
de titres.

La *lettre*, en terme d'imprimerie, se prend dans une acception générique pour exprimer l'ensemble du caractère affecté à un ouvrage. C'est dans ce sens qu'on dit : *la lettre abonde*, *la lettre manque*, etc.

POLICE.

La *police* est la liste de toutes les lettres qui composent un caractère, avec l'indication de leur proportion respective pour un nombre total déterminé. La *police* est en général établie par le fondeur; mais elle peut être modifiée par l'imprimeur, suivant la destination immédiate du caractère qui en fait l'objet, c'est-à-dire suivant la matière du texte, suivant l'idiome, et les autres conditions qui font varier l'emploi des sortes.

Afin de donner une idée précise du rapport des différentes lettres entre elles quant à leur part dans la *police*, nous prendrons pour exemple, dans le tableau ci-contre, une *police* dont le nombre total de lettres s'élève à cent dix-huit mille sept cents, pour une composition française et d'un texte courant.

Les commandes sont habituellement faites au fondeur par poids lorsqu'il s'agit de fontes complètes, et par nombres de lettres lorsqu'il s'agit de compléments de fontes ou assortiments. Nous croyons utile de présenter le rapport approximatif du poids et du nombre de lettres. Ce rapport n'est pas invariable, et il est nécessairement modifié par la gravure et l'approche plus ou moins serrées, qui donnent aux lettres plus ou moins de développement en largeur. Nous ne prenons

BAS DE CASSE.

LETTRES de bas de casse.		PONCTUATIONS et signes.	
a	5000	.	2000
b	1000	,	2000
c	2600	:	400
ç	300	;	600
d	3200	–	1200
e	12000	'	1200
f	2000	!	300
g	1000	?	300
h	1000	«	400
i	6000	*	100
j	600	(	400
k	200	§	100
l	4500	[	50
m	2600	÷	50
n	5500	—	200
o	5000	¶	50
p	2500		
q	1600	Tot. 9350	
r	6000	**Accents.**	
s	8000	à	600
t	6000	â	150
u	5000	á	50
v	1500	ä	50
x	600	è	600
y	600	ê	400
z	500	é	2000
Tot. 84800		ë	100
Doubles.		ì	100
ff	300	î	150
fi	700	í	50
ffi	200	ï	150
fl	300	ò	100
ffl	200	ô	150
æ	200	ó	50
œ	200	ö	50
w	200	ù	200
Tot. 2300		û	150
		ú	50
		ü	100
		Tot. 5250	

HAUT DE CASSE.

GRANDES capitales.		PETITES capitales.	
A	400	A	300
B	250	B	200
C	300	C	250
Ç	50	Ç	50
D	400	D	300
E	600	E	400
É	200	É	100
È	75	È	50
Ê	50	Ê	50
F	200	F	150
G	200	G	150
H	200	H	150
I	500	I	300
J	300	J	200
K	75	K	50
L	400	L	300
M	300	M	200
N	400	N	300
O	400	O	300
P	300	P	250
Q	200	Q	150
R	400	R	300
S	400	S	300
T	400	T	300
U	400	U	300
V	300	V	200
X	250	X	150
Y	150	Y	100
Z	150	Z	50
Æ	50	Æ	50
Œ	50	Œ	50
W	50	W	50
Tot. 8300		Tot. 6000	
Supérieures.		**Chiffres.**	
c	100	1	300
i	50	2	250
m	50	3	200
o	100	4	200
r	100	5	200
s	50	6	200
t	50	7	200
Tot. 500		8	200
		9	200
		0	300
		Tot. 2250	

RÉCAPITULATION.

Bas de Casse.	84,800
Doubles. . . .	2,300
Ponctuations.	9,350
Accents. . . .	5,250
Gr. Capitales.	8,300
Supérieures. .	500
P. Capitales. .	6,000
Chiffres. . . .	2,250
Total. . . .	118,700

On ajoute ordinairement un dixième de la fonte en espaces et un dixième en cadrats.

pour bases de ce travail que les caractères les plus usuels.

La Nonpareille, ou Six,	contient par kilogr.	2000 lettres.
La Mignonne, ou Sept,	—	1600
Le Petit-Texte, ou Sept-et-demi,	—	1360
La Gaillarde, ou Huit,	—	1000
Le Petit-Romain, ou Neuf,	—	800
La Philosophie, ou Dix,	—	680
Le Cicéro, ou Onze,	—	600
Le Saint-Augustin,	—	450

CASSE.

La *casse* est une boîte à compartiments, plate et découverte, servant à contenir les lettres employées dans la composition, et toutes appartenant à un même caractère. Sa forme est carrée; sa dimension, déterminée ordinairement par la grosseur des caractères qu'elle doit recevoir, est en moyenne d'un mètre. Elle est formée de deux parties égales, qu'on appelle *casseau inférieur* et *casseau supérieur*, ou *bas de casse* et *haut de casse*. Le bord inférieur du *bas de casse* est garni d'une mentonnière qui retient le *haut de casse* quand celui-ci est placé sur l'autre. La *casse* est divisée en autant de compartiments qu'il y a de sortes de lettres et généralement de signes usités dans l'imprimerie; ils s'appellent *cassetins*.

La capacité des cassetins est en raison de l'emploi des lettres auxquelles ils sont destinés; et l'échelle de proportion établie pour la fonte des caractères a également servi de guide pour la distribution de la *casse*.

Cette division proportionnelle des cassetins n'est cependant que d'une justesse approximative, attendu que, pour donner à la *casse* un aspect régulier, on a conservé aux cassetins la forme carrée ou rectangulaire. A cet effet, l'on a pris pour mesure commune la capacité du petit cassetin; et, suivant le degré auquel se trouvaient classées les différentes lettres de l'alphabet, on a multiplié par deux, par quatre ou par six l'unité fondamentale. Mais cette répartition, qui a paru la plus égale pour les ouvrages français, perd plus ou moins de son exactitude par le changement d'idiome; et telle lettre qui dominait dans une langue, devient dans une autre d'un usage moins fréquent. Ainsi, par exemple, l'*e* dans le français, l'*u* et le *m* dans le latin, l'*i*, l'*o* et l'*a* dans l'italien, l'espagnol et le portugais, dans l'anglais le *t*, le *h* et l'*y* se présentent plus souvent que les autres lettres. Cette variation se fait sentir jusque dans le même idiome, suivant la nature des ouvrages; et la poésie française consomme plus d'*e* que sa prose, en raison de ce genre de style qui recherche les voyelles, et à cause du retour alternatif des vers féminins.

Le *haut de casse* se compose de quatre-vingt-dix-huit cassetins égaux; savoir, quatorze sur la base et sept sur la hauteur. Les grandes capitales commencent au premier cassetin à gauche de la rangée supérieure, et continuent, par ordre alphabétique, jusqu'au septième inclusivement dans la ligne horizontale, après lequel elles reprennent à la seconde rangée, et ainsi de suite jusqu'à la fin de l'alphabet. Entre les septième et huitième cassetins de chaque rangée horizontale, la séparation est plus fortement indiquée par un montant de bois plus épais qui règne sur toute la ligne perpendiculaire, et divise le casseau en deux parties égales. Cette séparation a pour but de marquer le commencement des petites capitales, et de les isoler des grandes, auxquelles elles correspondent dans les cassetins de la seconde moitié. Le complément de l'une et de l'autre partie contient les lettres accentuées et autres signes d'un usage peu fréquent et quelquefois nul dans certaines compositions.

Les signes employés dans les opérations algébriques, et dans les ouvrages de mathématiques en général, sont trop nombreux pour trouver place dans une *casse* ordinaire. Ils font l'objet d'un casseau particulier, qu'on garde dans les réserves de l'imprimerie. Lorsqu'un ouvrage mis en composition les rend nécessaires, on les place dans les cassetins les moins usuels, en séparant les deux sortes avec du papier, ou en divisant le cassetin en deux parties par une interligne posée diagonalement.

La construction du *bas de casse* diffère entièrement de celle du *haut de casse*, d'abord en ce que les cassetins y sont d'inégale grandeur, puis en ce que l'ordre alphabétique n'y est pas observé. La distribution des cassetins a été combinée, d'après des données pratiques, de telle sorte que la proximité ou l'éloignement de chacun fussent proportionnés à la chance d'y recourir plus ou moins fréquemment; que leur distance de la main qui doit s'y porter fût en rapport avec l'emploi plus ou moins répété des lettres qu'ils contiennent. Ainsi le *bas de casse*, qui se trouve plus à la portée de la main que le casseau supérieur, comprend toutes les lettres ordinaires (auxquelles il a donné son nom), les chiffres, les espaces et les cadrats.

Le cassetin des *e* est sextuple; ceux des lettres suivantes, *a*, *c*, *d*, *i*, *m*, *n*, *o*, *r*, *s*, *t*, *u*, des espaces et des cadrats, sont quadruples; il y en a de doubles, tels que ceux dont la nomenclature suit, savoir : *b*, *f*, *g*, *h*, *l*, *p*, *q*, *v*, *é*, *points* et *virgules*. Les cassetins des autres lettres, ainsi que ceux des dix chiffres, sont simples.

Il y a en outre plusieurs cassetins de réserve, destinés à recevoir, quand le besoin l'exige, les signes particuliers aux différents idiomes.

Nous n'entreprendrons point de décrire ici la position respective de chaque cassetin; le modèle de *casse* placé ci-après rendra la chose plus intelligible. Seulement, comme il est utile de donner une idée précise de la capacité relative des cassetins, nous avons jugé à propos de présenter l'exact relevé des quantités de lettres contenues dans chacun d'eux. On verra que la proportion est déterminée non par la dimension des cassetins, mais par l'épaisseur des lettres qu'ils renferment; et que des cassetins égaux quant à l'espace peuvent différer considérablement quant au contenu. Ce travail n'a été fait que pour le *bas de casse*, dont les proportions sont plus difficiles à connaître en raison de sa construction irrégulière. Le *haut de casse*, consacré à des sortes toutes plus ou moins rares, est moins essentiel à étudier; aussi ne l'avons-nous pas compris dans notre examen comparatif.

Nous avons choisi pour cette opération l'alphabet du

MODÈLE DE CASSE.

HAUT DE CASSE.

A	B	C	D	E	F	G
H	I	K	L	M	N	O
P	Q	R	S	T	V	X
â	ê	î	ô	û	Y	Z
œ	ll	oo	rr	ss	É	É
à	è	ì	ò	ù	È	É
Ç	ç	U	J	j	È	È

A	B	C	D	E	F	G
H	I	K	L	M	N	O
P	Q	R	S	T	V	X
J	U	W	Æ	Œ	Y	Z
—	fff	W	Æ	Œ	[ ]	k
ll	.	÷	¶	§	( )	y
ff	ffi	é	ï	ü	/	Ŕ

BAS DE CASSE.

"	ç	é	–	'
Fonte.	b	c	d	e
z / y	l	m	n	i
x	v	u	t	Espaces.

1	2	3	4	5	6	7	8
s		Esp. fines.	f	g	h	9	0
						æ	œ
o		p	q	?	!	fi	Cadratins
				;	.	w	
a		r		.	,	Cadrats.	

Onze, un des caractères les plus usuels qui existent dans
la typographie.

a.	700		m	350
b.	250		n.	650
c.	550		o.	700
d.	450		p.	250
e.	1100		q.	250
é.	300		r.	700
f.	350		s.	700
g.	250		t.	700
h.	250		u.	650
i.	800		v.	300
j.	200		x.	250
k.	150		y.	150
l.	500		z.	150

La *casse* est uniforme dans sa disposition pour tous
les caractères romains ainsi que pour leurs italiques;
mais elle est d'une construction toute différente pour
les caractères d'écriture, tels que l'anglaise et la ronde.
Il en est de même de la *casse* grecque, où la quantité
de cassetins dépasse de plus du double ceux de la *casse*
ordinaire, en raison du nombre de voyelles qui y est
plus grand que dans le caractère romain, et parce que
toutes peuvent recevoir les accents grave et aigu, les
esprits doux et rude, et la plupart l'accent circonflexe,
le tréma et l'iota souscrit. Avant la suppression des
ligatures et abréviations, la *casse* grecque était encore
beaucoup plus compliquée; maintenant qu'il ne reste
plus de ces signes collectifs, elle est réduite à sa plus
grande simplicité possible.

Les *casses* sont entièrement construites en bois.
L'imprimeur doit veiller à ce qu'elles ne soient pas en

bois blanc, ce qui ne leur donnerait ni la solidité ni la résistance qu'elles doivent avoir; mais il n'est pas non plus nécessaire qu'elles soient en chêne; dans ce cas d'ailleurs leur poids joint à celui des caractères gênerait l'ouvrier, sans cesse exposé à les transporter d'un endroit à l'autre, et pourrait faire fléchir la planche qui lui sert d'appui. On doit s'attacher à ce que la tablette du fond et les tasseaux qui forment l'encadrement soient d'une épaisseur proportionnée à la dimension de la *casse*, et à ce qu'elle soit renforcée convenablement par les traverses du milieu. Il faut aussi que les séparations des cassetins joignent bien et soient solidement assujetties, et que chacun soit tendu à l'intérieur d'un papier épais, afin que les lettres minces ne se glissent pas de l'un dans l'autre.

La *casse* se place sur une planche en forme de pupitre, dont les deux extrémités portent sur des tréteaux, et qui s'appelle le *rang*. Le *haut de casse* est retenu par le *bas de casse*, sans aucun intervalle qui les sépare.

La destination de quelques cassetins est sujette à des modifications, suivant les pays et même suivant les maisons; mais il est important qu'elle soit invariable pour toutes les *casses* d'une imprimerie.

On dit *monter* ou *dresser* une *casse*, c'est-à-dire la placer dans la position où elle doit être lorsque l'ouvrier y travaille. Pour exprimer l'action contraire, c'est-à-dire la mettre de côté quand on n'en a plus besoin, on se sert du mot *démonter*.

Bien que la *casse* ne représente qu'une partie du travail de la composition, ce mot se prend néanmoins dans une acception générale, et s'applique à l'ensemble de cette branche capitale de la typographie. Ainsi l'on dit un *ouvrier à la casse*, pour désigner un ouvrier compositeur; et *travailler à la casse*, signifie remplir toutes les fonctions relatives à la composition. Le substantif *cassier*, qu'on employait autrefois dans ce sens par opposition à celui de *pressier*, est tombé en désuétude et n'a plus cours dans les ateliers.

ESPACES.

Les *espaces* sont de petits morceaux de matière moins hauts que les lettres d'un quart environ, et destinés, ainsi que leur nom l'indique, à établir entre elles les séparations convenables. Chaque caractère a des *espaces* fondues (1) sur son corps et de différentes épaisseurs. Pour donner à la composition cette régularité d'espacement qui en fait le principal mérite, et pour en aider le travail, il est nécessaire d'avoir, dans les caractères moyens et dans les petits, des *espaces* de toutes les proportions, suivant la progression d'un demi-point, depuis celle d'un point, ou *espace fine*, jusqu'au demi-cadratin. Mais cette facilité si précieuse pour le compositeur ne lui serait d'aucun secours si, en distribuant, il n'avait le soin de les séparer. Il doit donc, sinon affecter un cassetin à chaque sorte, ce qui serait difficile à observer, notamment pour certains caractères

(1) Ce mot, dans le langage technique de la typographie, est du genre féminin.

dans lesquels elles sont très-multipliées, au moins disposer pour cet usage de tous ceux du bas de casse qui restent libres, en réservant à la sorte la plus courante d'entre elles le *cassetin des espaces* proprement dit.

Il arrive quelquefois que les *espaces* d'un point, quoique les plus minces qu'on puisse fondre, ont encore trop d'épaisseur eu égard au blanc que portent certaines lettres capitales. Dans ce cas on taille en forme d'*espaces* du papier plus ou moins fort, pour obtenir des distances égales.

CADRAT, CADRATIN, DEMI-CADRATIN.

Les *cadrats* sont des pièces de fonte, moins hautes que les lettres, ainsi que les espaces, mais de même corps. Ils servent à compléter les lignes où la lettre ne remplit pas la justification, à établir les lignes de pied et de blanc, en général à remplir les vides de toute espèce qui peuvent se trouver dans une page.

On fond des *cadrats* de différentes épaisseurs; mais il est très-important pour la composition qu'elles aient toutes une mesure commune, telle que le demi-cadratin. Si le fondeur néglige cette condition, les renfoncements, qui se font à l'aide des *cadrats*, sont souvent inégaux, et les alignements imparfaits.

Le *cadratin* est un cadrat dont l'épaisseur est égale à sa force de corps.

Le *demi-cadratin* a pour épaisseur la moitié de sa force de corps. C'est la plus forte des espaces, ou le plus faible des cadrats.

INTERLIGNES.

Les *interlignes* sont des lames de fonte dont le principal emploi est de séparer les lignes entre elles, ainsi que ce nom le fait comprendre.

L'épaisseur et la longueur des *interlignes* subissent de nombreuses variations. Il en existe depuis un demi-point d'épaisseur jusqu'à six points, avec les forces de corps fractionnaires. Les *interlignes* au-dessous d'un point sont difficiles à fondre; encore n'en peut-on faire sur ce corps de toutes les longueurs, par exemple au delà d'une justification d'in-octavo. Celles de six points sont les plus fortes qu'on fasse généralement, quoique souvent on interligne davantage; mais, dans ce cas, on les combine avec de plus minces, pour obtenir l'épaisseur demandée.

La longueur des *interlignes* est extrêmement variable dans ses proportions relatives. Cette irrégularité tient à ce que les justifications, qui exigent des *interlignes* de leur mesure, se créent successivement, et que la diversité des goûts influe sur leur formation plutôt que les calculs fixes qui devraient toujours y présider.

Voici quelle est notre opinion à l'égard de la création d'une échelle d'*interlignes*.

Nous supposons une imprimerie qui s'élève, ou qui renouvelle, soit intégralement, soit en détail, toute cette partie de son matériel.

Regardant comme abusive la facilité de modifier arbitrairement la longueur des *interlignes*, nous vou-

drions assujettir cette longueur à une progression uniforme, en établissant toutefois, pour certaines classes
de formats, plusieurs séries de degrés. A l'aide du
typomètre, et pour plus de sûreté en cas de fonte ultérieure, nous choisirions pour base de cette opération
un nombre entier de points typographiques, et même
un nombre divisible par une force de corps usitée,
comme trois, quatre, six points, etc.

Nous prendrions, par exemple, pour point de départ
de l'échelle ascendante l'*interligne* de cent vingt points,
et nous distinguerions quatre classes, différenciées l'une
de l'autre par le degré servant de terme de proportion.

La 1re classe comprendrait dix degrés d'*interlignes*,
de quatre points chacun, et conséquemment monterait
de cent vingt à cent soixante points. — La 2me aurait
quatorze degrés de six points ; elle commencerait à
cent soixante-deux points, et finirait à deux cent
quarante-six. — La 3me comprendrait huit degrés de
douze points, de deux cent cinquante-huit à trois cent
soixante-quatre. — La 4me aurait le degré de seize
points, et en contiendrait huit ; elle monterait de trois
cent soixante-huit à quatre cent quatre-vingt-seize points.

Dans la première de ces catégories seraient compris
les petits formats, depuis l'in-trente-six jusqu'à l'in-
seize. Quant aux formats inférieurs et aux justifications
de colonnes, comme ces cas sont plus rares, leurs
interlignes seraient l'objet d'une fonte particulière, et
non assujettie aux mêmes règles que les autres. La
seconde commencerait au petit in-douze et finirait au
grand in-octavo. Les degrés n'en sauraient être trop

multipliés, parce que les *interlignes* de cette série sont
d'un usage très-fréquent. La troisième serait destinée
aux in-quarto, et la quatrième aux in-folio.

Quant à la force de corps de ces *interlignes*, elle
serait le plus souvent déterminée par la nécessité du
moment. Cependant celles des deux premières classes
pourraient provisoirement être fondues sur un, deux
et trois points, les autres sur deux, trois et quatre, ces
épaisseurs étant dans un rapport assez constant avec
les formats.

Les *interlignes* devraient être désignées par des
numéros d'ordre d'une seule série pour toute l'échelle.

Lorsque des *interlignes* du même numéro seraient
fondues sur deux épaisseurs très-rapprochées, on
pourrait en distinguer une par un cran pratiqué à l'une
de ses extrémités.

Nous devons avouer que l'étendue de ce plan pourrait
ne pas convenir à toutes les imprimeries; mais il sera
toujours facile d'en faire l'application en réduisant le
nombre de degrés de cette échelle, et en changeant
leur valeur. Nous l'offrons donc moins comme règle
que comme exemple, et pour prouver l'utilité d'une
base et d'une mesure établies sur des données systé-
matiques.

Il se présente fréquemment des formats pour lesquels
il n'existe pas *d'interlignes* assez longues. Dans ce
cas on en met deux au bout l'une de l'autre, égales
d'épaisseur, mais différentes de longueur, pour que
les lignes ne fléchissent pas dans le milieu. Lorsqu'on
se sert de ces *interlignes* de deux pièces, il faut avoir

soin de les alterner dans leur position. Cette précaution peut seule assurer la solidité de la page.

Les *interlignes* servent aussi à jeter des blancs; mais en général on les ménage, et l'on se sert le plus possible de cadrats.

Le compositeur dépose ordinairement ses *interlignes* dans l'un des casetins du haut le moins usuels et en même temps le plus à la portée de la main.

Les *interlignes* mises en distribution doivent être placées dans une réserve en forme de casier, dont chaque compartiment porte pour étiquette le numéro, la longueur et la force de chaque sorte.

Aucune loi typographique ne détermine la force de *l'interligne*, suivant le format et le caractère, ni sa suppression absolue. Cette condition peut être soumise aux indications du goût, comme aussi modifiée par des convenances éventuelles.

CHIFFRES.

Les *chiffres* sont les signes représentatifs des nombres. Il est certains nombres qui, suivant une convention typographique, sont parties intégrantes de différentes séries d'objets qu'il devient inutile d'exprimer, parce que la position constamment uniforme des *chiffres* les fait suffisamment connaître. Ainsi, lorsqu'en ouvrant un livre on aperçoit à la ligne de tête un nombre placé, soit au milieu de cette ligne s'il n'y a pas de titre courant, soit dans le cas contraire à l'extrémité de la ligne près de la marge extérieure, on sait que ce nombre appartient à la série des folios, bien qu'il ne soit accompagné d'aucune indication. On sait pareillement que le nombre placé au commencement de la ligne de pied est le signe de la tomaison, et que celui qui est rejeté à l'autre bout désigne la feuille ou partie de feuille, suivant la règle fixée à cet égard pour chaque format.

Il y a deux espèces de *chiffres : arabes* et *romains*. Quoique dans certains cas on se serve indifféremment des uns et des autres, leur emploi est néanmoins assez ordinairement spécial pour qu'on puisse en établir la distinction.

Les *chiffres* arabes sont d'un usage plus fréquent : d'abord parce que leurs formes, différentes de celles des lettres, préviennent toute confusion entre ces divers signes : ensuite parce que leur plus grande simplicité facilite l'étude du lecteur, comme elle abrége le travail du typographe.

L'utilité de cette sorte de *chiffres* n'est nulle part plus évidente que dans les ouvrages de calcul et de mathématiques; en effet, par leur moyen, les nombres, ainsi que les différentes catégories dont ils se composent, peuvent être rangés dans un alignement parfait, disposition très-précieuse, et qui a dû contribuer puissamment aux progrès des travaux scientifiques.

En général les noms de nombres cardinaux sont exprimés en *chiffres* arabes.

Il n'y a point de *chiffres* italiques, ou au moins on en rencontre dans fort peu d'ouvrages, et l'on n'en fait plus dans les fonderies, la forme droite étant regardée comme incomparablement préférable pour l'alignement vertical des nombres, nécessaire dans les opérations d'arithmétique.

Chaque caractère doit être pourvu de *chiffres* supérieurs, dont on se sert principalement pour les renvois de notes.

Les *chiffres* arabes sont tous fondus sur une épaisseur commune, qui est le demi-cadratin du corps. Cette identité de mesure est de la plus grande utilité dans les tableaux dont les colonnes contiennent des nombres, tant pour l'alignement des *chiffres* que pour la justification des lignes, qui n'ont pas besoin dans ce cas d'être passées au composteur.

Les *chiffres* de forme anglaise, qui ont entre eux une même hauteur d'œil, donnent aux nombres un aspect à la fois plus saillant et plus régulier, mais moins distinct et parfois sujet à confusion.

Les *chiffres* romains s'emploient assez communément dans les titres, par la raison qu'ils cadrent mieux avec les capitales (puisqu'ils en sont eux-mêmes) que les *chiffres* arabes, qui généralement ont l'œil d'une lettre bas de casse. Ils sont italiques ou romains, suivant que l'exige leur position. Ils se mettent également en petites et en grandes capitales, et observent la proportion des mots qui entrent dans la même ligne. Avec le bas de casse, ils se mettent ordinairement en grandes dans le cas où ils accompagnent un nom propre, comme *Louis IX*, *Henri IV*.

On ne se sert de *chiffres* romains pour numéroter les pages que lorsqu'il y a deux séries de paginations différentes dans un volume.

Voici l'arrangement des capitales pour la représentation des nombres, avec l'indication de leur valeur :

I. . . . . un.	XXX. . . trente.
II. . . . . deux.	XL. . . quarante.
III. . . . . . . trois.	L. . . . cinquante.
IV. . . . . . . quatre.	LX. . . soixante.
V . . . . cinq.	LXX. . soixante-dix.
VI. . . . . . . six.	LXXX. quatre-vingts.
VII . . . . . . sept.	XC. . . quatre-vingt-dix.
VIII. . . . . . huit.	C. . . . cent.
IX. . . . . . . neuf.	D. . . . cinq cents.
X . . . . dix.	M. . . . mille.
XX. . . . . . . vingt.	

On donne aussi le nom de *chiffre* à une espèce de cachet qui s'imprime sur le frontispice d'un volume, et qui porte les initiales enlacées soit du libraire, soit de l'imprimeur. Le *chiffre* est à la fois un ornement et une sorte de garantie pour le livre qui en est revêtu.

PONCTUATIONS.

On appelle *ponctuation* chacun des signes servant à marquer cette opération grammaticale. Elles sont au nombre de six, savoir :

La *virgule* (,);

Le *point-virgule*, ou *petit-qué* (;);

Le *deux-points*, ou *comma* (:);

Le *point* (.);

Le *point d'interrogation* (?);

Le *point d'exclamation* ou *d'admiration* (!).

Ces différents signes sont ordinairement fondus sur une épaisseur identique, environ un cinquième du cadratin. Tous ont leur italique, excepté le *point*, dont la forme reste toujours circulaire, si ce n'est dans les caractères d'écriture et de fantaisie.

Ce serait sortir des bornes qui nous sont tracées par nos attributions, et empiéter sur celles de la grammaire, que de prétendre donner ici les règles de la ponctuation pour tous les cas possibles. Toutefois, sans nous ériger en régulateur de la langue, nous nous permettrons de présenter en peu de mots le résumé des observations qui nous ont été fournies sur ce point par l'expérience.

Rien n'est plus arbitraire par le fait que la ponctuation; rien ne devrait être plus invariable. Chaque auteur ponctue selon qu'il coupe ses phrases en parlant, par conséquent d'une manière conforme à son débit. Tous craignent d'enfreindre les règles de la syntaxe, et la plupart semblent ignorer que la ponctuation a les siennes; cependant l'une et l'autre sont parties intégrantes de la langue, et ont leurs principes également arrêtés. S'il en était autrement, tel système de ponctuation qui conviendrait à un écrivain semblerait intolérable à une partie de ses lecteurs. Il est donc nécessaire de ramener chaque méthode particulière à une donnée uniforme, pour épargner à la lecture des entraves nuisibles; et cette opération est du ressort de la typographie.

Voici, en très-peu de mots, les principales règles que nous croyons devoir être constamment maintenues.

La *virgule* est de toutes les *ponctuations* celle dont

la valeur est la moindre. Elle marque les pauses les plus faibles dans le discours, les suspensions de sens, les différentes parties d'une énumération. Elle ne doit séparer le substantif de l'adjectif, du participe, du pronom relatif ou du *que* adverbe, que lorsque ceux-ci n'en sont qu'une circonstance accessoire et non un complément essentiel. On ne la place jamais devant la conjonction *et* lorsque celle-ci réunit les deux derniers termes d'une accumulation. Elle ne doit point (ou rarement) s'interposer entre le sujet et le verbe qui en dépend, ni entre celui-ci et son régime, non plus qu'entre deux termes comparatifs. Les incises se placent entre deux *virgules*, et s'isolent ainsi de ce qui précède et de ce qui suit. La *virgule* est la plus usuelle de toutes les *ponctuations*: c'est de son emploi que dépendent le plus généralement l'intelligence et la clarté du sens; on ne saurait donc y apporter trop d'attention.

Le *point-virgule* s'appelle aussi *petit-qué*, parce qu'autrefois dans les éditions latines il servait à l'abréviation de la conjonction enclitique *que*, et qu'on imprimait *ubiq:* pour *ubique*. La valeur de cette *ponctuation* suit immédiatement celle de la virgule. Le *point-virgule* marque les différents membres d'une phrase, les parties d'une période et la transition de ses divers points de vue. Il précède ordinairement les conjonctions *or, mais, car,* et généralement celles qui servent à distinguer dans le raisonnement les prémisses de la conclusion.

Le *deux-points* (ou *comma*) a quelquefois la même valeur que le *point-virgule*. Il remplace celui-ci lorsque la particule conjonctive ou disjonctive qui devrait le suivre est sous-entendue. Il se met aussi devant un dernier membre de phrase qui sert de résumé ou de conclusion à ce qui précède, ou encore devant une énumération annoncée par le mot *savoir* ou par un équivalent. Enfin il est signe de citation ou d'allocution.

Le *point* est la plus forte des *ponctuations* quant à la valeur. Il indique la fin de la phrase et le complément du sens. Plusieurs *points* consécutifs signalent une lacune ou une suspension dans le discours; ou bien ils remplissent le vide qui existe, dans une table ou dans des ouvrages de calculs, entre une énonciation de matière et un nombre rejeté à la fin de la même ligne.

Le *point* doit toujours être suivi d'une grande capitale, excepté dans certains cas où il est employé comme signe d'abréviation.

Le *point d'interrogation* et le *point d'exclamation*, dont la valeur est suffisamment indiquée par leur qualification respective, suivent ordinairement un sens fini. Cependant ils se trouvent quelquefois placés dans l'intérieur de la phrase, à la suite de certaines interjections. Il est encore d'autres cas où ces deux *ponctuations* se mettent à la fin de simples membres de phrase, de ceux notamment où cesse l'interrogation ou l'exclamation; alors elles n'exigent point la capitale après elles. Par exemple, dans les périodes qui renferment certaines répétitions ou certaines formes énumératives, pour indiquer au lecteur, avant la fin de la phrase, l'intonation qu'il doit prendre selon que cette phrase est suivie de l'une ou de l'autre de ces *ponctuations*, elles remplacent la *virgule* ou le *point-*

cirgule. L'usage espagnol de faire précéder la phrase du signe retourné, indépendamment de celui qui la suit, atteint beaucoup plus sûrement ce but.

On a adopté la coutume de supprimer la *ponctuation* à la fin des lignes dont se compose un titre (faux titre, frontispice ou même titre de départ). La raison de cette suppression, c'est le placement de la ligne dans le milieu de la justification, ce qui lui rend un équilibre rompu par la *ponctuation :* son excuse, c'est que la coupure des lignes d'un titre fixe le sens, et rend la *ponctuation* moins nécessaire que dans un texte courant.

Le *point* qui termine une phrase suit immédiatement la lettre. Les autres *ponctuations* sont précédées d'une espace d'un point ou d'un point et demi, selon l'espacement général de la ligne. Si ces espaces doivent être augmentées, comme cela arrive dans les lignes fortement blanchies, il faut toujours qu'elles restent, par rapport à celles qui suivent la *ponctuation*, dans la proportion d'un tiers au maximum : par exemple, trois points avant la *ponctuation*, six points après.

Nous regrettons de n'avoir pu accompagner d'exemples les règles que nous venons d'énoncer sommairement, et cependant aussi complétement que possible. Ce travail nous aurait entraîné trop loin dans un genre de dissertation qui, bien que traité succinctement, n'en est pas moins de notre part une sorte de digression, et nous aurait exposé à des omissions plus graves que nos citations n'eussent pu être utiles. De toutes les opérations grammaticales, la ponctuation est celle qui avoisine le plus le domaine de la typographie. C'est une des attributions de cet art que de veiller à l'observation de son analogie constante, comme de ramener l'orthographe à des principes fixes et uniformes. La régularité d'un ouvrage sous ce rapport, et celle de son exécution matérielle, sont deux qualités sans le concours desquelles il n'existe point de perfection. Un bon livre, quel qu'en soit l'objet, est une grammaire pratique dans laquelle doit se trouver l'application fidèle des théories de la langue; et la plupart d'entre les lecteurs n'ont acquis la connaissance de ses principes que par ce genre d'expérience. L'imprimerie, aux yeux d'un grand nombre de personnes qui ne savent pas se rendre compte de ses faciles erreurs, a un caractère d'authenticité qui fait qu'elles hésitent à croire à l'existence de ces erreurs. Il est donc du devoir de ceux qui l'exercent d'obvier aux dangers qui peuvent résulter d'une prévention aussi favorable, ou plutôt de chercher à la consolider et à la convertir en une opinion fondée et durable de son infaillibilité.

ACCENTS.

Nous procéderons ici comme nous venons de faire pour la ponctuation, et nous ne parlerons des *accents* que sous le rapport typographique, laissant aux grammaires et aux dictionnaires le soin d'indiquer les règles de l'accentuation de notre langue.

Nous allons désigner les lettres accentuées dont il est à propos qu'un caractère soit muni, et les principaux

idiomes européens pour la composition desquels elles
sont nécessaires.

Français.	à è	é	à è ì ò ù ë ï ü
Latin.	à è ì ò ù		à è ì ò ù ë ï ü
Italien.	à è ì ò ù	à é í ó ú	
Espagnol.		á é í ó ú	à è ì ò ù ñ
Portugais.		á é í ó ú	à è ì ò ù à õ
Allemand.			ä ö ü

Relevé.   à è ì ò ù   á é í ó ú   à è ì ò ù   ä ë ï ö ü   à õ ñ

L'anglais n'admet aucun *accent*. Le latin ne les prend
que facultativement; dans cette langue ils ne servent
qu'à donner plus de clarté au sens, en prévenant toute
équivoque sur la valeur de mots identiques dans la
forme, mais qui diffèrent suivant les cas ou les temps,
selon qu'ils sont des adjectifs ou des adverbes, etc.

Les lettres accentuées dont nous venons de présenter
le tableau général devraient être fondues en bas de
casse et en capitales, en romain et en italique; il est
cependant peu de caractères assez complets pour offrir
la réunion de toutes ces sortes, à moins qu'elles ne
soient exigées.

L'accentuation grecque, par la multiplicité de ses
voyelles, par la combinaison très-variée des trois
accents, des deux esprits, du tréma et de l'iota souscrit,
offre une diversité beaucoup plus grande. Chaque mot
de cette langue renferme au moins un *accent*, quelquefois deux, indépendamment des autres signes
modificatifs. De là l'extrême complication de la casse
grecque, comparativement à la casse ordinaire.

De toutes les langues de l'Europe le français est celle dont l'accentuation est la plus étrangère aux lois de l'analogie; elle y est en outre arbitraire dans un certain nombre de mots. Il résulte de cette double imperfection de notre grammaire, que la typographie, malgré ses soins les plus attentifs à persévérer dans un système uniforme, est exposée à tomber dans de fréquentes anomalies. Il est donc nécessaire de se fixer d'avance sur les points qui restent indécis, et de ne jamais déroger à la méthode qu'on aura primitivement adoptée. Si l'hésitation des arbitres de la langue sur certaines questions philologiques, si la privation enfin d'un régime grammatical bien établi, nous mettent dans le cas de faire des livres qui diffèrent entre eux sous ce rapport, veillons du moins à ce que le même livre soit exempt de ces disparates et conséquent avec lui-même.

Outre les *accents* proprement dits, il y a les signes prosodiques, qui affectent les voyelles, suivant qu'elles sont *longues*, *brèves* ou *douteuses* : ā. ă. a ou a.

COPIE.

On appelle *copie*, par une singulière altération du véritable sens de ce mot, par une sorte d'antiphrase, l'original, soit imprimé, soit manuscrit, qui sert de modèle pour la composition.

S'il est avantageux pour un compositeur d'avoir une *copie* bien nette, peu chargée de ratures, dont les renvois soient clairement indiqués, et dans laquelle la ponctuation soit observée avec exactitude, les mêmes soins n'intéressent pas moins un auteur, en raison de la correction qui en résulte tant pour les épreuves que pour l'impression définitive. Il serait à désirer que toutes les personnes qui font imprimer portassent leur attention sur ce fait trop bien démontré, que, par l'effet d'une *copie* inexacte, une faute grossière en elle-même, mais cachée sous une légère apparence de sens, peut échapper à plusieurs lectures, et se maintenir jusqu'au tirage, où il n'est souvent plus temps de la relever. Cette recommandation, que nous nous permettons de faire aux auteurs dans leur propre intérêt, s'adresse plus particulièrement à ceux dont les ouvrages sont spéciaux, et dont la *copie* doit être servilement suivie par le compositeur.

On ne doit pas être moins attentif dans le choix des *copies* imprimées: car il en est beaucoup qui, pour la réimpression, ne présentent pas moins de chances d'incorrection que les copies manuscrites elles-mêmes. Il faut donc, dans ce cas, ou choisir la plus correcte des éditions précédentes, ou faire lire préalablement par un correcteur celle qu'on adopte, lorsqu'elle est fautive dans le texte ou dans la ponctuation. Ces pré-cautions sont de la plus haute importance; si on les néglige, les éditions vont toujours en se détériorant, puisqu'aux anciennes fautes, qui se perpétuent par ce moyen, se joignent, en plus ou moins grand nombre, celles qui résultent infailliblement d'une composition nouvelle.

SIGNES USITÉS DANS LA COMPOSITION.

Il se rencontre dans la typographie plusieurs espèces de *signes*. Les principaux sont ceux d'astronomie, d'algèbre, de médecine, de pharmacie, de géométrie, du zodiaque; les phases de la lune, les planètes, les aspects, les ordres français et étrangers, etc.

Indépendamment de ces *signes*, qui ont un usage spécial, il en est d'autres qui servent fréquemment dans des ouvrages de tous genres, et dont plusieurs sont des auxiliaires des ponctuations. Nous allons en donner l'énumération, en faisant connaître la valeur de chacun d'eux, les différents cas où ils s'emploient, et les particularités typographiques dont ils peuvent être l'objet.

ACCOLADE.

L'*accolade* est une espèce de parenthèse brisée dans son milieu en angle sortant. La figure suivante, très-connue d'ailleurs, qui en offre le modèle, rendra cette définition plus claire.

Elle sert à embrasser plusieurs objets, soit pour en former un tout, soit pour indiquer les points de communauté qu'ils ont ensemble. C'est dans les tableaux et dans les ouvrages à calculs et à classifications qu'elle s'emploie le plus fréquemment. Elle se place, suivant le besoin, dans le sens horizontal ou perpendiculaire, mais toujours de manière que les objets accolés soient compris en dedans de sa partie concave, sans excéder ses extrémités.

Les *accolades* sont généralement fondues sur six points, force suffisante pour fournir l'angle et les tournants. Cependant on en fond sur des corps inférieurs ou supérieurs, et généralement correspondants à ceux des filets avec lesquels elles doivent se combiner sans parangonnage. Quant à leurs différentes longueurs, il est bon qu'elles suivent une progression aussi graduée que possible. Une échelle d'*accolades* bien complète doit commencer à douze points, et monter jusqu'à vingt centimètres environ d'étendue. Les distances ne doivent pas être de plus de deux points, au moins pour la première moitié, qui est la plus usuelle. Arrivées à un certain degré, cent cinquante points par exemple, elles deviennent trop difficiles à fondre d'une seule pièce; les deux parties se font alors séparément. Quelquefois même, lorsqu'elles sont d'une trop grande dimension, on fond isolément le bec et des bouts de crochets, et l'on remplit avec des filets toute la partie intermédiaire.

APOSTROPHE (').

L'*apostrophe* est le signe de l'élision.

Les mots de la langue française qui s'élident et qui prennent l'*apostrophe* sont :

Les articles *la*, *le* ;

Les pronoms personnels *je*, *me*, *te*, *se* ;

Le pronom démonstratif *ce* ;

Les conjonctions *de*, *que*, et de plus les adjectifs et adverbes dont celle-ci est la terminaison, comme *quelque*, *jusque*, *lorsque*, *puisque*, *quoique*, etc., pourvu toutefois, à peu d'exceptions près, que le mot qui occasionne l'élision de ces adjectifs et adverbes soit un monosyllabe.

On voit que, sauf l'article féminin *la*, c'est l'*e* muet qui s'élide dans tous ces mots.

L'*i* de la conjonction *si* s'élide devant le pronom *il*.

Quelques autres élisions sont admises par la grammaire, telles que celle de l'adjectif féminin *grande*, dans les exemples suivants : *grand'chambre*, *grand'chose*, *grand'croix*, *grand'mère*, *grand'messe*, *grand'rue*, *grand'tante*, etc.

Dans tous les cas ci-dessus mentionnés l'*apostrophe* se place, sans espace avant ni après, entre le mot élidé et le suivant. On ne doit jamais diviser un mot d'une ligne à une autre après une *apostrophe*.

Il est certains ouvrages, notamment des pièces de théâtre, dans lesquels, mettant en scène des paysans, et pour imiter la prononciation vicieuse de ces personnages, on élide quelques voyelles ou diphthongues soit à la fin, soit dans l'intérieur des mots. Lorsque l'élision est finale, le mot qui la subit doit être suivi d'une espace comme à l'ordinaire.

Cette règle est également applicable à la composition de quelques idiomes étrangers, tels que l'anglais, l'italien, le portugais, l'espagnol, qui, dans les vers principalement, offrent de nombreux exemples de mots élidés par aphérèse, par syncope et par apocope.

L'apostrophe, dans sa configuration typographique, est une petite virgule placée à hauteur de l'extrémité supérieure de la lettre.

Elle est fondue à vif sur les deux parties de son épaisseur, pour que l'approche en soit parfaite lorsqu'elle n'est pas précédée ni suivie d'une espace.

ASTÉRISQUE OU ÉTOILE (*).

Ce signe, exprimé par deux mots synonymes, sert à différents usages.

On l'emploie comme renvoi, avec ou sans parenthèses, et lorsque le nombre de ces renvois ne s'élève pas au-dessus de trois ou de quatre; car autrement, sans parler de l'aspect déplaisant d'un grand nombre d'*astérisques* placés de front dans le courant d'un texte, et de l'intervalle qu'ils laissent entre deux mots, l'œil se fatigue à les compter, ou même il peut se méprendre.

L'*astérisque* sert de signature aux cartons refaits, indépendamment de celle qu'ils peuvent naturellement porter.

On fait suivre quelquefois d'*astérisques* l'initiale d'un nom propre; en pareil cas leur nombre est ordinairement égal à celui des syllabes de ce nom.

On convient souvent d'employer ce signe dans des dictionnaires, dans des catalogues, dans des tables, ou autres nomenclatures, pour distinguer certains articles; ce qui ne doit pas se faire sans qu'on indique sa valeur conventionnelle en tête de l'ouvrage dans lequel on s'en sert.

L'*astérisque* est fondu en supérieure ; son épaisseur est à peu près le quart du cadratin.

GUILLEMETS (« »).

Les *guillemets* précèdent et suivent les citations et les discours directs. Ils se répètent ordinairement au commencement de chaque ligne de la citation ou du discours, ou tout au moins au commencement de chaque alinéa, suivant la marche qu'on a primitivement adoptée à cet égard.

Le *guillemet* initial a sa partie concave tournée vers la droite ; le *guillemet* final se retourne dans le sens contraire.

Lorsque la citation ou le discours qu'ils accompagnent sont coupés par quelques mots qui y sont étrangers, les *guillemets* doivent cesser au commencement et reprendre à la fin de ces incises.

Les *guillemets* consécutifs doivent toujours être suivis d'espaces égales, afin que le texte s'aligne verticalement comme s'ils n'y étaient pas.

La ponctuation se place soit avant, soit après le *guillemet* final, suivant qu'elle s'applique à la phrase ou partie de phrase dans laquelle le passage guillemeté se trouve introduit, ou bien qu'elle porte uniquement sur ce passage.

Dans les tableaux, dans les prix courants, et dans les autres ouvrages de chiffres, un *guillemet* placé sous un nombre équivaut à un ou plusieurs zéros.

PARENTHÈSES ( ).

Les *parenthèses* représentent deux arcs de cercle tournés l'un vers l'autre dans leur partie concave.

Elles servent à isoler, dans le discours, soit des mots ou des phrases qui ne s'y rattachent pas essentiellement, soit des réflexions qui en le compliquant ralentiraient sa marche ou nuiraient à sa clarté.

Elles servent encore en différents autres cas que nous indiquerons dans le cours de cet ouvrage.

La *parenthèse* finale se retourne cran dessus pour faire face à la première. Elles doivent être l'une et l'autre précédées et suivies d'une espace.

La ponctuation se place après la *parenthèse* finale, à moins que le texte compris entre les deux *parenthèses* ne forme une ou plusieurs phrases, en un mot un ensemble complet et indépendant de ce qui précède et de ce qui suit; dans ce dernier cas, la ponctuation est intérieure.

CROCHETS [ ].

Les *crochets* se rapprochent des parenthèses, tant par leur forme que par leur objet et par leur emploi. Ils sont cependant d'un usage beaucoup moins fréquent que celles-ci.

Leur principale destination est de renfermer les passages interpolés dans un texte.

Quelquefois dans la poésie et dans les dictionnaires,

pour éviter de doubler une ligne qui sort de la justification, on fait entrer sa partie excédante dans la ligne de dessus ou dans celle de dessous, suivant la facilité offerte par l'une ou par l'autre, et on la fait précéder d'un *crochet*.

MOINS OU TIRET (—).

Le *moins*, ainsi appelé à cause de sa valeur dans les opérations mathématiques, est le signe de l'interlocution. Il donne de la rapidité au dialogue, en le dégageant de ces mots parasites qui gênent l'écrivain et le lecteur, tels que, *ajouta-t-il, reprit-elle*, etc.

On s'en sert quelquefois dans les titres et dans les sommaires, comme d'une séparation plus marquante que le point seul.

Il s'emploie aussi à la place du mot *idem* dans des tables, dans des catalogues et autres ouvrages de nomenclature ou de classification.

Quelquefois encore, dans les dictionnaires, il prend une valeur conventionnelle.

Il est fondu sur cadratin, et se place dans la composition entre deux espaces.

PARAGRAPHE (§).

Ce signe sert de titre dans un livre à une classe de subdivisions, et en général à celles du dernier ordre. C'est dans les ouvrages scientifiques, et notamment dans les matières de jurisprudence, qu'on l'emploie le plus ordinairement.

On le place, soit en ligne perdue suivi de son indication numérale en grandes capitales, soit, s'il revient fréquemment ou qu'il y ait nécessité de ménager l'espace, au commencement de l'alinéa avec le nombre en capitales, grandes ou petites, ou même en chiffres arabes. Autrefois on le faisait suivre d'un point, qu'on retranche maintenant, et avec raison, puisque cette ponctuation est inutile, et que d'ailleurs elle ne s'adjoint à aucun autre signe de ce genre.

TRAIT-D'UNION (-).

Ce signe grammatical se confond en typographie avec la *division*, à cause de leur identité de forme.

Nous ne pouvons faire ici l'énumération de tous les cas où on l'emploie, ni donner la nomenclature de tous les mots composés dont il réunit les parties intégrantes; ce travail comprendrait une portion notable du dictionnaire de la langue. Nous nous bornerons à dire que, avant de commencer la composition d'un ouvrage, il est important de se fixer sur l'adoption ou le rejet de ce signe à l'égard de certains mots où son emploi est arbitraire; et à émettre le vœu que l'usage qu'on en doit faire soit restreint aux cas dans lesquels il est indispensable.

Une espace fine avant et après le *trait-d'union* est d'un bon effet, surtout dans les lignes fortement espacées. Il est convenable aussi de tenir compte du blanc qui peut être produit, avant ou après ce signe, soit par la forme de la lettre, soit par le point abréviatif, afin qu'il soit toujours placé, pour la vue, à égale distance des deux mots qu'il réunit.

PIED-DE-MOUCHE (¶).

Le *pied-de-mouche* se plaçait en tête d'une remarque qu'on voulait détacher du corps de l'ouvrage, ou comme appel de note. On s'en servait plus particulièrement pour les livres d'offices ou de droit. Aujourd'hui on l'emploie plus rarement.

CROIX (†).

La *croix* servait de renvoi aux notes marginales. Elle ne s'emploie plus guère que dans les livres d'of-fices, ou dans les dictionnaires avec une valeur de convention.

VERSET (℣). RÉPONS (℟).

Les *versets* et *répons* ne servent que pour les livres liturgiques, tels que les bréviaires, les missels, les paroissiens, etc.

Assez souvent on les fait suivre d'un point; cette règle, qui, une fois adoptée dans un ouvrage, doit y être générale, a le bon effet de les isoler davantage, et par là de les rendre plus distincts et d'empêcher qu'ils ne se confondent avec des lettres ordinaires.

MAIN ().

La *main* a pour objet de fixer l'attention sur des notes ou remarques en tête desquelles elle est placée. On la trouvait autrefois dans un grand nombre de dictionnaires ; mais maintenant on ne la voit plus guère que dans des avis livrés à la publicité.

POINTS CARRÉS.

Les *points carrés* sont des points fondus sur une même épaisseur, qui est, soit le demi-cadratin, soit le cadratin, d'où leur est venu ce nom.

Ils sont d'un fréquent usage dans les ouvrages à colonnes ou dans les tables. Ils servent à remplir l'intervalle entre le texte qui occupe une partie de la justification et les chiffres reportés à son extrémité et alignés verticalement. Ces points conducteurs s'arrêtent ordinairement à un ou deux demi-cadratins de distance des chiffres, qu'ils laissent ainsi ressortir. Pour leur donner un aspect régulier, on les aligne à cette extrémité, et l'espace nécessaire pour justifier la ligne se jette immédiatement après la fin du texte et avant le commencement des *points carrés*.

CHAPITRE II

DE LA COMPOSITION

La *composition* est une des principales parties de l'impression. Elle en est même la plus importante par les variations et les difficultés qui s'y rencontrent, en même temps que par les soins de tout genre que réclame son exécution ; de même qu'elle est la plus compliquée par la multiplicité des fonctions diverses qui s'y rattachent. C'est elle qui, dans l'art d'établir au moyen de lettres mobiles des formes régulières et solides pour reproduire à l'infini les copies d'un ouvrage, exécute, retouche et prépare définitivement au tirage ce travail minutieux : en un mot, elle est l'œuvre fondamentale de la typographie. Comme elle marche la première dans l'ordre des différentes opérations qu'embrasse cet art, elle doit naturellement figurer au premier rang dans ce Traité.

La *composition* ne consiste pas seulement, ainsi que ce mot le donnerait à entendre, dans la combinaison des caractères et dans la formation des pages ; elle comprend réellement la série tout entière des opérations qui précèdent le tirage. Ainsi la *composition* proprement dite, la *mise en pages*, l'*imposition*, la *correction* et la *distribution*, ne doivent être considérées que comme les phases successives d'un même travail. Après avoir fait connaître par cette explication toute la valeur de son titre, nous allons donner une idée de son ensemble, en présentant dans leur marche progressive les principaux éléments qui doivent y concourir, et qui, par la suite, considérés isolément et spécialement développés, deviendront autant de subdivisions de cette grande section de la typographie.

Lorsqu'on entreprend l'impression d'un ouvrage, et qu'on le livre à la *composition*, les premières conditions à déterminer sont le format et le choix des caractères, c'est-à-dire de ceux qui doivent y dominer. Ces données sont généralement fournies par l'auteur, le libraire ou l'éditeur, par celui qui se charge de la direction de l'entreprise. Ces points une fois fixés, les autres dispositions d'un ordre secondaire doivent être arrêtées : tels sont la justification, l'interlignage, le nombre de lignes, ainsi que plusieurs autres détails pour lesquels il est nécessaire de prendre tout d'abord une détermination.

Il est encore une foule d'autres circonstances que la diversité des ouvrages multiplie à l'infini, et qu'on doit s'appliquer à prévoir et à résoudre d'une manière générale et uniforme, dans la crainte qu'un vice de régularité ne devienne par la suite ou impossible, ou très-difficile à rectifier. Ces détails sont en grande partie susceptibles d'être adoptés, sinon arbitrairement, au moins d'après une foule de considérations diverses. Aussi le choix des méthodes soumises à la variété des goûts, la fixation et le classement des principes typographiques à observer, sont-ils rigoureusement nécessaires pour l'exécution de ce travail. Ce n'est qu'après de semblables préparatifs, et avec ces guides indispensables, qu'on peut entreprendre une opération qui est naturellement exposée à de fréquentes difficultés, et dans laquelle il importe de ne pas s'engager légèrement.

Toutes ces diverses données doivent être recueillies par le prote, qui les transmet ensuite à l'ouvrier chargé de la mise en pages du labeur. Si l'importance de l'ouvrage est telle que plusieurs ouvriers doivent travailler à sa *composition*, le metteur en pages se charge de leur distribuer la copie et de recevoir les paquets composés. Lorsque ces paquets sont en nombre suffisant pour former une feuille, et que les fonctions de la mise en pages ont été accomplies, on impose la feuille et l'on en fait épreuve. Les différentes épreuves ayant été successivement lues et corrigées, la feuille est alors disposée pour le tirage. Ici s'arrêtent les opérations qui sont du domaine de la *composition*.

Nous allons maintenant donner de chacune d'elles une description étendue, dans laquelle nous n'omettrons aucun des détails qui peuvent avoir la moindre valeur et qui méritent de figurer dans un ouvrage pratique.

DE LA COMPOSITION PROPREMENT DITE.

La *composition* proprement dite (c'est-à-dire abstraction faite des diverses autres fonctions qui sont du ressort du compositeur) consiste à rassembler, en suivant un modèle donné, les lettres une à une pour en former successivement des mots, des lignes, des pages, etc. Nous allons expliquer comment on y procède.

Ainsi que nous l'avons dit plus haut, les différentes sortes de lettres composant un caractère sont distribuées dans une boîte à compartiments appelée casse. La casse est posée sur une espèce de pupitre placé à hauteur convenable, et qu'on nomme rang. C'est devant le rang que se tient le compositeur lorsqu'il travaille.

Le composteur étant monté à la justification donnée, l'ouvrier prend chaque lettre, l'une après l'autre, dans le cassetin spécialement consacré à sa sorte. Pendant cette opération, l'œil doit suivre attentivement et diriger tous les mouvements de la main. Celle-ci saisit la lettre par la tête, c'est-à-dire par l'extrémité où se trouve l'œil, et la place dans le composteur suivant le sens indiqué par son cran. La promptitude, la justesse et la régularité avec lesquelles ce mouvement s'exécute constituent chez un compositeur le genre d'habileté qui consiste à bien lever la lettre; et, comme le nombre des lettres contenues dans une feuille est la base ordinaire du salaire de l'ouvrier, ce talent a pour lui des avantages positifs. Quant à l'exactitude nécessaire pour diriger sa main vers le cassetin, c'est l'habitude qui la lui donne et l'attention qui l'entretient en lui. Cette dernière qualité est également pour lui du plus grand prix; elle lui épargne des fautes qui ne se réparent qu'à ses dépens.

La main droite du compositeur est celle qui prend les lettres, et exécute le mouvement qui les porte de la casse au composteur; la main gauche tient cet instrument, en maintenant avec le pouce les lettres déjà rangées et en facilitant le placement de celles qui y arrivent successivement. Lorsque le composteur est rempli, on justifie la ligne de manière que les lettres y soient solidement maintenues, sans cependant que la dernière entre de force, afin qu'on puisse enlever la ligne du composteur sans trop de facilité comme sans effort. La ligne étant ainsi justifiée, on pose en dessus l'inter-ligne de l'ouvrage, s'il doit y en avoir, on une interligne provisoire, au moyen de laquelle on la sort du com-posteur pour la placer dans la galée. Lorsque le nombre de lignes, composées de cette manière, est celui que doit contenir la page, on les lie ensemble avec un double tour de ficelle, puis on enlève le paquet de la galée, on le pose sur un papier plié en plusieurs épais-seurs, qu'on nomme porte-page; ensuite on le place sur une tablette horizontale fixée à ses extrémités sur chacun des tréteaux du rang.

Voilà à quoi se réduit la *composition* proprement dite, le travail des ouvriers qui se bornent à faire des paquets. La mise en pages est l'opération qui fait suite à celle que nous venons de décrire. Celle-ci n'en est qu'un facile préliminaire, grâce à la simplicité et à l'uniformité de ses fonctions; c'est elle néanmoins qui occupe la plus grande partie des ouvriers, parce que ses résultats sont les plus nombreux, et forment l'objet dominant de la *composition*, considérée dans un sens général.

DES SOINS A PRENDRE EN COMPOSANT.

Avant de commencer une composition quelconque, on doit prendre sa justification avec une précision rigoureuse, afin que les paquets d'un même labeur, composés par différents ouvriers, soient parfaitement identiques sous ce rapport. Lorsque le labeur est interligné, c'est sur ses interlignes que le composteur doit être monté ; dans le cas contraire, le metteur en pages doit prendre ou couper quelques interlignes sur la justification qui lui est désignée, et les donner pour modèles à ses paquetiers.

Toute espèce de distraction est nuisible à ce genre de travail. Ainsi, lorsqu'il arrive aux compositeurs de parler entre eux, ou même de n'avoir pas l'esprit entièrement présent à leur ouvrage, il s'en ressent inévitablement. Il en résulte d'autant plus de corrections à la première épreuve ; et, ce qui est pire encore, ces fautes peuvent subsister même après plusieurs lectures, si elles présentent un sens apparent. Un compositeur attentif a donc le double mérite de ménager ses intérêts en évitant des corrections qui prennent sur son temps et sur son salaire, et de contribuer au bien-être de l'établissement qui l'emploie, en accomplissant d'une manière satisfaisante la tâche qui lui est confiée.

Il est nécessaire de relire chaque ligne dès qu'elle est composée, avant même de la justifier, en la conférant avec la copie. Cette précaution est encore très-utile au compositeur, par les fautes qu'elle lui épargne, et parce qu'il corrige plus facilement dans le composteur qu'il ne le ferait plus tard sur le marbre.

Les autres soins à prendre sont relatifs à la justification et à l'espacement des lignes. La lettre, l'espace ou le cadrat qui termine une ligne doit entrer dans le composteur, ainsi que nous l'avons dit, sans trop de facilité ni d'effort, et de façon que la ligne soit suffisamment maintenue.

DE LA MANIÈRE D'ESPACER.

L'espacement des lettres, ou des mots entre eux, est soumis à tant de circonstances modificatives, qu'on ne peut établir à ce sujet que les principes dont l'application a le plus de généralité. Nous allons réunir ci-après tous ceux dont la connaissance est surtout nécessaire, et dont l'ensemble présente une théorie.

Dans la poésie, où, à l'exception de quelques cas plus ou moins rares déterminés par l'étendue de la justification, les mots peuvent être également distants l'un de l'autre, on doit se servir d'espaces de même épaisseur. Il est généralement préférable de n'en pas employer de trop fortes, afin que les vers qui remplissent ou dépassent la justification, et dans lesquels les espaces sont diminuées autant que possible, ne forment pas une disparate trop frappante sous ce rapport avec les autres lignes de la page. L'épaisseur la plus convenable pour ce genre de composition est le tiers de la force de corps du caractère. Si, par exemple, ce caractère est un Six, les espaces à choisir seront de deux points; de trois, si le caractère est un Neuf; de quatre, si c'est un Douze, etc.

Dans la prose, où la justification est remplie par la matière, comme on est forcé de terminer chaque ligne par un mot plein ou convenablement divisé, on a fréquemment à modifier les espaces employées provisoirement dans la composition de la ligne, soit qu'on leur en substitue de plus faibles, soit qu'on y en ajoute d'autres. De cette manière, il arrive rarement que deux lignes consécutives soient semblablement espacées, excepté dans les grandes justifications, où la différence, plus répartie, devient insensible; on doit s'attacher toutefois, dût-on en remanier quelques-unes, à faire disparaître des inégalités trop choquantes. Quant aux espaces qui séparent les mots d'une même ligne, il est indispensable, pour la régularité de la composition, qu'elles soient uniformes. Quelque latitude qu'on accorde pour l'espacement des mots dans la prose, il ne faut pas franchir certaines limites déjà reculées par la nécessité, mais que le bon goût défend d'outre-passer.

L'espace d'un point et demi est la plus mince qu'on puisse employer entre les mots, celle d'un point est difficilement supportable dans les caractères plus gros que le Dix. Les espaces équivalentes à trois quarts de cadratin sont les plus fortes dont on doive se servir pour une justification ordinaire.

Les différents signes de la ponctuation doivent être séparés du mot qui les précède par des espaces moins fortes de moitié que celles qui les suivent, et qui sont ordinairement les mêmes qu'on emploie dans la ligne entre les mots. Le *point* seul se place immédiatement après le dernier mot de la phrase qu'il termine, et sans aucune séparation. Autrefois le *comma* (ou *deux-points*) se plaçait entre deux espaces égales.

Dans les lignes de titres composées en capitales ou en lettres de deux points, ainsi que dans les titres courants, on espace ordinairement les lettres. Cet usage a pour principal objet de rendre les lignes plus lisibles en isolant les lettres, et en faisant ainsi ressortir chacune d'elles; il a aussi pour effet de masquer les irrégularités d'alignement, très-visibles dans les capitales qui se terminent presque toutes par la ligne horizontale de l'empattement. Les espaces employées en pareil cas doivent être proportionnées à la force de l'œil, et il doit être tenu compte, comme nous l'expliquerons tout à l'heure, du blanc porté par certaines lettres, afin qu'elles paraissent également distancées. Pour les caractères au-dessous du Douze, elles ne doivent pas avoir plus de deux points d'épaisseur.

Dans la composition des caractères serrés d'œil ou d'approche, on doit éviter l'emploi des fortes espaces. L'épaisseur de l'interligne doit influer aussi, en raison directe, sur la manière d'espacer les mots.

La répartition égale et régulière des espaces est un des genres de mérite qui constituent la beauté d'un livre; en conséquence elle doit être l'objet de l'attention constante du compositeur. Mais pour arriver à ce résultat, il ne suffit pas de jeter, soit entre les mots, soit entre les lettres, des espaces égales; cette opération exige de la part de l'ouvrier un calcul auquel il doit préalablement se livrer. Parmi les lettres, et notamment parmi les capitales, il s'en trouve qui, par leur forme arrondie ou anguleuse, ou par leur rencontre avec d'autres lettres, laissent, soit devant, soit après elles, un vide considérable, et, suivant l'expression typographique, portent du blanc. Lorsque les lettres peuvent être espacées, il est facile de remédier à ce vice originel; on diminue ou l'on supprime en pareil cas les espaces, qu'on réserve pour séparer les lettres de forme carrée.

Ce soin est indispensable; si les lettres du même mot n'étaient pas, quant à l'œil, également distantes, elles sembleraient appartenir à des mots différents : irrégularité pour l'aspect, confusion pour le sens, tels en seraient les effets infaillibles.

Dans les lettres du bas de casse ce défaut est toujours inévitable, mais souvent insensible; il devient apparent à proportion de la finesse des espaces employées dans la ligne.

Nous pensons avoir présenté ici, sinon toutes les règles relatives à cette partie de la composition, au moins les plus importantes, celles que le compositeur doit considérer comme les notions élémentaires et essentielles de son travail.

DE LA MISE EN PAGES.

Le but de cette opération est de rassembler les différents paquets de composition, pour en former des pages et ensuite des feuilles. Voici quelle est sa marche ordinaire.

Lorsque le nombre de paquets fournis par les compositeurs travaillant à un même ouvrage est suffisant pour compléter une feuille (ou une forme, si l'on est convenu d'imposer de cette manière), ces paquets, pour devenir des pages régulières, doivent porter leurs folio, titre courant, et signature, s'il y a lieu; en un mot, leurs lignes de tête et de pied. De plus les titres, sommaires, additions, notes, et généralement toutes les parties autres que le texte courant, restent à composer et à placer; les blancs à distribuer; les filets, fleurons, vignettes, etc., à ajuster, suivant leur place; et les queues de pages ainsi que les pages blanches à établir. Telles sont les fonctions de la *mise en pages*, qui est le complément de la composition.

Celle-ci est ordinairement simple et son travail uniforme, tandis que celle-là est d'une application très-variée et beaucoup plus étendue. L'une n'est souvent qu'une imitation servile, l'autre présente dans son exécution de fréquentes innovations; et ce n'est pas exagérer la supériorité de la *mise en pages* que de la comparer, dans certains cas, au travail conçu et dirigé par l'architecte, tandis que la composition se rapproche de la tâche purement manuelle de l'ouvrier.

Lorsque les paquets qui concourent à la formation d'une feuille ont été réunis, on les délie successivement dans une galée longue, destinée à cet usage, afin d'y faire tous les ajoutés nécessaires. Une condition essentielle à observer, c'est que toutes les pages, après avoir subi ce changement de disposition, soient soumises à la réglette de longueur, qui sert de mesure commune et invariable pour tout l'ouvrage.

Comme cette jauge est ordinairement déterminée par un nombre fixe de lignes du caractère courant, l'observation de ce principe réclame plus de soin et d'attention lorsqu'elle s'applique à une page blanche, courte, longue, incomplète, ou coupée par des titres, en général à toute page qui ne porte pas le nombre de lignes accoutumé.

Dès qu'on a ainsi disposé une quantité de pages suffisante pour compléter une feuille (quantité qui est déterminée par le format de l'ouvrage), on procède à l'imposition, opération que nous décrirons tout à l'heure.

De toutes les opérations relatives à la composition des ouvrages, la *mise en pages*, par la variété et la multiplicité de ses fonctions, exige au plus haut degré les connaissances typographiques. L'ouvrier auquel on la confie doit s'être préalablement exercé à tous les genres de travaux qui entrent dans la composition. Si son expérience ne le place au-dessus des difficultés qui s'y présentent fréquemment, et ne le met à même de les résoudre avec habileté; si ce tact et ce goût qui doivent toujours présider aux dispositions qu'il crée, ou aux améliorations qu'il découvre, ne le distinguent des simples compositeurs; enfin s'il n'est doué de l'activité et de l'intelligence nécessaires pour diriger la marche d'un ouvrage et la suivre dans ses différentes périodes, il ne peut occuper convenablement parmi ses confrères le rang à la fois honorable et avantageux de metteur en pages.

C'est à lui qu'il appartient de distribuer la copie aux paquetiers, de leur partager les pages de distribution, de surveiller leur travail à mesure de sa confection, et de concilier leurs intérêts avec ceux de l'établissement qui les occupe.

Il faut, en procédant à cette opération, éviter les pages longues ou les pages courtes, dût-on même, dans certains cas, recourir à quelques remaniements indispensables.

Nous n'entrerons pas dans de plus longs détails sur les soins qu'exige chacune des fonctions de la *mise en pages*. Les limites que nous nous sommes tracées sont trop restreintes pour admettre des développements exagérés, que la mémoire retiendrait difficilement, et dans lesquels le lecteur constaterait avec peine une utilité marquée; d'ailleurs les plus importants se trouvent, dans cet ouvrage, aux endroits où ils nous ont paru pouvoir être placés à propos.

DE L'IMPOSITION.

Imposer, c'est disposer toutes les pages d'une feuille, ou d'une forme, de telle sorte que, la feuille de papier étant imprimée et pliée, ces pages se trouvent dans l'ordre convenable. Voici comment on procède à cette opération.

Lorsqu'une feuille a été mise en pages, on prend ces pages l'une après l'autre en suivant l'ordre de leurs folios, et on les place successivement sur le marbre selon la disposition indiquée pour chaque format. Dans tous les cas le nombre de pages composant la feuille se trouve divisé en deux parties égales, dont chacune est destinée à imprimer l'un des côtés du papier. Les pages étant donc rangées conformément à l'ordre prescrit par leur format, on entoure d'un châssis chaque forme, ou moitié de la feuille. On sépare ensuite les pages en tout sens par des blocs de fonte, dont la longueur est déterminée par les dimensions des pages.

L'étendue de ces intervalles, qui représentent des marges, a pour base le format du papier de l'ouvrage. On les appelle *garnitures* dans le sens général ; on distingue parmi elles les *fonds* et les *têtières*. Les garnitures sont donc la charpente intérieure de la forme. Quant aux accessoires qui l'entourent en dedans du châssis, ce sont les *réglettes*, les *biseaux* et les *coins*. Les réglettes sont des lingots plus ou moins épais, suivant que le format l'exige ; on en place ordinairement une à chaque côté de la barre du châssis et dans toute sa longueur pour compléter la distance à établir entre les pages que sépare la barre. Quand la dimension du châssis le permet, on entoure de réglettes toute la forme. Les biseaux viennent immédiatement après ; ce sont des morceaux de bois taillés en biais (ainsi que ce mot le fait entendre) sur leur face extérieure. On en applique un à chacune des deux parties latérales de la forme, et deux petits dans le bas, c'est-à-dire le long du bord dont on se rapproche le plus en imposant, et de chaque côté du châssis. Les biseaux latéraux s'appellent les *grands biseaux;* les *petits* sont ceux qui aboutissent à la barre du châssis. Les coins sont de petits morceaux de bois taillés en biseau, et qui, placés entre les biseaux et les bords du châssis, sont destinés à serrer la forme. Voici dans quelle direction on les place. Ceux des grands biseaux, qui sont au nombre de trois ou quatre, se chassent vers le haut de la forme; ceux des petits biseaux, au nombre de deux ou trois, se chassent vers la barre du châssis.

Lorsque la forme est pourvue de ses garnitures, de ses réglettes et de ses biseaux, avant de placer les coins, on délie les pages en commençant par celles qui sont le plus près de la barre. Les coins étant placés et fixés seulement avec la main, on taque la forme. On la serre ensuite, en frappant les coins avec un marteau, puis, lorsqu'ils sont abattus, à l'aide du décognoir. Cette opération terminée, on sonde la forme pour s'assurer si elle est bien serrée dans toutes ses parties, puis on l'enlève de dessus le marbre, en la prenant par le bas, c'est-à-dire par le côté le plus rapproché de la personne qui impose.

Nous allons maintenant faire connaître les différents genres d'*impositions* désignés par les noms des formats auxquels ils sont propres, en y joignant les remarques qui sont particulières à chacun d'eux.

IN-FOLIO.

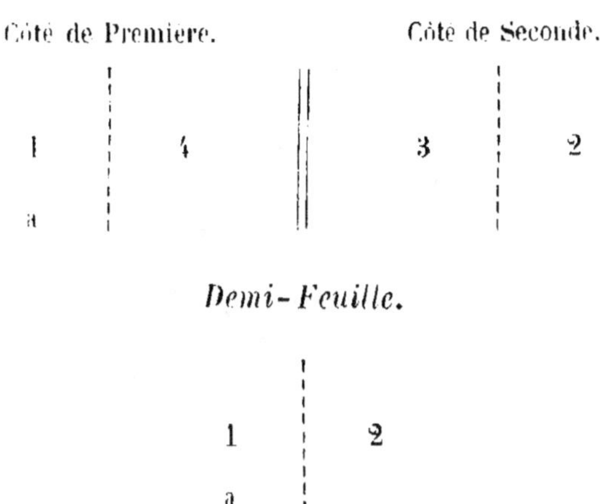

Demi-Feuille.

Les garnitures des côtés de la barre doivent être égales ainsi que celles de la tête. Quant aux blancs de tête et de pied, c'est la marge de l'imprimeur qui les détermine.

IN-QUARTO.

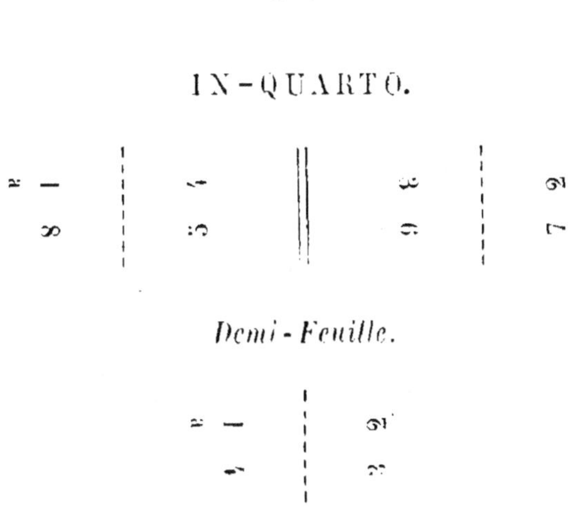

Demi-Feuille.

IN-QUARTO OBLONG.

Demi-Feuille.

IN-OCTAVO.

Les blancs des côtés de la barre doivent être égaux aux deux marges extérieures qui leur sont parallèles.

Deux Demi-Feuilles imposées ensemble.

Autre imposition.

```
 ς    ς  ¦  [A  [ıı  ‖   Λſ   Λ  ¦  9   8
 1    8  ¦  vij  ij  ‖   i   viij ¦  7   2
 a      ¦           ‖             ¦
```

Trois Cartons suivis et un Carton seul.

Carton en dedans.

```
 [ı  [ıı ¦  8   ς  ‖   9   ɛ  ¦  Λſ   ɪ
 1   12  ¦  9   ʹ  ‖   3   10 ¦  11   2
 a      ¦         ‖           ¦
```

Carton en dehors.

```
 9   ɛ  ¦  01  8  ‖   ʹ   6  ¦  8   ς
 i   iv ¦  11  2  ‖   1   12 ¦  iij  ij
 a      ¦         ‖   a      ¦
```

Demi-Feuille.

```
 ς    ς  ¦   9   8
 1    8  ¦   7   2
 a      ¦
```

Deux Cartons.

Retournés in-douze.

```
 ʒ    ɛ  ¦   Λſ   ɪ
 ʇ    ʏ  ¦   iij  ij
 a      ¦
```

La feuille séparée en deux donne dans chacune de ses moitiés deux exemplaires du même carton.

Deux Cartons imposés ensemble.

Retournés in-octavo.					Retournés in-douze.			
11	11	6	7		6	8	6	7
1	4	3	2		1	4	iij	ij
a					a			

Carton.

retourné : 1° in-octavo, 2° in-douze, 3° in-octavo.

6	8
1	4
a	

IN-OCTAVO OBLONG.

Feuille entière.

a	1	8	5	4	3	6	7	2
	16	9	12	13	14	11	10	15

Demi-Feuille.

a	1	4	3	2
	8	5	6	7

Deux Demi-Feuilles.

Deux Cartons de quatre pages.

Douze pages d'une part et quatre de l'autre.

—⁓⁓—

IN-DOUZE.

Le petit Cahier dans le grand.

La feuille se divise à la pliure en deux cahiers, l'un de seize pages,
l'autre de huit.

Le petit Cahier en dehors du grand.

20	21	24	17	18	23	22	19
8	9	12	5	9	11	10	7
1	16	13	4	3	14	15	2

Cette imposition peut servir pour deux cahiers appartenants à des feuilles ou à des volumes différents.

Deux Demi-Feuilles imposées ensemble.

ou

Une Feuille imposée en deux Cahiers égaux.

8	5	vj	vij	viij	v	6	7
4	9	x	iij	iv	ix	10	8
1	12	xj	ij	i	xij	11	2

La feuille, séparée en deux dans la longueur, laisse dans chaque moitié chacune des demi-feuilles, qui se plient de la même manière que la feuille entière.

Feuille composée de trois Cahiers de huit pages.

18	23	22	19	20	21	24	17
10	15	14	11	12	13	16	9
1	8	5	4	3	6	7	2

Cette imposition est peu usitée ; on n'y recourt que par la nécessité d'avoir trois cahiers isolés.

Demi-Feuille.

Imposition en un seul Cahier.   **Imposition en deux Cahiers.**

```
 9   L  |  8   ç            ꞁ!  ꞁ!!  |  ʌꞁ   ꞁ
                             —         —
 ᔭ   6  | 0Ɩ   Ɛ            ᔭ   ç   |  9   Ɛ
 1  12  | 11   2            ᔭ   8   |  7   2
 ɐ                          ɐ
```

Demi-Feuille composée de trois Cartons.

```
 II   III  |  ʌꞁ   ꞁ
   —          —
 ꞁ!  ꞁ!!  |  ʌꞁ   ꞁ
 1    4   |  3   2
 ɐ
```

Tiers de Feuille ou huit pages.

```
 1   8  |  5   4  ‖  3   6  |  7   2
 ɐ
```

———ᘛᘚᘛ———

IN-SEIZE.

```
ɐ                                                                          
1  9Ɩ  |  13   ᔭ  |  Ɛ   ᔭꞁ  |  ꞁç   Ɛ
32  ZƖ |  20  62  |  30  6Ɩ  |  18  9ᦉ
   ᑫ
25  ᔭᦉ |  21  8ᦉ |  27  ᦉᦉ  |  23  9ᦉ
 8   6 |  ᦉꞁ   ç  |  6   ꞁꞁ  |  ꞁ0   L
```

Demi-Feuille en un seul Cahier.

a	1	8	¦	7	2
	16	9	¦	10	15
	13	12	¦	11	14
	4	5	¦	6	3

Demi-Feuille en deux Cahiers.

a	1	4	¦	3	2
	8	5	¦	6	7
	vij	vj	¦	v	viij
	ij	iij	¦	iv	i

IN-SEIZE OBLONG.

4	13	¦	14	3
5	12	¦	11	6
8	9	¦	10	7
1	16	¦	15	2
a				

IN-DIX-HUIT.

Feuille entière. Deux Cahiers : vingt-quatre et douze pages.

12	13	│	16	¦	9	│	32	29
8	17	│	20	¦	5	│	28	33
1	24	│	21	¦	4	│	25	36
a								

30	31	│	10	¦	15	│	14	11
34	27	│	6	¦	19	│	18	7
35	26	│	3	¦	22	│	23	2
a.								

L'imposition de l'in-dix-huit est la même que celle de l'in-douze quant aux blancs. La feuille in-dix-huit représente une feuille et demie in-douze; la barre entre dans les fonds du cahier du milieu.

Trois Cahiers égaux.

```
                           c.       b.    a.
  6  7 | 18 | 19 | 30 31 ‖ 32 29 | 20 | 17 | 8  5
  ──              ──         ──              ──
  4  9 16 | 21 28 33 ‖ 34 27 22 | 15 10  3
  1 12 | 13 | 24 | 25 36 ‖ 35 26 | 23 | 14 | 11  2
  a        b    c
```

La feuille se divise en trois cahiers de douze pages, composés chacun d'un carton de huit pages, et d'un de quatre qui s'encarte dans l'autre.

Autre imposition.

```
   a.       b.    c.
  8  5 | 20 | 17 | 32 29 ‖ 30 31 | 18 | 19 | 6  7
  ──              ──         ──              ──
  4  9 16 | 21 28 33 ‖ 34 27 22 | 15 10  3
  1 12 | 13 | 24 | 25 36 ‖ 35 26 | 23 | 14 | 11  2
  a        b    c
```

Cette imposition est peut-être plus facile que la précédente, en ce que sa combinaison est plus aisée à retenir; mais l'autre a sur celle-ci l'avantage de partager les signatures dans les deux formes. La seule différence qui existe entre elles consiste dans le placement des pages dont se composent les petits cartons.

Demi-Feuille.

14	5	10	6	9	13
4	15	12	7	16	3
1	18	11	8	17	2

(repères : a. en haut et en bas à gauche)

Cette demi-feuille se compose de quatre cartons plus un onglet, réunis en un seul cahier. Il est à remarquer qu'après le tirage en blanc on est obligé de transposer quatre pages : 7 et 11, et 8 et 12.

———⁓⁓⁓⁓———

IN-VINGT-QUATRE.

Feuille entière. Deux Cahiers égaux.

12	13	16	9	36	37	40	33	34	39	38	35	10	15	14	11
8	17	20	5	32	41	44	29	30	43	42	31	6	19	18	7
1	24	21	4	25	48	45	28	27	46	47	26	3	22	23	2

(repères : a. et b.)

Demi-Feuille. Un seul Cahier.

12	13	16	9	10	15	14	11
8	17	20	5	6	19	18	7
1	24	21	4	3	22	23	2

(repère : a.)

Cette imposition est la plus usitée; le cahier est égal à la feuille in-douze.

Autre imposition.

Retournée in-douze.

```
  2   23   22   3  | 10  15
  7   18   19   6    11  14
- - - - - - - - - - - - - - - -
  8   17   20   5    12  13
  1   24   21   4  |  9   16
  a                    a.
```

Demi-Feuille. Deux Cahiers de douze pages.

```
           -ı   |              ·a
  9    7  viij  v  |  vj  vij   8    5
  ―          ―    |   ―          ―
  4    6   x   iij |  iv  ix   10    3
  1   12   xj  ij  |  i   xij   11   2
  a               |
```

Cette manière d'imposer est préférable à l'autre, parce que les cahiers étant plus minces font un meilleur effet à la brochure, et conservent mieux leur blanc de fond. Elle a seulement l'inconvénient de multiplier les coupures.

Demi-Feuille. Deux Cahiers : seize et huit pages.

```
  ij  vij   vj  iij |  iv   v   viij   j
  ―          ―     |   ―          ―
  8    6    12   5  |  9   11    10    7
  1   16    13   4  |  3   14    15    2
  a                 |
```

Cette imposition est seulement en usage pour des parties de volume qui doivent être détachées ; celles par cahiers égaux sont toujours préférables dans les autres cas.

IN-VINGT-QUATRE OBLONG.

Demi-Feuille.

Retournée in-douze.

10	15	16	9
11	14	13	12
---	---	---	---
4	21	22	3
5	20	19	6
8	17	18	7
1	24	23	2

———~ww~———

IN-TRENTE-DEUX.

Feuille. Quatre Cahiers de seize pages.

50	63	62	51	36	45	48	33	34	47	46	35	52	61	64	49
55	58	59	54	37	44	41	40	39	42	43	38	53	60	57	56
8	9	12	5	22	27	26	23	24	25	28	21	6	11	10	7
1	16	13	4	19	30	31	18	17	32	29	20	3	14	15	2

Demi-Feuille. Deux Cahiers de seize pages.

18	31	30	19	20	29	32	17
23	26	27	22	21	28	25	24
8	6	12	5	9	11	10	7
1	16	13	4	3	14	15	2

(signature *a* au bas à gauche, *q* en haut à droite; les deux premières lignes sont imposées tête-bêche.)

Cette imposition est très-simple; ce sont deux feuilles in-octavo qui composent la forme in-trente-deux, de même que la feuille entière se compose de quatre in-octavo.

———

IN-TRENTE-DEUX OBLONG.

Demi-Feuille. Deux Cahiers.

1	8	5	4	3	6	7	2
16	9	12	13	14	11	10	15
31	26	27	30	29	28	25	32
18	23	22	19	20	21	24	17

(signature *a* en haut à gauche, *q* en bas à droite; imposition oblongue, les chiffres tournés d'un quart.)

Nous ne poursuivrons pas plus loin l'imposition des formats oblongs, qui sont d'un usage très-rare. Lorsqu'il s'en présentera de cette espèce dans les formats inférieurs à l'in-trente-deux, on pourra recourir à l'imposition du format primitif.

IN-TRENTE-SIX.

Demi-Feuille.

Retournée in-douze.

Trois formes in-douze, dont les deux moitiés sont placées pied contre pied à la barre du châssis.

— — —

IN-QUARANTE-HUIT.

Ce format s'impose en demi-feuille, composée de trois cahiers, chacun d'une feuille in-octavo, dans un châssis in-douze, et se retourne comme ce dernier format. Chaque cahier porte une signature particulière.

IN-SOIXANTE-QUATRE.

Demi-Feuille. Quatre Cahiers, chacun d'une Feuille in-octavo.

Feuille A in-octavo. Côté de première.	Feuille B in-octavo. Côté de seconde.	Feuille B in-octavo. Côté de première.	Feuille A in-octavo. Côté de seconde.
Feuille D in-octavo. Côté de seconde.	Feuille C in-octavo. Côté de première.	Feuille C in-octavo. Côté de seconde.	Feuille D in-octavo. Côté de première.

—————

IN-SOIXANTE-DOUZE.

Demi-Feuille. Trois Cahiers, chacun d'une Feuille in-octavo et d'une Feuille in-quarto intercalaire.

(Numbers in alternate rows are printed inverted; the signature marks c., b. and a. appear as shown.)

Left form:

50	71	70	51	64	57 (c.)
55	66	67	54	61	60
26	47	46	27	40	33 (b.)
31	42	43	30	37	36
8	17	20	3	14	11
1 (a.)	24	21	4	15	10

Right form:

58	63	52	69	72	49 (c.)
59	62	53	68	65	56
34	39	28	45	48	25 (b.)
35	38	29	44	41	32
12	13	6	19	18	7
9 (a.)	16	3	22	23	2

IN-QUATRE-VINGT-SEIZE.

Demi-Feuille. Six Cahiers d'une Feuille in-octavo chacun.

F.	F		F.	E
D.	C		C.	D
A	B.		B	A.

IN-CENT-VINGT-HUIT.

Demi-Feuille. Huit Cahiers d'une Feuille in-octavo chacun.

H.	G		G.	H
E	F.		F	E.
D.	C		C.	D
A	B.		B	A.

Dans la série de modèles que nous venons de présenter pour *l'imposition* des différents formats, nous avons négligé ceux qui sont tombés en désuétude, ou dont l'application devient de plus en plus rare, quoi-

qu'ils aient été conservés jusqu'à ce jour dans les
ouvrages didactiques. Telles sont les *impositions* par
feuille entière des formats au-dessous de l'in-trente-
deux, c'est-à-dire celles de l'in-trente-six, etc. C'est
presque toujours par demi-feuille que ces formats s'imposent actuellement; et cette nouvelle méthode, exempte
de tout inconvénient, présente beaucoup de facilités et
même d'avantages. Les facilités qu'elle offre sont : pour
le compositeur, de diminuer les chances d'erreurs auxquelles l'expose le placement d'un plus grand nombre
de pages; pour l'imprimeur, de faire son registre sur
la même forme, sans avoir à craindre l'irrégularité
des châssis ou celle des garnitures; pour le correcteur,
des lectures moins longues. Quant à ses avantages, ils
ne sont pas moins positifs; elle épargne à l'établissement la moitié de la lettre qui serait nécessaire si l'on
tirait par feuille entière, sans que la marche des impressions en soit ralentie : mesure souvent très-utile
à l'économie des ateliers.

Nous avons préféré, dans l'intérêt de l'art, donner
de plus grands développements à certains formats qui
non-seulement sont plus usités que les autres, mais
encore qui leur servent de base. Tels sont l'in-octavo
et l'in-douze, auxquels se rattachent tous ceux qui
viennent après eux, et qui n'en sont que des multiples.
Nous avons donc présenté, sous tous les points de vue
possibles, soit intégraux, soit partiels, l'*imposition* de
ces deux formats radicaux, tant pour leur application,
qui est continuelle, que pour la connaissance de ceux
qui en dérivent.

De la comparaison que nous avons faite de ces différents genres *d'impositions* il résulte quelques observations communes que leur généralité convertit en règles, et que nous allons énoncer comme telles.

Lorsque la forme d'une page est dans les mêmes proportions que celle du papier plié selon le format auquel cette page appartient (ce qui doit toujours se faire si aucune considération particulière ne s'y oppose), le blanc du fond et celui de la tête doivent être les mêmes; celui du pied et la marge extérieure doivent aussi être égaux entre eux. Les premiers sont ordinairement aux seconds dans le rapport approximatif de deux à trois.

Dans les petits formats, à commencer par l'in-dix-huit, les parties de la feuille où se font les coupures devraient toujours être marquées par de légers bouts de filets, parce que la marge y est précieuse, et que la pliure se ferait ainsi plus exactement. Dans l'in-douze, l'endroit où le carton se coupe est marqué par les trous des pointures.

Nous avons indiqué les *impositions* suivant lesquelles la feuille devrait se retourner comme pour l'in-douze. La plupart d'entre elles se retournent in-octavo; aussi n'avons-nous considéré et signalé les premières que comme des cas d'exception.

Un volume ne peut être bien broché, et les feuilles ne peuvent conserver l'égalité de leurs fonds, si elles ne sont divisées en cahiers égaux. Aussi, dans les modèles que nous avons offerts, nous sommes-nous attaché à l'observation de ce principe.

Il faut éviter, notamment pour les petits formats, les cahiers trop volumineux. Ces divisions sont peut-être plus commodes et plus économiques pour la pliure; mais cet avantage ne s'acquiert qu'aux dépens de la marge du fond, qu'on doit ménager le plus possible.

DES SOINS A PRENDRE EN IMPOSANT.

Avant de commencer une imposition nouvelle, et afin d'établir les garnitures de telle sorte qu'il n'y ait plus rien ou au moins qu'il reste peu de chose à y changer, il faut se pourvoir d'une feuille du papier destiné au tirage de l'ouvrage qu'on impose. Les dimensions des papiers sont tellement variables dans le même format, que la connaissance de cette dernière condition ne doit pas dispenser d'une précaution aussi convenable. Il est même nécessaire de s'assurer si, dans les rames du papier qu'on doit employer, il n'existe pas un certain nombre de feuilles plus petites que d'autres; ce serait sur celles-là qu'il faudrait se régler, en abandonnant à l'ébarbure l'excédant que laissent les feuilles plus grandes.

Lorsque les pages ont été placées sur le marbre, suivant la disposition requise par leur format, on doit vérifier ce placement, afin de remédier sur-le-champ aux transpositions ou aux autres erreurs, que l'imposition effectuée rendrait plus difficiles à rectifier.

Si c'est une feuille qu'on impose, les deux châssis servant à ses deux formes doivent être assortis quant aux dimensions, et notamment quant à l'épaisseur de la barre. S'il existait entre eux quelque différence sur ce dernier point, il faudrait la faire disparaître au moyen d'interlignes également distribuées aux deux côtés de la plus faible des deux barres; la justesse du registre, au tirage, dépend en grande partie de cette conformité.

Les porte-pages doivent être enlevés, pour plus de facilité, avant que le châssis soit couché sur le marbre. On ne délie les pages que lorsque la totalité des garnitures est placée, et entourée des biseaux. Sans une pareille précaution, il arriverait que, les pages n'étant pas maintenues également de toutes parts, des lettres s'en détacheraient, ce qui ralentirait le travail de l'imposition. Après que les ficelles qui lient les pages ont été toutes enlevées, il faut, pour ramener les garnitures et les pages vers la tête et la barre du châssis, pousser en même temps les deux biseaux de chacun de ses côtés. Cette opération étant faite avec soin, on choisit les coins, on les place légèrement, et l'on serre alternativement chacun des quatre côtés de la forme où sont placés les biseaux, en employant d'abord peu de force pour chasser les coins, et en ne recourant que plus tard au décognoir.

L'imposition des ouvrages de ville n'est assujettie à aucune règle. La grande variété de ces travaux exige des châssis et des ramettes de toutes les dimensions. Les garnitures ne servent en pareil cas qu'à remplir le châssis et à maintenir la composition.

DE L'ÉPREUVE.

L'*épreuve* est le premier tirage que subit une forme
après son imposition. Cette opération se réitère à différentes reprises avant l'impression définitive, suivant la
quantité des changements apportés successivement par
les auteurs aux feuilles qu'on leur présente.

La première *épreuve* d'une feuille est lue à l'imprimerie par un correcteur, qui la collationne avec la copie
pour voir si le compositeur s'y est exactement conformé.
Cette opération faite, l'*épreuve* est remise au metteur
en pages, qui fait exécuter par les compositeurs toutes
les corrections indiquées, puis en fait tirer une deuxième
épreuve. Si l'ouvrage auquel la feuille appartient n'est
qu'une réimpression pure et simple, et s'il n'y doit être
apporté aucun changement, on se contente souvent de
faire relire cette seconde à l'imprimerie, et le tirage
définitif s'opère après cette dernière lecture. Quant aux
ouvrages d'auteurs vivants, qui sont susceptibles de
subir, entre la composition et l'impression, des modifications plus ou moins importantes, plus ou moins
multipliées, il est nécessaire de faire pour chaque feuille
autant d'*épreuves* successives qu'il se présente de nouvelles séries de corrections à exécuter, et jusqu'à ce
que l'auteur, l'éditeur, ou toute autre personne ayant
mission à cet effet, autorise le tirage.

Dans tous les cas, et quelle que soit la quantité
d'*épreuves* qui se tire sur une même feuille, l'imprimeur
n'est tenu qu'à deux lectures. L'une a toujours lieu

pour la première de toutes les *épreuves*, qu'on appelle *première typographique ;* l'autre pour la dernière, qui est le *bon à tirer.*

Il existe encore une autre espèce d'*épreuve* postérieure à celles ci-dessus mentionnées. Elle s'appelle *tierce.* La *tierce* est le premier exemplaire tiré au moment de l'impression et dès que la forme est sous presse. Elle sert à vérifier les dernières corrections faites au *bon à tirer*, et à s'assurer s'il ne s'est pas commis de nouvelles fautes, ou s'il n'est pas tombé quelques lettres pendant le transport ou le lavage de la forme. Quelquefois la *tierce* ne se relit pas entièrement, et l'on ne fait qu'y jeter un coup d'œil rapide ; cependant, comme il est prouvé par l'expérience qu'on ne saurait revoir trop souvent les *épreuves* d'un livre pour le purger des fautes qui peuvent encore y rester, on ne doit pas considérer comme une opération inutile la lecture des *tierces.* La correction d'un livre étant la plus réelle et la plus solide des qualités qu'il puisse réunir, il ne faut négliger aucun soin, aucun sacrifice, pour lui assurer ce genre de mérite.

Lorsqu'une *tierce* se trouve chargée de corrections, soit nouvelles, soit reportées du *bon à tirer*, la prudence exige qu'avant le tirage il soit donné une autre *tierce*, qui s'appelle *révision* ou *vérification.*

Le tirage des *épreuves* est assez important dans ses résultats pour qu'on y apporte plus de soin qu'on ne le fait généralement. La facilité de leur lecture dépend de cette condition ; et comme beaucoup d'autres causes exposent le travail du correcteur au risque d'être plus ou moins négligé, on ne saurait lui refuser ce moyen de perfectionnement. Il est bon que le tirage soit fait sur une presse affectée à cet usage, et par un ouvrier soigneux et expérimenté. La conservation des formes dépend beaucoup des précautions qu'on y apporte.

DE LA CORRECTION.

L'opération qui succède à l'imposition et au tirage en épreuve est la lecture de la feuille ; mais, comme elle sort des attributions de la composition, nous en parlerons dans une autre partie de ce Traité, dont elle formera une division spéciale. Nous nous contenterons ici, pour faire connaître au lecteur la progression complète et la liaison de ces différents travaux, de dire que l'épreuve de la feuille, ayant été tirée et lue, revient dans les mains du compositeur, qui s'occupe sur-le-champ de sa *correction*. Voici de quelle manière il s'y prend.

Il place sur le marbre la forme ou les deux formes à corriger ; il les desserre, en relâchant les coins de manière que les lettres puissent être enlevées facilement. Il examine si les corrections sont intelligibles, c'est-à-dire, non-seulement si elles sont clairement indiquées, mais encore si leurs résultats présentent le sens que le correcteur a eu l'intention d'y donner. Il lève ensuite dans un composteur toutes les lettres nécessaires à l'exécution de ses corrections.

La ligne dans laquelle doivent être faites une ou plusieurs corrections est élevée au moyen de la pince, qui presse l'une de ses extrémités, et de la main gauche, qui dirige l'autre. Cette ligne se trouvant plus haute que le reste de la page, on a toute la facilité nécessaire pour ajouter, changer ou retrancher des lettres; cela se fait, soit en diminuant ou en augmentant les espaces, soit en rejetant des mots de ligne en ligne, ce qui peut nécessiter un remaniement pour tout le reste de l'alinéa. Si la correction ne porte que sur un mot de la ligne, on peut ne lever que ce mot, en plaçant d'un côté la pince et de l'autre le doigt dans le blanc laissé par l'espace. Il faut éviter que les deux branches de la pince, glissant sur le talus de la lettre, aillent se rejoindre sur l'œil, qu'elles endommageraient. Alors la lettre serait perdue, et devrait être jetée à la fonte.

Les formes étant corrigées, le compositeur serre légèrement les coins avant de taquer; puis il les enfonce davantage à l'aide du décognoir et du marteau. Si la feuille demande une nouvelle épreuve, il la porte à la presse destinée à cet usage; sinon, il livre les formes à la presse qui doit les tirer.

Quant aux soins que la *correction* exige de la part de l'ouvrier, ils consistent à prendre tous les ménagements nécessaires pour que les lettres placées ou enlevées par cette opération soient conservées intactes et remises en casse; à faire en sorte que la composition ne souffre en rien des remaniements que les corrections ont pu occasionner, et qu'elle soit, en pareil cas, repassée au composteur; enfin à vérifier sur le plomb, en les conférant avec l'épreuve, les corrections qui y sont indiquées.

DE LA DISTRIBUTION.

Le travail de la *distribution* consiste dans la décomposition des formes après le tirage, afin que les lettres et autres matériaux qu'on en tire, ayant été replacés chacun où on les avait pris, puissent servir à de nouvelles compositions. On procède ordinairement à cette opération de la manière suivante.

Lorsqu'une feuille a été tirée et lavée, le metteur en pages la desserre sur un marbre, après avoir eu le soin de mouiller chaque page avec une éponge imbibée d'eau, si les formes se sont séchées depuis leur lavage. Il enlève successivement le châssis, les garnitures et les bois, qu'il place sur un ais dans la même position qu'ils occupaient les pages étant imposées. Il répète cette opération pour l'autre forme, et en dépose les garnitures sur celles de la première en les séparant par un carton.

Les pages, restant à découvert sur le marbre, sont réparties entre les différents compositeurs qui travaillent au labeur d'où provient la *distribution*; ceux-ci la placent sur de petits ais à cet usage, et la déposent sous leur rang jusqu'au moment où leur casse doit être remplie.

L'ouvrier qui distribue tient dans la main gauche le nombre de lignes qu'elle peut contenir sans crainte d'accident. Les lignes doivent être placées dans le même sens où le compositeur les présente, c'est-à-dire crau dessous, afin que le compositeur lise les mots à distribuer comme il lit ceux qu'il compose. Il prend avec l'index et le pouce deux ou trois mots, suivant leur longueur, soit environ douze à quinze lettres, qu'il replace chacune dans leur cassetin, en se servant du doigt du milieu pour les détacher et les faire couler facilement.

Dans le cours de la *distribution*, les espaces d'un point et celles d'un point et demi doivent être soigneusement déposées dans leurs cassetins respectifs ; c'est ainsi qu'on sera assuré de les retrouver pour les besoins de la composition, et de les y placer à propos.

A mesure que des parties de *distribution* deviennent inutiles pour la composition ultérieure, le metteur en pages doit les livrer aux ouvriers de la conscience, qui eux-mêmes les placent dans les réserves.

Parmi les opérations qui se rattachent au travail de la composition, la *distribution* est une de celles qui exigent les plus grandes précautions. Les lettres doivent être posées dans les cassetins à la moindre distance possible, et de manière que l'œil ne puisse pas être détérioré par la hauteur de la chute.

Un compositeur ne doit jamais distribuer une lettre dans une casse avant de s'être convaincu de l'identité du caractère sous le double rapport de l'œil et de la force de corps. S'il lui restait le plus léger doute à cet égard, ou s'il négligeait de recourir à tous les indices nécessaires, le désordre et la confusion pourraient être les résultats de son incertitude.

CHAPITRE III

DES CONDITIONS ESSENTIELLES ET DES PARTIES INTÉGRANTES D'UN LIVRE

Un livre, de quelque nature, de quelque étendue qu'il soit, se compose généralement d'un texte et d'une ou de plusieurs parties, accessoires ou intégrantes, mais distinctes du texte. Toutes ces portions d'un livre, prises séparément, sont en outre susceptibles de division. Nous allons examiner successivement toutes les circonstances qui peuvent se présenter, en n'appliquant cette analyse, purement typographique, qu'aux parties matérielles et non aux parties intellectuelles d'un ouvrage, dont la distribution n'appartient qu'à l'auteur. Notre tâche se bornera à exposer l'ordre suivant lequel cette disposition doit être faite, les rapports des parties entre elles et les bases de leur composition. Nous traiterons donc d'abord des conditions fondamentales d'un livre, et ensuite des parties dans lesquelles il se divise naturellement.

FORMAT.

Le *format* d'un volume est le résultat du nombre de feuillets contenu dans chacune des feuilles dont ce volume se compose. La feuille étant pliée en autant de parties égales qu'il y a de pages dans la forme, quelle que soit la quantité de ces parties, chaque *format* tire son nom du nombre de feuillets ou de la moitié du nombre de pages que renferme la feuille. Ainsi l'in-octavo renferme huit feuillets ou seize pages, l'in-folio deux feuillets ou quatre pages, etc.

Le *format* est la base essentielle d'un ouvrage sous le rapport typographique; c'est la condition première qui détermine toutes les autres, telles que la justification, la longueur des pages, les caractères à y employer; souvent même elle règle la qualité et la force du papier qui doit servir au tirage.

Les différents *formats* usités dans l'imprimerie sont l'atlas ou in-plano, l'in-folio, l'in-quarto, l'in-octavo, l'in-douze, l'in-seize, l'in-dix-huit et l'in-trente-deux. Voilà ceux dont l'usage est le plus fréquent. Les suivants, bien qu'on ne les emploie que dans des occasions beaucoup plus rares, sont cependant connus dans la librairie, où leur existence est attestée par des exemples plus ou moins nombreux. Les voici par ordre décroissant : l'in-vingt-quatre, l'in-trente-six, l'in-quarante-huit, l'in-soixante-quatre, l'in-soixante-douze, l'in-quatre-vingt-seize et l'in-cent-vingt-huit.

Le *format atlantique* ou *in-plano* est celui qui ne contient qu'une page dans un côté entier de la feuille. Il n'est guère en usage que pour les placards, les textes destinés à accompagner des planches de grande dimension, des tableaux synoptiques, des imprimés d'administration ou de comptabilité.

L'*in-folio* est le *format* où la feuille est pliée en deux.
On l'emploie pour les impressions dans lesquelles on
veut déployer un grand luxe typographique. Du reste,
comme il est le plus lourd et le moins commode de tous
les *formats* de volumes, il n'est guère en usage que
pour les ouvrages de recherches, ceux qu'on ne place
dans une bibliothèque que pour les consulter parfois,
et non pour s'en servir habituellement. Il existe dans
ce *format* des dictionnaires, et d'autres ouvrages de
la même nature et composés dans le même but ; mais,
à présent qu'on a reconnu tous ses inconvénients, et
surtout son incommodité, que d'ailleurs on réimprime
fort peu et que l'on compose encore moins de ces ouvrages auxquels il convenait, il semble presque destiné
à l'oubli dans la série des *formats* reçus.

L'*in-quarto* est également moins usité maintenant
qu'il ne l'était autrefois. Cependant on l'emploie encore
pour les dictionnaires, pour les mémoires, pour les
ouvrages scientifiques, et généralement pour ceux dans
lesquels il se trouve des tableaux ou de longues opérations qui exigent une certaine étendue de justification.
Ce *format* n'est même plus employé pour des éditions
de luxe, parce qu'il est lourd et dépourvu d'élégance ;
on lui préfère encore l'in-folio, qui n'est guère moins
portatif, et dont les proportions sont plus heureuses.

De tous les *formats* l'*in-octavo* est seul susceptible de
joindre l'élégance et la beauté à toutes les facilités que
puisse offrir un livre. Il réunit le suffrage du lecteur
et celui du bibliophile, parce qu'en même temps qu'il
est commode pour celui qui s'en sert, il figure avanta-

geusement dans une bibliothèque : aussi la réunion de
ces diverses qualités lui ont-elles conféré le premier
rang dans la librairie. Cette prééminence, sous le rapport de la vogue, est tellement marquée, qu'aucun
autre *format* ne saurait lui être comparé ; et l'on peut
avancer, sans exagération, que, de tous les volumes
que l'imprimerie met au jour, la moitié sont *in-octavo*.
Ce *format* convient d'ailleurs à toutes sortes d'ouvrages :
il tient le milieu, pour les dimensions et pour les caractères, entre les autres. Ce sont ces motifs divers qui
contribuent à en rendre l'usage si fréquent.

L'*in-douze*, qui vient après l'in-octavo dans l'ordre
de progression décroissante, le suit aussi immédiatement, quoiqu'à une assez grande distance, pour le
degré d'usage qui lui est assigné dans la typographie.
Il est généralement adopté pour les livres classiques et
autres ouvrages usuels, ce qui en rend l'emploi assez
commun. A le considérer sous le rapport matériel, c'est-
à-dire sous celui de l'imposition et du tirage, on verra
qu'il ressemble peu aux précédents *formats*, et qu'il
exige pour ses fonctions une manutention particulière.
Il n'est pas d'un aspect désagréable ; ses proportions sont
celles de l'in-octavo un peu allongé ; il est intermédiaire
entre ce dernier et l'in-seize, *formats* assez distants l'un
de l'autre pour qu'il s'en trouve un dans l'intervalle.

L'*in-seize* ne s'emploie que rarement ; non pas qu'il
manque de régularité, car il tient de l'in-octavo quant
aux divisions, mais parce que sa forme est lourde et
disgracieuse comme celle de l'in-quarto, dont il est la
racine carrée.

L'*in-dix-huit* est d'un usage fréquent. Il procède de l'in‑douze ; la feuille du premier se compose d'une feuille et demie ou de trois demi‑feuilles du second.

Ici finit la série des *formats* primitifs ; les autres ne sont que les composés et les multiples de ceux‑là. Par exemple, l'*in-vingt-quatre* forme deux in‑douze, l'*in-trente-deux* quatre in‑octavo, l'*in-trente-six* trois in‑douze. Ces divers *formats* n'ont rien de particulier, et ils correspondent à leurs radicaux ; nous regarderions donc comme superflu de nous arrêter à leur description. Les principes et les observations énoncés à l'égard des *formats* dont ils dérivent leur sont également applicables.

On reconnaît généralement le *format* d'un ouvrage aux signatures de ses feuilles ; c'est là la seule donnée à laquelle on doive se fixer, et encore ne peut‑on lui accorder une confiance entière ; car la signature ne permet pas toujours de distinguer, par exemple, un tirage in‑douze d'un tirage in‑dix‑huit, etc.

Il existe pour les anciennes éditions un autre moyen de distinguer certains *formats* entre eux ; ce moyen est d'une application moins générale que celui que nous avons précédemment indiqué ; mais il lui vient en aide, et peut être utile dans certaines circonstances aux personnes qui s'occupent de bibliographie. Voici en quoi il consiste. Les papiers à vergeures sont traversés dans leur largeur, et à des distances égales, par des raies parallèles qu'on appelle *pontuseaux*. Leur direction, soit horizontale, soit perpendiculaire, peut fournir quelques renseignements sur la nature des *formats* ;

mais l'usage de cette indication ne peut s'appliquer qu'à certains cas; quelquefois même il est vicieux. D'abord il est nul pour les papiers vélin (et aujourd'hui pour les papiers fabriqués à la mécanique), qui n'ont ni vergeures ni pontuseaux; ensuite, lorsque dans plusieurs *formats* consécutifs leur direction est la même, cette identité peut occasionner des erreurs, ou au moins laisser de l'incertitude.

Quoi qu'il en soit, et quelque rare que puisse être l'emploi de ce moyen, nous allons faire connaître la direction des pontuseaux dans chaque espèce de *format*.

Ils sont perpendiculaires dans l'in-folio, l'in-octavo, l'in-dix-huit, l'in-trente-deux, l'in-soixante-douze, l'in-quatre-vingt-seize et l'in-cent-vingt-huit.

Ils sont horizontaux dans l'in-quarto, l'in-douze, l'in-seize, l'in-trente-six, l'in-quarante-huit, l'in-soixante-quatre.

Ils peuvent avoir l'une et l'autre de ces directions dans l'in-vingt-quatre, suivant l'imposition de la feuille. Dans ce cas, on est obligé de recourir exclusivement aux signatures.

Beaucoup de personnes, et même presque toutes celles qui ne sont pas instruites des procédés de la typographie, s'imaginent que l'habitude de voir des livres donne la facilité de distinguer le *format* d'un ouvrage au simple aperçu de ses dimensions. C'est à tort qu'elles supposent qu'un *format* n'admet pas plusieurs grandeurs; car, suivant la dimension du papier, il est facile de prendre, par exemple, un in-dix-huit pour un in-douze, un in-douze pour un in-octavo, et *vice versa*.

Le *format* d'un papier est sa dimension conformément à certaines mesures généralement reçues. Voyez plus loin la nomenclature de ces *formats* au chapitre qui traite des *Papiers*.

JUSTIFICATION.

On appelle *justification* la longueur adoptée invariablement pour toutes les lignes d'un livre. La *justification* est ordinairement déterminée par le format ; en effet, il est conforme aux règles de l'art que la forme de la page et la distribution des marges soient proportionnées à la dimension du papier plié. Toutefois il y a des cas auxquels ce principe n'est pas applicable. Par exemple, lorsqu'on cherche à faire un volume avec une matière qui ne comporterait pas cette étendue si l'on suivait les proportions ordinaires à son format, ou quand on veut apporter une recherche particulière à l'impression d'un ouvrage, on se sert de la *justification* du format immédiatement inférieur ; il en résulte que les pages, qui sont les mêmes que dans le plus petit de ces formats, sont en moindre nombre dans la feuille, et conséquemment que le nombre total de feuilles augmente dans le rapport du nombre de pages de l'un de ces formats à celui des pages de l'autre. Ainsi, pour faire un volume in-octavo qui porte de belles marges, on prend la *justification* d'un in-douze. Il s'ensuit que les mêmes pages qui tiendraient au nombre de vingt-quatre dans une feuille, se réduisent à seize, ce qui produit sur le nombre total de feuilles une différence d'un tiers. On prendrait de la même manière la *justification* de l'in-octavo pour l'in-quarto, celle de l'in-dix-huit pour l'in-douze, etc.

Dans un cas contraire, c'est-à-dire dans celui où l'on veut condenser le plus possible, pour faire entrer dans un espace donné une matière trop abondante, il faut opérer en sens inverse, et recourir à la *justification* du format immédiatement supérieur à celui qu'on a adopté; mais ce cas se produit plus rarement que l'autre, parce qu'il offre de plus grandes difficultés.

Outre ce double moyen d'emprunter la *justification* d'un format inférieur ou supérieur, il existe pour chacun plusieurs grandeurs de lignes, parce qu'on a prévu le fréquent besoin de faire entrer dans un nombre fixe de feuilles une quantité quelconque de copie, ou plusieurs autres circonstances qui exigent différentes modifications dans la *justification* d'un format.

On doit avoir soin toutefois, quand nulle raison n'oblige à faire différemment, de proportionner la *justification* au caractère, c'est-à-dire de choisir une longueur de lignes qui soit en rapport avec la force du caractère adopté. Par exemple, un défaut grave, et qui se présente souvent, soit par manque de goût, soit pour obéir à certaines convenances plus impérieuses, c'est l'alliance d'une petite *justification* avec un gros caractère. L'œil est choqué tout d'abord par ce contraste désagréable, dont il résulte tantôt des lignes trop serrées, tantôt d'autres au contraire trop lâches, et en outre une multiplicité de divisions inusitée et rendue inévitable par la petite quantité d'espaces à diminuer ou à augmenter.

Lorsque l'on commence l'impression d'un ouvrage de poésie dans lequel il doit se trouver de grands vers (hexamètres en latin, alexandrins en français), on doit avoir soin de prendre une *justification* assez grande pour admettre facilement les longs vers qui se rencontrent plus ou moins fréquemment dans le cours de ces ouvrages. On peut même prendre cette précaution sans pour cela allonger la page. En effet, la plupart des lignes restant toujours incomplètes, on n'a pas à craindre le mauvais effet d'une page qui serait carrée et lourde dans sa forme. On ne recourt toutefois à cet expédient que pour obvier à l'inconvénient de dépasser la *justification*, et de faire une sortie dans la garniture, ce qui pourrait arriver à chaque page. On doit donc, avant de commencer un ouvrage de ce genre, lorsque le caractère est déterminé, composer une des lignes les plus longues qui s'y rencontrent, et fixer la *justification* d'après cette base, qui est d'environ quarante-quatre lettres.

Outre le cas mentionné ci-dessus, où l'on est forcé de sortir de la *justification* naturelle d'un ouvrage, il s'en présente quelquefois d'autres où soit le goût, soit la nécessité, oblige à employer cette ressource extrême. Par exemple, pour ce qui regarde le goût en matière typographique, on a souvent à faire entrer dans un titre une ligne qui doit saillir parmi les autres; dans ce cas, on peut agrandir des deux côtés, le moins possible toutefois, la *justification* reçue. Les diverses circonstances où l'on agit ainsi par nécessité sont celles où il faut renfermer dans une seule ligne une opération de mathématiques, placer dans le milieu d'un texte ou dans le cours d'un ouvrage des tableaux qui demandent plus d'extension, etc. On doit user avec réserve de cette licence, qui entraîne le double inconvénient de faire modifier les garnitures et d'empiéter sur les marges ordinaires du papier; et l'on doit toujours se rappeler que l'unité de *justification* est un principe constant en typographie.

Les *justifications* sont généralement déterminées par des interlignes, lesquelles, étant fondues suivant une mesure donnée qui sert de règle commune, sont ordinairement d'une seule pièce pour les formats jusqu'à l'in-quarto, et quelquefois de deux pour les formats supérieurs.

On appelle justifier une ligne, la mettre de longueur avec les autres; cela se fait au moyen du composteur, qui sert de mesure pour toutes les lignes d'une même *justification*.

On justifie une ligne de prose en augmentant ou en diminuant les espaces, de manière à tomber juste à une fin de mot, ou à une bonne division, et en ayant soin que cette répartition des espaces soit toujours régulière. La même difficulté n'existe pas pour les lignes de poésie; il suffit de mettre primitivement des espaces égales; ensuite, comme la ligne est rarement pleine, à quelque point de la *justification* qu'elle se termine, on remplit l'excédant avec des espaces ou des cadrats, suivant le besoin.

On justifie une ligne perdue (voir ce mot, page 142) en plaçant au milieu de la *justification* le texte qu'elle contient, et en remplissant de cadrats les blancs latéraux.

Justifier le composteur, c'est le mettre sur la *justification* requise par la composition qui est à faire.

LIGNE.

La *ligne* est un assemblage de mots placés suivant une direction horizontale, et compris dans un espace donné. Cette longueur fixe est la justification, dont nous venons de parler. Les *lignes* concourent à la formation de la page. Leur nombre est déterminé : 1° par la force du caractère employé dans le texte ; 2° par celle de l'interligne ; 3° par la justification, à laquelle la longueur de la page doit être appropriée, dans une proportion indiquée par l'usage et par le goût.

C'est une règle générale que dans la prose les *lignes* sont toutes de même longueur, ce qu'on obtient en mettant plus ou moins d'espace entre les mots, et en les divisant au besoin. On fera connaître ailleurs le petit nombre de cas où la nécessité autorise à contrevenir à cette loi typographique. Dans la poésie, où le nombre des lettres éprouve de grandes variations, même quand les vers sont d'égale mesure, on est convenu de mettre pour chaque *ligne* les mêmes espaces entre les mots, et d'arrêter la *ligne* dans quelque partie de la justification que le vers vienne à finir. Mais pour que la longueur des *lignes* soit égale matériellement, on complète avec des cadrats celles qui ne remplissent pas la justification.

On appelle *ligne de tête* celle qui se place au haut de

la page, et qui comprend le folio et le titre courant. De même on nomme *ligne de pied* celle du bas de la page, où se place la signature, lorsque la page en prend une, et qui, dans le cas contraire, n'est composée que de cadrats.

La *ligne pleine* est celle dont la matière occupe toute la justification.

La *ligne de blanc*, qu'on place parfois entre deux alinéas, afin que la pause soit plus marquée, est composée avec des cadrats, lesquels peuvent être remplacés par des interlignes. Dans les ouvrages en prose, on l'emploie lorsqu'on passe d'une question principale à une autre, d'une analyse à un résumé, pour marquer les divisions oratoires, etc. En poésie, on la place entre les strophes, les stances ou les couplets. On s'en sert pour indiquer les alinéas dans les pièces en vers libres, et quelquefois parmi les vers de même mesure. Il arrive souvent que les blancs ainsi jetés équivalent à plusieurs *lignes*.

Dans les blancs qui précèdent et qui suivent les *lignes* de titres, lorsque ces *lignes* sont composées en grandes capitales, il faut tenir compte du blanc porté par le talus inférieur de la lettre et qui n'existe pas au talus supérieur.

On appelle *ligne perdue* celle dont le contenu, ne remplissant pas la justification, se place à égale distance de ses deux extrémités. On en voit de fréquents exemples dans des ouvrages de tous genres, notamment dans les titres, où toutes les *lignes* qui ne sont pas pleines se disposent ainsi, et présentent à l'œil un aspect régulier et harmonieux. On s'en sert encore dans les pièces de théâtre et généralement dans tous les ouvrages dialogués, ainsi que dans beaucoup d'autres cas particuliers. On dit *mettre* un ou plusieurs mots *en ligne perdue*.

La *ligne pointée* s'emploie ordinairement dans les citations incomplètes, pour indiquer l'endroit où se trouve la lacune ; et elle figure dans ce cas les passages omis.

On appelle *ligne à voleur* celle qui, terminant un alinéa, se compose seulement d'une ou de deux syllabes chassées aux dépens des *lignes* qui précèdent. Ce nom lui vient de ce que, les compositeurs étant payés en raison du nombre de *lignes* qu'ils fournissent, il arrive à certains d'entre eux d'espacer d'une manière outrée les dernières *lignes* des alinéas pour en gagner une qui leur coûte moins de travail, en ce qu'elle est presque entièrement composée de cadrats. Ce procédé est répréhensible sous un double rapport : d'abord parce qu'il cause dans l'espacement une irrégularité qui est contraire aux principes de l'art, et ensuite parce qu'il dénote de la part de l'ouvrier une préférence donnée à ses intérêts au détriment de ses devoirs.

PAGE.

La *page* est un assemblage de lignes déterminées, quant à leur longueur et à leur nombre, par le format de la feuille dont elles font partie. Nous disons que les dimensions de la *page* dépendent du format, parce qu'en effet le format est la première condition qu'on arrête en commençant l'impression d'un ouvrage ; mais, malgré cette influence, qui est réelle et constante, la grandeur de la *page* est soumise à beaucoup de circonstances différentes qui y apportent autant de modifications. Les causes de toutes ces variations tiennent généralement : 1° à la diversité des goûts en matière typographique, 2° à la nécessité de renfermer dans la *page* une quantité de copie plus ou moins importante, 3° enfin aux dimensions du papier employé pour l'ouvrage.

La justification de la *page* sert de base aux autres dispositions qu'on doit prendre ; une fois adoptée, elle fait connaître la proportion applicable à la longueur. Le rapport qui existe entre ces deux dimensions n'est pas invariable ; mais les données de l'usage et du goût le plus général permettent d'établir en principe que la longueur de la *page* est à sa largeur (ou justification) comme onze est à sept. Cette règle ne peut pas toujours être strictement observée ; mais il est bon de s'en rapprocher autant que possible. La *page* in-quarto et la *page* in-seize font seules exception, parce que la feuille de papier pliée suivant ces formats présente une surface presque carrée ; et comme la forme de la *page* en impression doit suivre, autant que possible, celle de la *page* en papier, elles sont nécessairement moins longues, et leurs dimensions sont presque égales sur les deux sens.

On appelle *page longue* celle dont la ligne de pied est remplacée par une ligne de matière, et qui porte par conséquent une ligne de plus que les autres. Il résulte de l’addition de cette ligne supplémentaire une disparate souvent choquante ; aussi ne doit-on se servir de cette ressource qu’avec réserve, et seulement à défaut de tout autre moyen. Plusieurs imprimeurs ont voulu la bannir entièrement du système actuel de composition ; ils ont tenté d’y substituer une diminution dans l’inter-ligne qui permît de faire entrer dans la longueur ordi-naire de la *page* une ligne de plus que de coutume. On ne peut pas toujours user de cet expédient ; car, quelque léger que soit le changement opéré dans l’inter-ligne, il ne peut jamais être moindre d’un demi-point ou d’un papier ; or cette différence, ajoutée à elle-même autant de fois qu’il y a de lignes à la *page*, produit rarement une longueur exactement pareille à la mesure ordinaire ; et, dès qu’on ne peut pas arriver à un résultat parfait, autant vaut conserver l’interligne telle qu’elle doit être, avec une ligne de plus. Ce procédé a en outre un grave inconvénient : c’est que, s’il n’est pas appliqué au recto et au verso du même feuillet, les lignes ne peuvent plus tomber en registre, ce qui est un défaut capital en matière de tirage. On fait encore usage de la *page longue* pour éviter, soit de commencer une *page* par une fin d’alinéa, soit de faire une *page* de deux ou trois lignes, par exemple, à la fin d’une division d’ouvrage ; dans ces deux cas, on allonge autant de *pages* qu’il y a de lignes à gagner : on s’en sert encore dans beaucoup d’autres circonstances où la nécessité oblige à prendre cette mesure. Quand on l’emploie pour une *page*, on doit avoir soin de le faire aussi pour sa retiration, parce que ce défaut serait trop apparent si les deux *pages* coïncidentes n'avaient pas le même nombre de lignes ; tandis qu'avec cette précaution on rend l'irrégularité moins sensible.

On appelle *page courte*, dans une signification opposée, celle dont on est obligé de retrancher une ligne par des motifs souvent semblables. Cette imperfection est à éviter aussi bien que celle de la *page longue ;* les recommandations que nous avons faites relativement à celle-ci sont également applicables à l'autre ; et il n'y a de même que la nécessité qui puisse en rendre l'usage tolérable.

La *page blanche* est celle qui ne reçoit l'impression ni intégralement ni partiellement, comme il s'en trouve à la fin et quelquefois même dans le courant des volumes. Les *pages blanches* sont réellement utiles dans certains cas ; mais on doit se garder d'en prodiguer l'usage. Il existe un principe typographique d'après lequel le verso du frontispice d'un volume doit toujours être une *page blanche*. En effet, on conçoit que, les lignes d'un titre étant toutes différentes par le caractère et inégalement interlignées, le moindre foulage du verso déparerait la *page* qui fait l'ornement d'un livre. Dans les ouvrages imprimés avec recherche, on en fait un usage un peu plus fréquent que dans les impressions ordinaires ; mais, en thèse générale, on doit s'abstenir de suivre cet exemple sans nécessité.

C'est principalement aux compositeurs que nos recommandations s'adressent, et notamment à ceux d'entre eux qui seraient portés à abuser, aux dépens de l'exécution de leur travail, du privilége qui leur est dévolu de se faire payer les *pages blanches* comme des *pages* de matière.

Ces *pages*, bien que par leur nature elles ne soient pas destinées à recevoir l'impression, doivent cependant être représentées par une somme de cadrats, d'interlignes ou de lingots, équivalant par ses dimensions à la *page* ordinaire. Ce travail deviendrait inutile dans le cas où un côté de châssis ne serait composé que de *pages blanches*. Ainsi, dans ce cas, on ne ferait pas quatre *pages blanches* in-octavo ni deux in-quarto, et conséquemment dans aucun cas on ne met de *page blanche* in-folio ; on laisse vide ce côté de châssis.

Faire commencer *en page* un chapitre, un livre, un chant, ou toute autre division d'un ouvrage, c'est la reporter en tête de la *page* suivante, soit paire, soit impaire, suivant la rencontre. Faire commencer *en belle page*, c'est reporter en tête du recto suivant. Lorsqu'on recourt à cette dernière méthode, il serait rationnel de faire toujours précéder d'un faux titre la partie ainsi disposée, pour motiver le verso blanc qui peut se trouver en regard.

FEUILLET.

Le *feuillet* est cette partie de la feuille, plus ou moins grande suivant le format, qui se compose de deux pages, recto et verso. Ainsi dans l'in-folio il est d'une demi-feuille, d'un quart dans l'in-quarto, d'un huitième dans l'in-octavo, etc. C'est du nombre de *feuillets* contenus dans une feuille que chaque format tire son nom.

Un *feuillet* isolé s'appelle *onglet*

CARTON.

Le *carton* comprend deux feuillets ou quatre pages. Cette dénomination s'applique à tous les formats, excepté à l'in-quarto et à l'in-folio, parce que dans le premier quatre pages font une demi-feuille, et qu'elles en font une entière du second.

FORME.

On appelle *forme* la moitié de la feuille imposée, c'est-à-dire de celle dont les pages sont disposées pour l'impression. Le mot *forme* comprend non-seulement la moitié du nombre de pages contenu dans la feuille, mais en outre l'ensemble des garnitures nécessaires à l'imposition, telles que fonds, têtières, réglettes, biseaux, coins et châssis. La *forme* in-octavo se compose donc de huit pages, la *forme* in-douze de douze, et de même pour chaque format.

On donne aussi ce nom à une demi-feuille isolée, parce que les pages qui font partie de cette demi-feuille s'imposent dans le même châssis.

Les deux *formes* qui composent la feuille se nomment, l'une *côté de première*, et l'autre *côté de seconde* ou *de deux et trois* : celle-ci, parce qu'elle renferme la seconde et la troisième page de la feuille ; celle-là, parce qu'elle contient la première. En effet ces pages ne font jamais partie de la même *forme*, si ce n'est dans les impositions partielles.

FEUILLE.

On appelle *feuille* le nombre de pages nécessaire pour remplir la feuille de papier imprimée, quel que soit le format de l'ouvrage. Par exemple, la *feuille* in-octavo se compose de seize pages, parce que dans ce format le papier se plie en huit parties ou feuillets, dont chacun porte une page imprimée à son recto et une à son verso. La même règle s'applique aux *feuilles* de tous les formats : ainsi la *feuille* in-douze contient vingt-quatre pages ; la *feuille* in-dix-huit en a trente-six, etc. La *feuille* s'impose dans deux formes, dont chacune est destinée à imprimer un côté de la feuille de papier.

La *feuille* est l'unité de compte dont se sert la typographie ; c'est la base sur laquelle sont généralement établis les prix de main-d'œuvre, tant pour la composition que pour la lecture et le tirage. Les *feuilles* se désignent par le numéro de leur signature.

FOLIO.

Le *folio* est le signe de la pagination. Il s'exprime, soit en chiffres arabes, soit en chiffres romains. La première manière est la plus usitée ; c'est elle qui sert à la pagination du corps des volumes : la seconde n'est en usage que pour paginer les portions d'ouvrages qui s'impriment séparément ou en dernier lieu, telles qu'une préface, une introduction, un avertissement, un avant-propos, et en général les parties liminaires d'un ouvrage.

Dans ce dernier cas, ayant à recommencer la série des *folios* qui a commencé avec le texte de l'ouvrage, on est forcé, pour éviter la confusion des deux séries, de différencier les *folios* de chacune d'elles. Alors on emploie, pour la pagination romaine, soit des lettres du bas de casse, soit des petites capitales.

Les *folios* se placent en tête des pages; mais cette disposition se fait de deux manières différentes : au milieu de la ligne de tête, ou à son extrémité extérieure. On se sert de la première lorsque l'ouvrage ne prend pas de titres courants; alors on enferme le *folio* entre deux parenthèses, entre deux moins, ou entre deux petites vignettes. Le second cas est applicable à tous les ouvrages (et c'est le plus grand nombre) qui portent des titres courants; on y rejette le *folio* au bout de la ligne, du côté de la marge extérieure, sans aucun entourage et bien détaché du titre. Toutes les fois que le *folio* s'indique de cette manière, il se place à gauche aux pages paires, et à droite aux pages impaires.

Quelle que soit l'espèce de chiffres par laquelle son ordre numérique soit représenté, on emploie le plus ordinairement le caractère du corps de l'ouvrage. Cependant cette règle est sujette à de fréquentes exceptions, qui sont déterminées par des nécessités ou par des convenances accidentelles.

SIGNATURE.

La *signature* est une marque particulière à chaque feuille d'un volume, et qui sert tant pour les assembler et les classer dans leur ordre, que pour les plier conformément à l'imposition adoptée pour leur format.

Ce signe est représenté, soit par une lettre, soit par un nombre, mais toutefois suivant une marche uniforme, et une série, alphabétique ou numérique, correspondante à celle des folios.

Les *signatures* se mettent au bas de certaines pages de la feuille; elles sont insérées dans la ligne de pied, vers son extrémité de droite. L'usage est, si l'on se sert de lettres, d'employer les capitales (grandes ou petites) du caractère du texte de l'ouvrage, ou, s'il en admet plusieurs, de celui qui y domine, ou bien encore des lettres italiques du bas de casse; et, si l'on se sert de nombres, de les représenter par des chiffres arabes du même corps. Cependant, comme il n'est pas nécessaire que cette indication soit très-apparente, et comme sa position isolée la rend suffisamment visible, on peut se servir d'un caractère inférieur.

L'emploi des *signatures* est déterminé par le format; toutefois il est de règle que c'est toujours aux pages impaires, ou recto, qu'elles sont placées, et jamais aux pages paires, ou verso. On verra que leur nombre est également dépendant du format de la feuille, condition d'après laquelle elle en prend tantôt une seule, tantôt plusieurs; mais dans tous les cas, quelle qu'en soit la quantité voulue, la première page d'une feuille porte toujours une *signature*. Quant aux autres, lorsqu'il y en a, leur disposition est relative au format.

Lorsqu'un ouvrage se compose de plusieurs volumes, la série des *signatures* recommençant toujours pour chacun d'eux au nombre 1 ou à la lettre A, afin d'éviter la confusion que pourrait occasionner la répétition plus ou moins fréquente des feuilles portant mêmes *signatures*, on indique à la première page de chaque feuille la tomaison du volume auquel elle appartient. Cette seconde indication se place au commencement de la ligne de pied, c'est-à-dire à l'opposite de la *signature* ordinaire; on la met indifféremment en romain ou en italique, avec ou sans le mot *tome*; seulement, dans ce dernier cas, il est à propos de mettre le numéro du tome en chiffres romains, pour que cette *signature*, qui est celle du volume entier et qui se répète à chacune de ses feuilles, ne se confonde pas avec leur *signature* spéciale.

Si l'on imprime une collection de plusieurs ouvrages dont chacun forme au moins un volume, il est bon que la *signature* porte, au long ou en abrégé, le titre de chacun d'eux en particulier, et sa tomaison à la suite quand il doit comprendre plusieurs volumes. Ces précautions, qu'il est facile à l'imprimeur d'apporter dans la composition des ouvrages, sont souvent d'une très-grande utilité pour l'assemblage des volumes, et servent à établir l'ordre dans les magasins où sont déposées les impressions.

Une feuille se désigne par le numéro de sa *signature*, qui est aussi, suivant sa disposition, l'indice le plus certain pour en faire reconnaître le format.

Lorsqu'une *signature* est répétée dans une feuille, ce qui arrive pour une partie des formats, on la fait suivre d'abord d'un point, puis de deux, etc., ou d'un chiffre supérieur indiquant son degré de répétition, ou bien d'un ou de plusieurs astérisques.

Les formats dont les feuilles sont divisées en cahiers renouvellent leurs *signatures*, soit par cahiers, soit seulement par feuilles. Dans ce dernier cas, la *signature* est répétée à chaque cahier de la feuille, suivant un des modes que nous venons de désigner.

Voici quels sont, selon les différents formats, le nombre et le placement des *signatures* de la feuille. Avant de commencer cette énumération, nous rappellerons, comme un principe général et invariable pour tous les formats, que la première page de la feuille porte toujours une *signature*. Nous nous bornerons donc à indiquer les cas et les pages où elle est répétée.

L'in-folio n'en a qu'une.

L'in-quarto n'en a également qu'une. Quelquefois on la répète à la page 3 ; mais ce redoublement est entièrement inutile à la pliure, et si on le conserve, c'est pour l'imposition et comme point de repère.

Celle de l'in-octavo est simple, et son redoublement à la page 3 est également dénué d'utilité.

La *signature* de l'in-douze est tantôt simple et tantôt double, suivant son imposition. Lorsqu'on impose le petit cahier en dehors du grand, ils peuvent prendre chacun une *signature* différente ; ces deux dispositions sont tout à fait arbitraires. Lorsque le cahier s'impose en encart, la *signature* est simple ; dans ce cas on la répète à la page 9, qui est la première de l'encart.

La *signature* de l'in-seize, lorsqu'il s'impose par demi-feuille, ainsi que cela se fait le plus ordinairement, est la même que celle de l'in-octavo. Dans le cas où il s'impose par feuille, en deux cahiers encartés, on répète la *signature* à la première page du cahier intercalaire, qui devient la neuvième page de la feuille entière. S'il s'impose par feuille et en deux cahiers séparés, on met une *signature* différente à chacun d'eux, et on la place comme à la demi-feuille.

L'in-dix-huit se compose, soit de deux cahiers, un grand et un petit, portant la même *signature;* soit de trois cahiers, de douze pages chacun, qui équivalent à la demi-feuille in-douze, et qui ont chacun une *signature* particulière. Elle se répète à l'encart de chaque cahier.

L'usage assez général veut que les feuilles qui à la pliure se divisent en plusieurs cahiers portent un nombre de *signatures* égal à celui des cahiers; mais il en résulte que, lorsque le volume est broché et que son format ne se fait pas reconnaître sur-le-champ, on éprouve, pour distinguer chacune des feuilles, des difficultés auxquelles il eût été facile d'obvier. A cet effet nous voudrions qu'une feuille, quel que fût son format, n'eût qu'une seule *signature*, mais modifiée autant de fois qu'elle comporterait de cahiers, par des signes qui indiqueraient leur ordre. L'in-dix-huit, par exemple (puisque nous avons déjà parlé de ce format), porterait à son premier cahier la *signature* 1 ou A suivi d'un 1 supérieur, au second cahier la même suivie d'un 2 supérieur, et d'un 3 au dernier cahier; on aurait soin de prendre des chiffres supérieurs assez visibles pour éviter la confusion. Cette mesure, adoptée pour tous les formats, concourrait à l'uniformité de système à laquelle on doit toujours s'attacher dans un travail quelconque, puisqu'en simplifiant le procédé elle diminue le nombre des difficultés et des erreurs. Elle préviendrait aussi le désordre qui naît de l'absence d'une indication unique pour chaque feuille, et l'embarras qui en résulte fréquemment tant chez l'imprimeur que chez le libraire. Il serait donc à souhaiter que la force de l'habitude ne prévalût pas à cet égard, et que cette méthode pût se généraliser.

Autrefois on avait l'habitude de mettre une *signature* à chaque carton de la feuille, quel qu'en fût le format. Outre l'inutilité complète et déjà démontrée de cette répétition incessante, la multiplicité de signes semblables, et modifiés seulement par d'autres signes que l'œil ne pouvait saisir rapidement, devait occasionner une confusion presque inévitable parmi les cartons de la feuille, et de fréquentes interversions dans l'ordre naturel des pages. C'est donc une innovation plausible que la réduction des *signatures* à la quantité rigoureusement nécessaire.

Comme les formats inférieurs à ceux qui se trouvent ci-dessus mentionnés n'en sont que des multiples, il serait inutile d'indiquer spécialement leurs *signatures*, puisqu'elles présentent une identité parfaite avec celles des formats primitifs.

Nous terminerons nos observations sur les *signatures* en remarquant que, toutes les fois que dans un ouvrage on a à recomposer une feuille, une demi-feuille, un carton, ou enfin une partie quelconque de la feuille.

pour éviter toute incertitude dans le discernement du tirage qui doit servir, il faut avoir soin de placer un astérisque après la *signature* de cette partie recomposée, ou au moins dans la même ligne ; cette indication, dont la valeur est connue, supplée à des recherches plus longues et parfois infructueuses.

De même, lorsqu'on veut joindre à un volume une partie séparée ou imprimée postérieurement, ce qui oblige à recommencer la série des *signatures* et celle des folios, il faut avoir soin de rendre cette double série distincte de celle qu'on a employée dans le corps de l'ouvrage. Par exemple, si l'on s'est primitivement servi pour les *signatures* de la série des nombres, il faut prendre en second lieu celle des lettres.

Nous n'avons pu consigner ici toutes les observations relatives aux *signatures*, soit intégrales, soit partielles, des différents formats ; mais on pourra toujours recourir au tableau des impositions, où l'on trouvera l'application complète d'un système de *signatures* que nous avons régularisé.

Pour s'assurer de la correspondance exacte de la *signature* et des folios d'une feuille, il faut multiplier le nombre de pages contenu dans la feuille, suivant son format, par le nombre qui lui sert de *signature ;* on doit trouver pour produit le dernier folio de la feuille. Si la feuille porte deux ou trois *signatures*, on prendra la moitié ou le tiers du produit.

Le tableau ci-contre présente la série des *signatures* pour chaque format, avec les folios qui y correspondent jusqu'au plus grand nombre de feuilles probable pour

CONCORDANCE DES SIGNATURES ET DES FOLIOS.

SIGNATURES.			FOLIOS.				
			In-Folio.	In-Quarto.	In-Octavo.	In-Douze.	In-Dix-Huit.
A	ou	1	1	1	1	1	1
B		2	5	9	17	25	37
C		3	9	17	33	49	73
D		4	13	25	49	73	109
E		5	17	33	65	97	145
F		6	21	41	81	121	181
G		7	25	49	97	145	217
H		8	29	57	113	169	253
I		9	33	65	129	193	289
J		10	37	73	145	217	325
K		11	41	81	161	241	361
L		12	45	89	177	265	397
M		13	49	97	193	289	433
N		14	53	105	209	313	469
O		15	57	113	225	337	505
P		16	61	121	241	361	541
Q		17	65	129	257	385	577
R		18	69	137	273	409	613
S		19	73	145	289	433	649
T		20	77	153	305	457	685
U		21	81	161	321	481	721
V		22	85	169	337	505	757
X		23	89	177	353	529	793
Y		24	93	185	369	553	829
Z		25	97	193	385	577	865
A	a	26	101	201	401	601	901
B	b	27	105	209	417	625	937
C	c	28	109	217	433	649	973
D	d	29	113	225	449	673	1009
E	e	30	117	233	465	697	1045
F	f	31	121	241	481	721	
G	g	32	125	249	497	745	
H	h	33	129	257	513	769	
I	i	34	133	265	529	793	
J	j	35	137	273	545	817	
K	k	36	141	281	561	841	
L	l	37	145	289	577	865	
M	m	38	149	297	593	889	
N	n	39	153	305	609	913	
O	o	40	157	313	625	937	
P	p	41	161	321	641		
Q	q	42	165	329	657		
R	r	43	169	337	673		
S	s	44	173	345	689		
T	t	45	177	353	705		
U	u	46	181	361	721		
V	v	47	185	369	737		
X	x	48	189	377	753		
Y	y	49	193	385	769		
Z	z	50	197	393	785		

un volume. Nous avons adopté pour tous les formats la *signature* unique.

Une pareille table, dont l'usage est aussi fréquent dans l'imprimerie que celui de Barême dans le commerce et la finance, doit être placardée dans les ateliers et se trouver dans le rang de chaque metteur en pages. C'est un moyen sûr d'éviter les erreurs de calculs qui se commettent souvent dans les ouvrages sujets à des interruptions, et que les correcteurs peuvent omettre de relever.

RÉCLAME.

On appelait autrefois *réclame* l'annonce, faite au bas de la dernière page de chaque feuille, du mot qui devait suivre, et qui par conséquent commençait la feuille suivante. Elle se plaçait à la fin de la ligne de pied, et avait pour objet de prévenir les erreurs qui arrivent fréquemment à l'assemblage des volumes. Comme cet usage n'était pas rigoureusement nécessaire, que l'emploi des signatures exactement observé y suppléait suffisamment; de plus, comme cette ligne défectueuse, qui se reproduisait une fois par feuille et quelquefois plus souvent, ôtait de la grâce à la page en détruisant sa régularité, la typographie moderne a entièrement renoncé à s'en servir.

On donne maintenant le nom de *réclame* à l'indication faite, soit par le correcteur, soit par le compositeur, sur la copie d'un ouvrage, de l'endroit où finit une feuille lorsqu'elle est mise en pages. On appelle *feuillet de réclame* le feuillet de copie qui appartient à deux feuilles, c'est-à-dire qui en termine une et qui en commence une autre.

ALINÉA.

Quoique ce mot s'explique de lui-même et semble n'avoir pas besoin de définition, il est nécessaire toutefois de faire connaître les variations qu'il peut recevoir, tant dans sa valeur même que dans sa disposition typographique.

L'alinéa sert à marquer dans le discours une pause plus intense, plus prolongée que le point, qui est dans la ponctuation le signe de la plus grande valeur. Ainsi, lorsqu'on passe d'un fait ou d'un raisonnement à un autre, d'une partie de sujet à une autre partie, il ne suffit pas d'indiquer que la phrase est terminée ; il est encore bon de séparer, non-seulement par un temps d'arrêt plus marqué, mais même par un certain intervalle, les différentes périodes du discours : tel est le but de l'*alinéa*.

Dans la prose, il sert bien, comme son nom le fait entendre, à reporter à une autre ligne la suite du sujet qu'on traite ; mais il serait peut-être convenable qu'il eût, pour la poésie, une dénomination différente, puisque chaque vers commence une nouvelle ligne. Malgré son impropriété dans ce dernier cas, maintenons-le ici comme terme de convention, tout en regrettant le mot *couplet* (déjà reçu, en ce sens, dans le langage littéraire), ou quelque mot analogue qui nous semblerait plus exact et plus approprié à ce genre de texte.

Dans les ouvrages en prose et dans les pièces de vers de même mesure, la première ligne des *alinéas* est renfoncée d'un cadratin. Quelquefois, lorsque cette ligne est trop serrée, on se permet de prendre quelques points sur le cadratin pour jeter un peu plus d'espace entre les mots. En effet, l'œil est moins choqué par la diminution de ce blanc, laquelle n'est même pas toujours perceptible, que par des mots trop rapprochés les uns des autres ; cependant c'est une licence, et il n'y faut recourir que par nécessité.

Dans les pièces en vers libres, où les renfoncements indiquent les différences de mesures, on marque l'*alinéa* par une ligne de blanc. Dans la poésie divisée par strophes, ou par stances, on les sépare par un nombre d'interlignes que détermine la longueur de la page, mais approchant autant que possible de la valeur d'une ligne.

Quelquefois dans la prose même on jette avant certains *alinéas* une ligne de blanc, lorsque l'ordre du discours exige une transition plus fortement indiquée.

On ne commence pas une page par la dernière ligne d'un *alinéa*, à moins que cette ligne ne soit pleine. Nous avons parlé plus haut (page 145) des moyens de remédier à cet inconvénient lorsqu'il se présente.

TITRE.

Il y a dans la typographie plusieurs espèces de *titres*. Les trois principales sont : le *titre* proprement dit ou *frontispice*, le *faux titre*, et le *titre courant*.

Le *titre* ou *frontispice* est une page qui se place au commencement d'un volume, pour faire connaître la matière dont il traite, le genre auquel il appartient, et le nom de son auteur. Cette page est naturellement la plus remarquable de tout le volume, parce que c'est sur elle que se porte d'abord l'attention et qu'elle revient le plus souvent, tant pour le fond que pour la forme. Comme c'est le *titre* d'un ouvrage qui, sous ce double rapport, en donne au lecteur la première idée, et que cette impression, soit qu'elle flatte, soit qu'elle offusque l'esprit ou les yeux, laisse souvent des traces plus ou moins durables, l'auteur et le typographe doivent réunir leurs efforts pour produire une pré-vention avantageuse. L'un, malgré la simplicité et la brièveté qu'il mettra dans la rédaction du *titre*, doit donner une idée complète autant que possible du con-tenu de l'ouvrage ; l'autre, par l'heureuse combinaison des lettres et l'habile disposition des lignes, doit offrir à l'œil du connaisseur un aspect régulier, exempt de monotonie, et agréablement varié. Sans élever nos prétentions jusqu'à vouloir donner aux écrivains des préceptes en ce genre, nous nous permettrons, à titre de conseil ou simplement d'observation, et seulement pour les *titres* de leurs productions, de leur recommander la précision et la clarté. Souvent la forme de cette page, qui en réalité est d'un intérêt très-secondaire, acquiert une importance majeure par l'influence qu'elle exerce sur cette masse de lecteurs frivoles qui cèdent à la séduction du *titre*.

Ce conseil ne saurait s'appliquer, sans doute, à ces œuvres de génie dont un mérite incontesté garantit la durée, et dont le succès est indépendant de ces faibles considérations ; mais il s'adresse surtout aux auteurs qui, débutant dans la carrière littéraire, et privés des avantages d'une réputation établie, livrent à un public léger et généralement mal prévenu la frêle existence de leur premier-né. Pour nous typographes, que l'expérience a instruits à juger ces différents effets, qui sommes continuellement à portée de passer en revue et d'envisager d'un œil indifférent et impartial les ouvrages de tous genres auxquels nous procurons les honneurs de la publicité, nous croyons devoir leur interdire cet amas de mots ambitieux, cet étalage de titres et de qualités, qui donnent souvent au livre un vernis défavorable ; et nous les engagerons à se renfermer dans les bornes d'une modestie bien entendue pour ce qui les concerne personnellement, comme à ne rien dire au delà de ce qui est rigoureusement nécessaire pour faire connaître au lecteur l'objet de leur ouvrage.

Quant à la partie typographique du *titre*, quoiqu'on ne puisse guère lui appliquer une théorie invariable à cause de la grande diversité et des difficultés nombreuses qui s'y rencontrent, nous nous efforcerons néanmoins de réunir et de présenter ici les différentes dispositions sanctionnées par l'usage et par le goût, afin d'en former, s'il est possible, un corps de principes. Si ces indications ne peuvent suppléer entièrement au tact qui manque trop souvent aux ouvriers chargés de composer les *titres* et aux correcteurs qui négligent d'en rectifier les défauts, nous espérons que les uns et les autres y puiseront des données générales qui, pour peu qu'ils cherchent à s'en pénétrer, les empêcheront du moins de s'écarter des premières notions du bon goût. Nous allons donc établir et développer les principales règles qui concernent la disposition des *titres*.

Le premier soin d'un ouvrier qui a un *titre* à composer doit être de lire attentivement la matière que ce *titre* doit contenir, et, après s'être rendu compte du degré d'importance de chacune de ses parties, de distribuer les mots, et de former les lignes de manière à faire découler de l'importance matérielle de ces indications l'importance réelle des idées qu'elles présentent, le lecteur devant naturellement proportionner son attention à l'impression transmise à son esprit par l'organe visuel. La disposition que nous prescrivons ici est souvent contrariée par la nécessité de se conformer aux usages de la typographie, ou au moins de respecter des règles dont on ne s'est jamais écarté. Dans des cas semblables (et ces cas se reproduisent fréquemment, surtout dans les petits formats, où la gêne naturelle de l'ouvrier à cet égard est encore aggravée par le défaut d'espace), le savoir-faire du compositeur, ou de celui qui le dirige dans ce travail, consiste à concevoir ou à exécuter une distribution de lignes telle, que les mots que renferme chacune d'elles offrent autant que possible un sens complet, et y figurent suivant la valeur de leur objet, en conservant toutefois une configuration gracieuse : il conciliera ainsi l'utilité du *titre* avec l'intérêt de l'art.

Il serait impossible, nous le répétons, de prescrire une marche invariable pour la composition des *titres*. La diversité des matières, celle du nombre de lignes, et beaucoup d'autres circonstances de tout genre s'opposent à ce que deux *titres* puissent être faits d'après les mêmes principes ; aussi ne doit-on pas prétendre régler d'avance les caractères et les dispositions à adopter pour chaque format. On ne peut guère donner à cet égard que des préceptes négatifs, c'est-à-dire signaler les défauts qu'il convient d'éviter toutes les fois qu'il n'en résultera pas, sous d'autres rapports, des effets trop choquants.

On se gardera donc : 1° de commencer un *titre* par une ligne pleine ou par celle qui offrirait les plus gros caractères de la page ; dans le cas de nécessité absolue, il faut chercher à tourner la difficulté, soit en plaçant l'article seul en ligne perdue, si cela est réalisable, soit par tout autre moyen dont on pourra s'inspirer ; 2° de composer avec le même caractère deux ou plusieurs lignes consécutives, à moins qu'elles ne forment un sommaire ; car l'élégance d'un *titre* proscrit l'emploi répété du même caractère, lorsqu'il y a moyen de s'en dispenser ; 3° de donner à deux ou à plusieurs lignes consécutives ou rapprochées une longueur égale, même dans un sommaire ; or, il est toujours loisible d'éviter cette faute en grossissant ou en affaiblissant les lignes suivant le besoin ; 4° de disposer trois lignes consécutives, ou davantage, en forme de cul-de-lampe, c'est-à-dire de cône droit ou renversé. Cette disposition n'est supportable que pour la partie supérieure ou pour la partie inférieure de la page, lesquelles peuvent se terminer en pointe. La forme ovale est celle qu'il convient de donner vaguement au contour général du *titre*.

Pour qu'un *titre* soit bien fait et qu'il flatte l'œil du lecteur, ou plutôt du connaisseur, il ne suffit donc pas que la combinaison des différents caractères soit telle qu'elle doit être d'après les règles de la typographie, et que les lignes, considérées isolément, offrent toutes les convenances relatives ; il faut encore que la réunion de ces lignes présente, par une distribution agréable et bien conçue, un ensemble harmonieux, semblable à ces productions des beaux-arts qui excitent en nous une admiration spontanée, et font naître dans notre imagination le sentiment du beau. Or, pour arriver à ce degré de perfection où doivent tendre les efforts d'un typographe zélé, il y a deux conditions essentielles à observer : la proportion des caractères, relativement au format et à leur position respective ; puis la répartition bien combinée des interlignes et des espaces.

Les distances des lignes entre elles doivent être subordonnées au nombre de lignes du *titre*, mais toujours de façon que les différentes parties dont il se compose soient bien distinctes, et que leur séparation soit indiquée par un blanc un peu plus fort. Nous entendons par cette expression *parties du titre*, les divers groupes de mots ou les séries d'idées susceptibles d'être présentés isolément comme servant de transition d'un objet à un autre. Tels sont : le *titre* proprement dit, ou la désignation de l'ouvrage; les compléments ou accessoires qui s'y rattachent, comme les sommaires ou développements dont il est souvent accompagné; le nom de l'auteur et ses qualités; celui de l'éditeur, annotateur ou traducteur; la cote du volume; le lieu et la date de l'impression; le nom de l'imprimeur ou du libraire-éditeur; le millésime, etc.

Lorsqu'un *titre* est chargé, c'est-à-dire quand la matière en est abondante, il faut, pour le simplifier à l'œil autant que possible, ne mettre en lignes saillantes et détachées des autres que les mots qui doivent indispensablement ressortir, et réduire en sommaires les parties d'un intérêt secondaire, tels que les développements du *titre* placés ordinairement sous la rubrique d'un de ces mots : *précédé, accompagné, suivi, orné*, etc. Cette méthode a le double avantage de conserver les espaces nécessaires, et de faciliter la lecture en réunissant dans un seul caractère un certain nombre de lignes qui, étant distinctes l'une de l'autre et paraissant offrir chacune un intérêt particulier, fatigueraient la vue et tromperaient l'esprit. Si l'auteur ne doit dire que ce qui est strictement nécessaire, et en outre l'exprimer avec toute la brièveté possible; de son côté, le typographe doit centraliser les idées de même catégorie, les grouper dans un cadre restreint, et, de concert avec l'auteur, s'attacher à ne présenter à l'œil que les sommités du sujet.

Dans le cas contraire, c'est-à-dire lorsque la rédaction en est naturellement brève, il est permis de multiplier les lignes ; et pourtant cette nudité apparente, lorsqu'elle est déguisée avec art, devient une simplicité noble, que l'homme de goût apprécie et recherche. Comme la disposition du *titre* exige quelquefois qu'on fasse une ou plusieurs lignes de plus pour que la page prenne une forme agréable, il est permis de mettre en ligne perdue soit l'article *le*, *la*, *les*, qui peut précéder le *titre*, soit la particule conjonctive *de* ou la préposition *par*, qui lient deux parties de phrase, soit la conjonction *ou*, qui est le signe d'un double *titre*. Il est permis aussi, dans le cas où le *titre* est composé d'un très-petit nombre de lignes, et lorsqu'il y a trop d'intervalle entre elles, de raccourcir la page, pour faire disparaître les blancs exagérés ou superflus qui résulteraient d'un extrême laconisme.

Les mots qui distinguent les différentes périodes du *titre*, tels que *précédé*, *accompagné*, *suivi*, *orné*, etc., et autres également en usage, se mettent ordinairement en lignes perdues ; et comme ils ne servent qu'à indiquer la transition d'une partie à une autre, on peut se servir, pour les composer, de petites capitales très-fines.

La tomaison du volume se place après la série entière des diverses portions du *titre*, et précède immédiatement, si elle ne le remplace, le fleuron ou filet qui sépare le haut de la page de sa partie inférieure.

Ce bas de page contient ordinairement le nom de la

ville où l'ouvrage s'imprime, ou le lieu de la mise en vente; au-dessous, soit le nom de l'imprimeur, soit, de préférence, celui de l'éditeur ou du libraire débitant. Lorsqu'il y a plusieurs noms à placer, chacun d'eux doit former une ligne. On retranche généralement les prépositions *à* ou *chez*, ce qui donne plus d'élégance et de simplicité. Si le nombre de ces lignes était trop considérable, il vaudrait mieux ne mettre au bas de la page que le nom de l'imprimeur, et rejeter au verso du *faux titre*, c'est-à-dire en regard du *titre*, le nom de la ville et ceux des libraires. Si ces derniers noms peuvent se placer au *titre*, ce qui est plus convenable, on met au verso du *faux titre* le nom de l'imprimeur. Dans tous les cas, on met au *titre* même le nom de la ville, soit qu'il se rapporte au lieu de l'impression de l'ouvrage, ou bien à celui de sa publication. Le millésime, qui sert de date à l'impression, termine la page; on le met, soit en chiffres arabes, soit en chiffres romains. Cette seconde manière est préférable pour la grâce du *titre*; l'autre, pour la facilité de la lecture. Les chiffres arabes, quelquefois inégaux sous le rapport de la hauteur, donnent moins de régularité et d'aplomb à la base du frontispice, celle de toutes les parties qui semble en avoir le plus besoin.

Lorsqu'une ligne dont l'importance dans un *titre* exige qu'elle soit présentée d'une manière très-saillante, contient trop de lettres pour entrer dans la justification, soit à cause de la longueur des mots dont elle se compose, soit par leur trop grand nombre, il vaut mieux allonger un peu la justification, si cette licence doit donner à la ligne une apparence convenable. Il en peut être de même quant à la longueur de la page.

On laisse ordinairement dans un *titre* une séparation entre sa partie supérieure, qui se compose du *titre* proprement dit, de ses développements, de la tomaison du volume, etc., et sa partie inférieure. L'usage est de remplir ce blanc par un fleuron ou par un filet. Ces ornements, quels qu'ils soient, se placent à égale distance des deux parties du *titre*. On ne doit toutefois employer de fleuron que lorsque la place est suffisante pour qu'il ne soit pas trop resserré entre les deux lignes qu'il sépare, ce qui exige une distance de deux cicéros au minimum. Il faut, en outre, que les attributs qu'il renferme soient, sinon spéciaux, du moins autant que possible appropriés à la nature de l'ouvrage que le *titre* annonce. Lorsque le *titre* est trop chargé, on doit s'en tenir à un filet orné. Quelquefois on y place le chiffre du libraire ou de l'imprimeur, c'est-à-dire ses initiales entrelacées. Autrefois ce dernier y plaçait sa devise jointe à l'emblème qu'elle accompagnait.

Nous avons déjà dit que le verso du *titre* devait toujours être entièrement blanc. Comme les lignes du *titre* sont toutes différentes entre elles, et qu'il est impossible d'établir au tirage un registre comme pour les pages de matière, le foulage du verso, portant parfois sur les intervalles des lignes, produirait sur le *titre* un effet désagréable.

Nous pensons avoir fait connaître ici sur la composition du *titre* toutes les données typographiques

susceptibles d'être généralisées et converties en préceptes, et avoir présenté une théorie à peu près complète
à cet égard. Il est vrai que leur application, soumise
à une multitude de circonstances modificatives, rencontre beaucoup de difficultés ; mais c'eût été un travail
à la fois pénible et inutile que de vouloir offrir des
exemples qu'on n'aurait pas trouvé l'occasion d'imiter.
Nous croyons, d'ailleurs, en avoir dit assez pour mettre
sur la bonne voie les personnes à l'instruction desquelles
cet ouvrage est consacré ; et, si nous n'avons pu leur
apprendre à bien faire, nos conseils serviront, au moins
nous l'espérons, à les détourner de faire mal. Pour
acquérir la connaissance des règles de l'art et le talent
d'exécution, l'expérience et l'étude des bons modèles
leur seront d'un plus grand secours que le système le
mieux déduit.

Le *faux titre* est la première page d'un livre ; il
précède le frontispice, et contient simplement la désignation principale de l'ouvrage, avec la cote du volume,
qui en est séparée par un filet. Il sert en quelque sorte
de garde et d'annonce au grand *titre*, et se place presque
au milieu de la page, avec un peu moins de blanc en
tête qu'en pied. Son utilité n'est appréciée que pour
les collections, parce que dans ce cas-là il sert de
titre général, tandis que le frontispice porte seulement
le *titre* du volume en tête duquel il est placé, avec une
tomaison également partielle. Quoiqu'il soit purement
de luxe en toute autre circonstance, on fait usage néanmoins du *faux titre* pour tous les livres un peu volumineux.

On se dispense d'en mettre un aux brochures toutes les fois que son placement peut entraîner quelque embarras, et qu'il ne reste pas deux pages disponibles. Son verso porte ordinairement le nom de l'imprimeur ou celui du libraire, c'est-à-dire celui de ces deux noms qui ne doit pas être mis au bas du frontispice ; on y place aussi quelquefois des avis ou remarques sur lesquels il est nécessaire de fixer d'abord les regards du lecteur. Si le nom de l'imprimeur n'a pas trouvé place sur le *titre*, et qu'il n'existe pas de *faux titre*, ce nom doit être reporté au bas de la dernière page du volume.

Le *titre courant* est la ligne de tête dans laquelle on fait entrer, avec le folio, le *titre* de l'ouvrage ou de sa partie, qui se répète à chaque page du volume. Il se compose en petites capitales, soit du même corps que le texte, soit d'un corps inférieur, ou en grandes capitales, quand on a la place nécessaire. Ces *titres* se mettent au milieu de la justification. On espace les lettres, quand la matière le permet, d'un point ou d'un point et demi, et les mots d'un demi-cadratin environ, en ayant soin que les folios restent toujours séparés au moins par un cadratin. Si le *titre* peut entrer dans une ligne, on le place aux pages paires, c'est-à-dire aux versos ; et si l'ouvrage est coupé par chapitres, livres, chants ou autres divisions, on les indique en tête des rectos. Une pièce de théâtre porte pour *titres courants*, au verso son titre, et au recto l'acte et la scène. Ces nombres se mettent en chiffres romains.

On doit toujours faire en sorte de comprendre dans

les *titres courants* des indications aussi complètes qu'ils puissent les contenir.

Lorsqu'un volume se compose de plusieurs parties, les *titres courants* changeront en même temps que ces différentes parties, lorsqu'elles ne font pas corps avec l'ouvrage. Par exemple, supposons un livre composé d'une préface, de la matière proprement dite, de notes et de tables ; les *titres courants* devront désigner successivement ces grandes divisions de l'ouvrage. Ce renouvellement doit avoir lieu à plus forte raison dans les volumes collectifs, et qui se composent de parties entièrement séparées. Bien que, dans les cas ci-dessus énoncés, les caractères soient variés suivant l'importance de chacune des parties, et qu'ainsi ceux du texte soient généralement plus petits que ceux de la préface et plus gros que ceux des notes et des tables, cependant on maintient les *titres courants*, soit en petites, soit en grandes capitales du caractère du texte, suivant la marche adoptée d'abord. La même uniformité s'observe pour les chiffres des signatures.

Il est à remarquer que les ouvrages qui portent aux rectos l'indication numérique de leurs divisions la règlent d'habitude sur la fin de la page. Ainsi un dictionnaire, qui indique en tête de chaque colonne la première syllabe ou le radical des mots qu'elle contient, dans le cas très-ordinaire où cette syllabe vient à varier dans le corps de la colonne, adopte pour *titre courant* celle qui commence le dernier mot qui s'y trouve.

Telles sont, pour les *titres courants*, les dispositions

les plus usitées. Il en est encore d'autres qui sont déterminées souvent par le goût des auteurs, quelquefois par la nécessité, ou par une utilité réelle; mais il est impossible, vu leur grande diversité, de les faire connaître : nous ajouterons seulement que tous les procédés, à cet égard, peuvent s'employer autant qu'ils ne blessent ni le bon goût, ni les principes typographiques qui régissent cette matière et qui viennent d'être indiqués.

On appelle *titre de départ* celui qui rappelle, en tête de la première page de texte d'un volume, son titre général. Quand un volume est précédé de parties liminaires, le *titre de départ* est rejeté au commencement de l'ouvrage proprement dit.

La dénomination générale de *titre* se donne à toute indication qui, dans le cours d'un volume, se place en ligne perdue, soit pour désigner des divisions, soit pour en faire connaître la matière. Lorsqu'un *titre* de ce genre reçoit un certain développement, il prend le nom de sommaire ou d'argument.

TABLE.

La *table* d'un ouvrage en est une espèce de résumé, plus ou moins succinct, suivant les points de vue sous lesquels elle le présente. Ou elle n'est que la simple énumération des parties dont il se compose, avec l'indication sommaire du contenu de chacune d'elles, ou bien elle est analytique, par exemple dans un ouvrage d'une certaine étendue et susceptible d'être l'objet de fréquentes recherches à cause de l'abondance et de la variété des matières qui s'y trouvent renfermées ; alors elle offre le tableau complet de tous les sujets différents qu'il a pu traiter, et embrasse à la fois les époques, les faits, les noms des lieux et ceux des personnes dont il fait mention.

La première de ces espèces de *tables* est suffisante en général pour les ouvrages purement littéraires et du domaine de l'imagination, ouvrages écrits pour l'universalité des lecteurs. Quant aux traités de sciences ou d'arts, et tous autres livres descriptifs ou didactiques, comme ils ont une destination spéciale qui influe sur la langue en créant de nouveaux termes ou en modifiant la valeur de ceux qui existent, l'auteur doit éclairer le lecteur sur ces innovations, et placer à la *table* des définitions nouvelles, ou renvoyer aux endroits susceptibles de donner les explications nécessaires. De plus, comme la plupart des ouvrages de ce genre doivent pouvoir être consultés partiellement, même après lecture complète, le relevé exact de tous les points divers qu'ils traitent et leur indication isolée deviennent une condition essentielle de leur combinaison typographique. La *table* doit donc porter sur le fond du livre et sur sa forme, c'est-à-dire être à la fois une analyse des faits et un vocabulaire.

Un ouvrage qui forme plusieurs volumes doit avoir à la fin de chacun d'eux une *table* particulière, indiquant les divisions qu'il comprend, indépendamment de la *table* raisonnée qu'on renvoie à la fin de l'ouvrage, si toutefois il la comporte. Une *table*, de quelque nature qu'elle soit, est d'une grande utilité dans un volume ; mais cette commodité cesserait d'exister et deviendrait même pour le lecteur une source d'embarras, s'il ne la trouvait doublement exacte, c'est-à-dire complète dans sa teneur et fidèle dans ses renvois.

Les *tables* simples se placent soit en tête du volume, soit à la fin, mais se tirent toujours en dernier lieu, excepté dans le cas de réimpression identique. Chaque article renvoie à la page, et suit la progression ascendante des folios. S'il contient plusieurs lignes, on le dispose en sommaire. L'indication de la page est toujours rejetée au bout de la ligne, et l'intervalle est rempli par des points conducteurs. Le mot *page* s'exprime une seule fois, soit au premier folio cité, soit au-dessus et dans l'alignement des chiffres. Les grandes divisions du volume se mettent en capitales et en lignes perdues. On emploie ordinairement pour ce genre de composition un caractère inférieur au texte de deux degrés au moins. Lorsqu'une *table* forme plusieurs pages, il est d'usage de la commencer en recto ; mais souvent on la place suivant le besoin local.

Les *tables* analytiques de matières se disposent dans l'ordre alphabétique. Elles renvoient au tome et à la page. Quelquefois on substitue à ce dernier renvoi celui du chapitre, article, paragraphe, verset, ou autre partie de l'ouvrage, pourvu que les titres courants en portent l'indication, et que cette division soit assez fréquente pour ne pas occasionner de longues recherches : ce système est préférable en ce qu'il épargne à la réimpression le soin de renouveler les folios, et les erreurs qui naissent de ces changements. Pour éviter de répéter à chaque article les mots *tome*, *page*, ou autres qui peuvent accompagner les chiffres de renvois, il suffit de différencier les signes numériques. Par exemple, celui du tome peut être placé en premier lieu et figuré en grandes capitales, celui de la division adoptée dans l'ouvrage en petites capitales, et le folio en chiffres arabes ; ces trois espèces de chiffres rendent distincte la valeur des objets sous-entendus qu'ils indiquent. Quelque marche qu'on suive pour ces abréviations, le lecteur doit en être prévenu par un avis placé en tête de la *table*.

Lorsqu'une *table* a une certaine étendue, on la met à deux colonnes, dans les in-octavo et formats supérieurs, même en étendant au besoin la justification. Il en résulte un double avantage : d'abord on gagne une partie du blanc que nécessite dans les grandes lignes la multiplicité des articles ; ensuite cette disposition permet d'employer un plus petit caractère. Les articles se composent indifféremment en alinéas ou en sommaires : dans le premier cas, on épargne la perte d'espace exigée par les renfoncements ; dans le second, la première ligne de chaque article est mieux détachée et plus saillante. Le mot qui commence l'article et qui en fait le sujet doit être, ou en italique, ou en petites capitales. Quelquefois on combine ces deux sortes de caractères, lorsqu'on veut établir deux séries distinctes de mots. Ainsi, par exemple, on mettrait en italique tous les mots qui représentent des faits, et en petites capitales ceux qui expriment des noms propres. On sépare les colonnes, soit par un filet régnant dans toute la hauteur, soit par un simple blanc.

TEXTE.

On appelle ainsi la partie de copie qui fait le fond d'un ouvrage. De quelque nature qu'elle puisse être, on lui donne ce nom pour la distinguer des parties accidentelles, telles que les notes, additions, titres, sommaires, ou autres accessoires quelconques. Comme le *texte* est presque toujours la portion dominante d'un livre, et même comme il en embrasse souvent l'intégralité, c'est la base sur laquelle repose son impression. Ainsi, lorsque le caractère et la justification du *texte* ont été adoptés eu égard au format et aux conditions diverses qui peuvent avoir quelque influence, l'arrangement du reste est déterminé par cette donnée principale, suivant des proportions convenables et des règles établies par l'usage.

Texte, pris dans une autre acception, qui est plutôt littéraire que spéciale pour la typographie, est synonyme d'*original*. On dit : Placer la traduction, l'imitation, en regard du *texte*.

MILLÉSIME.

Un livre porte ordinairement son *millésime*, à moins de considérations particulières qui s'y opposent. Cette date se place au bas du frontispice, soit en chiffres arabes, soit en chiffres romains, selon le goût de celui qui dirige l'impression, ou quelquefois eu égard à la nature de l'ouvrage. Par exemple, il est assez naturel que sur un titre latin le *millésime* soit rendu en chiffres romains. Du reste, il n'existe point à ce sujet de règle rigoureuse.

CHAPITRE IV

DES PARTIES ÉVENTUELLES D'UN LIVRE

ÉPITRE DÉDICATOIRE, DÉDICACE.

L'*épître dédicatoire* suit ordinairement le frontispice.
Autrefois elle se composait en italique. On la compose
maintenant, soit en caractère romain au-dessus de
celui du texte et même de celui de la préface, soit
quelquefois en cursive, ce qui est plus élégant et mieux
approprié au genre épistolaire. Les *dédicaces* rédigées
sous la forme d'adresse se composent assez généralement en capitales d'un même corps, et se disposent
en lignes inégales comme les inscriptions lapidaires.
Au reste les *dédicaces*, qui jadis semblaient être l'ac-
compagnement indispensable d'un livre, sont devenues
d'un usage beaucoup moins fréquent.

PRÉFACE, AVERTISSEMENT, AVANT-PROPOS.

La *préface* suit immédiatement le frontispice, lorsqu'il n'y a pas de dédicace. Le caractère et l'interligne
en doivent être plus forts que ceux du texte. Le titre
courant ne porte que ce mot avec le folio.

Les préfaces de peu d'étendue, et celles qui sont du

fait de l'éditeur, prennent généralement le titre d'*aver-tissement*.

L'*avant-propos* participe, quant à sa valeur, de la préface et de l'introduction.

INTRODUCTION.

L'*introduction* tient quelquefois lieu de préface, ou bien elle est destinée à s'incorporer au texte. Dans le premier cas, elle doit être assimilée à l'objet dont elle tient la place, et en subir les conditions typographiques. Lorsqu'elle fait partie du texte, dont elle forme en quelque sorte le premier chapitre, elle n'en diffère que par son indication au titre courant, et elle commence, ainsi que le texte, sous le titre de départ.

Outre les trois articles précédents, qui comprennent les parties liminaires d'un livre, il peut se présenter encore d'autres cas; mais ils se rencontrent moins fré-quemment. En tête des réimpressions, il arrive quel-quefois que l'éditeur place un avis, lequel doit suivre immédiatement le frontispice, comme objet étranger à l'auteur. Quelquefois aussi il fait précéder l'ouvrage d'écrits qui s'y rattachent sans en dépendre, tels que notices biographiques ou littéraires, éloges, etc. Leur composition se fait généralement dans un caractère inférieur à celui du texte.

Comme il arrive souvent que les parties liminaires ne s'impriment qu'après le reste du volume, dans ce cas elles portent une série de folios et de signatures différente de celle qui a déjà été employée.

SOMMAIRE, ARGUMENT.

Le *sommaire* est une espèce de sous-titre contenant une analyse succincte des matières traitées dans l'article en tête duquel il est placé. Il sert le plus fréquemment à accompagner les titres des chapitres, des livres, ou autres divisions d'ouvrages. Il y a différentes manières de le présenter quant à la composition ; cette variété résulte, tant des diverses positions où il peut se trouver employé et de l'entourage qu'il peut avoir, que du nombre de lignes dont il est formé.

Ainsi, à le considérer d'abord sous le rapport des diverses dispositions qu'on lui donne, en raison du nombre de lignes qu'il contient, nous établirons comme constantes les règles qui suivent.

1° S'il ne dépasse pas la première ligne, on le place dans le milieu, c'est-à-dire en ligne perdue. On doit faire en sorte qu'il ne remplisse pas la justification, de peur qu'il ne se confonde avec le texte dont il est précédé et suivi ; ensuite parce que cette rencontre, qui parfois cependant est inévitable, peut être considérée comme une négligence et un manque de goût. 2° Lorsqu'il forme deux lignes, on fait la première à peu près pleine, et la seconde se place au milieu de la justification. 3° Quand il comprend trois lignes et au delà, deux méthodes peuvent être mises en usage : l'une, qui autrefois était invariable, consiste à faire la première ligne pleine et à rentrer les autres d'un cadratin ; l'autre, plus nouvelle, coupe le *sommaire* en lignes inégales.

placées au milieu, et de manière à donner à l'ensemble une forme gracieuse et variée, en tenant compte pour cette coupure de l'avantage que le sens peut y trouver.

Comme la première de ces deux méthodes présente la disposition inverse de celle des alinéas, on dit, en parlant de toute composition ainsi arrangée, qu'elle est mise *en sommaire*, par opposition à la disposition en alinéa.

Quant aux caractères qu'on emploie ordinairement pour sa composition, il n'existe pas de règle fixe à cet égard ; c'est le goût qui décide suivant les circonstances ; seulement voici les divers systèmes que l'usage a consacrés.

Lorsqu'un *sommaire* ne forme qu'une ou deux lignes, on peut le mettre en petites capitales, du même corps que le texte ou environ. S'il dépasse ce nombre, on le met, soit en italique du texte, soit en caractère romain un peu inférieur. On ne se sert guère de petites capitales pour les *sommaires* de plusieurs lignes que dans les frontispices, parce que les lettres du bas de casse en sont généralement proscrites.

Dans certains ouvrages classiques, de même que dans les poëmes, les *sommaires* prennent le nom d'*arguments*, et ils sont sous ce titre plus analytiques et plus développés. A la composition, les *arguments* sont toujours mis en *sommaires*.

ADDITIONS.

Les *additions* sont des espèces de notes placées à la marge extérieure de la page, sans renvoi, et alignées en tête avec le commencement de la matière à laquelle elles ont rapport. Le but ordinaire de ces notes marginales, dont l'emploi se remarque le plus fréquemment dans les livres d'histoire, est de relater les dates, de présenter le résumé très-succinct des événements, ou de faire connaître, par le nom des auteurs ou le titre des ouvrages, les sources auxquelles on a puisé. Leur utilité ne se réduit pas à cette seule classe de livres ; les voyages, les traités de sciences et d'arts, et généralement les ouvrages de faits, lorsqu'ils sont accompagnés d'*additions*, offrent au lecteur un avantage universellement apprécié, celui de mettre sous ses yeux toutes les sommités d'un ouvrage, et de lui en faire concevoir rapidement la marche et le dessein.

Les *additions* prennent sur la marge naturelle d'une page ; elles doivent donc être composées en un caractère assez fin pour que la justification puisse en être très-resserrée, et que, dans le cas où plusieurs d'entre elles seraient susceptibles de quelque développement, elles ne forment pas plus de huit à dix lignes. On doit employer pour les *additions*, lorsque rien d'ailleurs ne contrarie cette règle, un caractère qui soit à celui des notes comme celui-ci est au caractère du texte. Ainsi, supposons un texte en Onze : les notes seront en Neuf, en Huit ou en Sept-et-demi, et les *additions* en Sept ou en Six. Leur justification se prend, non sur des interlignes, car il en existe rarement d'aussi courtes, mais sur des lingots de plusieurs Cicéro, afin de remplir avec ces lingots les intervalles plus ou moins grands qui séparent les *additions*.

Ordinairement on n'interligne pas les *additions*; cependant, si l'on juge que cela doive produire un meilleur effet, il est facile de jeter entre leurs lignes des interlignes coupées sur la justification marginale.

Pour isoler la colonne d'*additions* de la page qu'elle accompagne, on se sert d'interlignes, de lingots ou de réglettes. Quant à l'épaisseur de cette séparation, elle doit être proportionnée à la grandeur du format et à la largeur des *additions* : pour l'in-octavo, par exemple, elle est en général de quatre à six points.

Lorsque la justification de l'*addition* n'a pas plus de trente à cinquante points, comme cela arrive toujours pour l'in-douze et pour l'in-octavo, quelquefois même pour l'in-quarto, au lieu de disposer chaque *addition* en forme d'alinéa, ce qui occasionnerait une foule de divisions et des espacements larges ou serrés d'une manière excessive, il est préférable de distribuer les mots en lignes inégales et placées en vedettes, ce qui leur donne l'aspect d'un titre ou d'un sommaire.

On peut couper une *addition* d'une page à une autre, pourvu toutefois que le report soit de plus d'une ligne. Dans tous les cas, il importe de conserver l'alignement de l'*addition* avec le bas de la page.

Au-dessous du format in-douze il n'est guère possible de placer des *additions*, en raison de l'exiguïté des marges dans les formats inférieurs.

Autrefois on usait largement des *additions*, et l'on plaçait en marge les notes qu'on rejette maintenant au bas des pages ou à la fin des chapitres. Il en résultait pour le lecteur une confusion qui est peut-être la cause de l'abandon dans lequel elles sont tombées depuis. Les difficultés typographiques communément attachées à ce travail, tant pour la composition que pour le tirage des feuilles, ont pu contribuer aussi à cette défaveur. Sous le rapport de la facilité des recherches, nous regretterons toujours, avec la majorité des lecteurs, de voir cet usage se perdre de jour en jour.

NOTES.

Dans la plupart des anciens livres, ainsi que nous venons de le dire, les *notes* se mettaient en additions, c'est-à-dire à côté du texte et à sa marge extérieure. Cette méthode, qui défigurait les pages et les rendait irrégulières et inégales entre elles, a été sinon rejetée absolument, du moins considérablement réduite. On ne l'a maintenue que pour les cas où il était nécessaire que l'œil se portât, en même temps que sur le texte, sur certains appendices qu'on ne s'abstenait d'y réunir que pour ne pas entraver la marche du discours. Nous avons examiné, dans l'article précédent, les différentes occasions où les *notes* devaient rester marginales; nous éviterons donc d'en parler de nouveau, et nous nous bornerons à indiquer celles qui en doivent être distinguées, et les modes divers que leur disposition peut subir.

Indépendamment de la différence qui existe entre les additions et les *notes* proprement dites, il est bon de diviser ces dernières en plusieurs espèces particulières. Les unes portent sur un mot ou sur un fait : telles sont, par exemple, les sources, les remarques grammaticales, philologiques ou chronologiques, les rapprochements historiques ou littéraires. Les autres, d'un objet plus étendu, ont le caractère de dissertations, et embrassent, sinon l'ensemble d'un ouvrage, du moins ses principaux points de vue. Les premières, devant suivre immédiatement dans l'esprit du lecteur le mot, l'expression, la locution ou la phrase qui y a donné lieu, se placent au bas de la page. Quant à celles qui par leur développement pourraient nuire à la rapidité de la lecture, il faut les ranger dans la seconde classe, et les reporter à la fin de l'ouvrage, ou de l'une de ses divisions, si elles lui sont particulièrement relatives.

Le caractère des *notes* doit toujours être d'au moins deux points au-dessous de celui du texte. Toutefois ce rapport, applicable aux caractères moyens et les plus usuels, peut varier pour les plus petits de même que pour les plus gros.

Voici, sauf les modifications que la nécessité ou que les convenances peuvent y apporter, les proportions que l'usage a consacrées à cet égard.

TEXTE.	NOTES.
Dix-huit.	Douze, Onze.
Quinze.	Onze.
Treize, Douze.	Dix, Neuf.
Onze.	Neuf, Huit.
Dix.	Huit, Sept-et-demi.
Neuf.	Sept-et-demi, Sept.
Huit.	Six.
Sept-et-demi, Sept.	Cinq.
Six.	Quatre.

Il existe des caractères intermédiaires quant à l'œil, et qu'on distingue des caractères primitifs, ainsi que nous l'avons déjà dit, par la qualification de *gros œil* ou de *petit œil*. N'en pouvant faire mention à cause de leur diversité illimitée et tout à fait arbitraire, nous ne pouvons que recommander, dans les nombreuses anomalies qu'elles occasionnent, de se rapprocher le plus possible des principes énoncés ci-dessus.

Les *notes* du bas des pages se séparent du texte, soit par un filet maigre régnant, soit simplement, et de préférence, par un blanc assez fort pour empêcher la confusion. Lorsque ces *notes* sont très-abondantes, et qu'on veut employer, pour gagner de l'espace, un caractère plus fin qu'à l'ordinaire, on les met à deux colonnes : on peut alors se dispenser de les séparer du texte par un filet; elles s'en distinguent facilement. Cette ressource est surtout à l'usage des grands formats.

Les *notes* rejetées à la fin commencent en page ou même en belle page; et, dans ce dernier cas, elles

sont quelquefois précédées d'un faux titre. Le choix
de cette disposition doit se fonder sur l'étendue et sur
l'importance des *notes*, et en même temps être assujetti
à la marche adoptée pour le volume en égard au besoin
de diminuer ou de multiplier les blancs.

RENVOI.

On appelle *renvoi* un signe placé dans le texte pour
correspondre à une note précédée du même signe.

On se sert, pour figurer les *renvois*, de chiffres, de
lettres ou d'astérisques. Les chiffres ou les lettres sont
plus généralement usités. Les astérisques ne doivent
s'employer que pour des *renvois* très-rares; car si l'on
était forcé d'en placer plusieurs de front, l'obligation de
les compter pourrait occasionner des erreurs. Quelques
ouvrages, portant des notes de différents genres, admettent différentes séries de *renvois*.

Ces signes, pour ne pas opérer de confusion dans le
discours, sont, ou renfermés entre parenthèses, ou
placés en supérieures. Le premier de ces arrangements
est préférable quand les notes sont reportées à la fin,
parce que, ces notes n'étant pas lues immédiatement,
leurs *renvois* doivent se présenter facilement à l'œil lorsqu'il repasse rapidement les pages. L'autre disposition
est préférable quand les notes sont au bas, en ce qu'elle
interrompt moins la lecture. Elle est particulièrement
convenable pour les vers, où l'espace est limité et doit
être ménagé.

Le *renvoi* suit la phrase, la partie de phrase ou le

mot auquel s'applique la note ; cette position est nécessairement invariable.

Le *renvoi* peut précéder ou suivre la ponctuation ; mais ordinairement on le place avant. Nous remarquerons seulement que la méthode adoptée d'abord doit servir de règle pour la suite.

On ne rejette jamais un *renvoi* au commencement d'une ligne ; il tient à ce qui le précède, comme la ponctuation.

Les séries de *renvois* pour les notes du bas recommencent à chaque page.

On ne doit point transporter une note, ou du moins un commencement de note, hors de la page dans laquelle est placé son *renvoi*. Ce rejet n'est admissible que dans un ouvrage à deux textes en regard l'un de l'autre, et dont un seul porte des notes ; dans ce cas il peut arriver qu'on soit forcé, pour éviter des blancs, de contrevenir à l'usage. Ce sont les dernières notes qu'il faut chasser, et toujours sur la page de regard.

COLONNE.

Lorsque dans une page la justification est divisée en plusieurs parties, il en résulte autant de séries de lignes, placées l'une à côté de l'autre à un certain intervalle, auxquelles on donne le nom de *colonnes*.

Dans les tableaux il se trouve des *colonnes* de toutes justifications, qui ordinairement sont séparées par des filets.

Certains labeurs de format in-octavo ou au-dessus se

font à deux ou à trois *colonnes*, et quelquefois davantage. Elles sont toutes de même justification, et séparées, soit par un filet, soit par un simple blanc. Des tables de matières, lorsqu'elles ont une certaine étendue, se composent aussi à deux *colonnes*, alors même que le texte de l'ouvrage est à longues lignes. On dispose aussi quelquefois de la même manière des notes qui accompagnent le texte au bas des pages.

Voici quels sont en général les avantages de cette disposition.

1° Dans certains ouvrages, tels que dictionnaires, vocabulaires, index, ou autres de ce genre, il arrive fréquemment qu'un article ne fait qu'une ligne, ou même qu'une partie de ligne. Or, comme chacun d'eux forme nécessairement alinéa, les blancs que laisserait la composition à longues lignes auraient le double inconvénient de faire perdre un espace bon à utiliser lorsque la matière abonde, et de découper les pages de manière à les rendre très-irrégulières entre elles.

2° Un caractère fin, comme le sont plus ou moins ceux qu'on emploie dans les ouvrages à *colonnes*, est plus facile à manier pour le compositeur, et pour le lecteur moins fatigant à suivre, lorsque la justification a moins de portée.

3° Cette disposition, en outre, autorise, par la raison que nous venons de donner, l'emploi d'un caractère plus exigu que celui dont on se servirait avec la justification entière. Elle a pour résultat une économie qu'on peut réaliser sans inconvénient pour les parties de volume non susceptibles d'une lecture suivie.

Souvent on met à deux *colonnes* deux textes qu'on veut rapprocher, ou bien un texte et sa traduction. Dans ce dernier cas, le texte doit toujours occuper la première *colonne,* celle de gauche, et il est préférable qu'elles soient toutes les deux de même justification ; seulement, si l'une des deux parties est moins abondante que l'autre, on emploiera pour sa composition un caractère plus gros, ou bien le même caractère plus interligné. Si la matière est à peu près équivalente de part et d'autre, on peut les différencier de l'italique au romain. Un soin important à observer, c'est que les lignes correspondent, sinon parfaitement, du moins le plus exactement possible, et que les alinéas commencent en regard l'un de l'autre.

On doit éviter de placer une *colonne* boiteuse, c'est-à-dire courte d'une ligne, en regard d'une *colonne* pleine. Il vaut mieux faire quelques remaniements pour remédier à ce défaut, lorsqu'on n'a pu le prévenir et qu'il est possible d'y parer.

Dans les dictionnaires imprimés à plusieurs *colonnes,* chacune d'elles porte son titre courant.

CITATIONS.

On appelle ainsi des extraits d'un ouvrage rapportés dans un autre.

Les *citations* se bornent souvent à quelques mots épars, ou à quelques parties de phrases, notamment dans les ouvrages de critique. En pareil cas, on les met en italique afin de les détacher du discours. Mais lorsqu'elles consistent dans des phrases ou des morceaux entiers, afin d'éviter les masses d'italique, qui sont toujours d'un mauvais effet, il est mieux de les renfermer simplement entre guillemets.

Lorsque dans la prose il se présente des *citations* de vers, il faut les composer dans un caractère inférieur, les mettre en alinéa et les renfoncer plus ou moins selon le caractère qu'on emploie, et toujours de manière que les vers occupent à peu près le milieu de la justification.

Ces diverses dispositions sont également applicables aux *citations* de texte et à celles de notes.

La poésie admet naturellement peu de *citations;* cependant elles n'y sont pas sans quelques exemples. On les met ordinairement en italique.

Lorsqu'une *citation* est immédiatement suivie du nom de l'auteur et du titre de l'ouvrage où elle est puisée, l'usage le plus général est de mettre le nom en petites capitales et le titre en italique, avec ou sans parenthèses.

VARIANTES.

Les *variantes* sont les leçons différentes d'un même texte.

Elles sont d'un usage très-fréquent dans les éditions accompagnées de commentaires. Elles peuvent être présentées sous la forme de notes, et alors elles se rangent dans la classe de ces dernières. Quelquefois aussi, lorsqu'elles sont en assez grand nombre pour occuper une place distincte et spéciale, on les réunit toutes ensemble, et on les met entre le texte et les notes, c'est-à-dire au-dessous de l'un et au-dessus des autres, en plus petit caractère et à longues lignes. En pareils cas, on les renvoie ordinairement avec des astérisques.

Les poëmes et les ouvrages dramatiques sont quelquefois accompagnés de *variantes* assez longues; on les reporte à la fin, et on les compose en caractères de notes.

ERRATUM, ERRATA.

On appelle *errata* (et ce mot latin s'explique de lui-même) l'indication des fautes, typographiques ou autres, qui ont passé dans l'impression d'un volume, et conséquemment celle des rectifications qu'il y aurait à faire dans le cas de réimpression. Lorsqu'il n'y en a qu'une, c'est du singulier *erratum* qu'on se sert.

On place habituellement cet avis à la fin du livre. Sa véritable place serait au commencement, puisque c'est la seule manière opportune d'avertir le lecteur; mais il arrive souvent qu'il ne trouve pas à s'y placer convenablement.

Il y a plusieurs façons de disposer un *errata*, et cet arrangement est à peu près arbitraire; cependant voici celui qui est le plus usité et qui nous paraît le plus simple.

Après le mot *errata* placé en titre, on établit quatre têtes de colonnes ainsi conçues :

Page	ligne	au lieu de	lisez :

puis on aligne verticalement chacune de ces parties de lignes, comme si elles avaient toutes une justification particulière.

On emploie pour les *errata* un caractère plus petit que celui du texte ; d'ailleurs son arrangement même l'exige.

Un *errata* peut être utile s'il est complet, c'est-à-dire s'il relève exactement toutes les erreurs qui nuiraient à la lecture. Mais, s'il n'atteint pas ce but, il n'est, de la part d'un imprimeur ou d'un auteur, qu'un aveu inutile et presque ridicule de ses fautes (1). Il faut, lorsqu'on se décide à en placer un à la fin d'un volume ou d'un ouvrage, relire avec une attention soutenue un exemplaire des feuilles tirées, dépouiller toutes les fautes qui ont échappé à la lecture des épreuves ou qui se sont faites pendant le tirage, et composer son *errata* des corrections qui, en purifiant l'ouvrage de taches susceptibles de le déparer, peuvent aussi éclairer le lecteur et le tirer d'embarras.

Mais pour fixer d'autant mieux ses regards sur des détails qui ont pour lui peu d'attraits, il faut s'abstenir d'en grossir la liste en lui signalant de ces fautes qui frappent les yeux les moins exercés, et se relèvent facilement d'elles-mêmes.

---

(1) La Fontaine a dit : « Ce sont de légers remèdes pour un défaut considérable. » (*Fables*, Avertissement du 2ᵉ recueil.)

ÉPIGRAPHES.

Les *épigraphes* se composent en caractère très-fin comparativement à celui de l'ouvrage dans lequel elles se trouvent placées. Elles se renfoncent plus ou moins, suivant la matière qu'elles contiennent, et la règle qui veut qu'on les resserre le plus possible ; ordinairement elles n'occupent guère que la seconde moitié de la justification. Elles se disposent indifféremment en sommaire ou en alinéa ; néanmoins, lorsqu'elles ne font que deux lignes, la première est plus généralement renfoncée d'un cadratin. Il y a du reste beaucoup d'arbitraire dans ce genre de composition, et il suffit qu'il n'ait rien de contraire au goût.

STANCES, STROPHES.

Les *stances* et les *strophes* sont séparées entre elles par une ou plusieurs lignes de blanc, mais toujours d'une manière uniforme. Si la longueur de la page l'exige, il vaut mieux faire varier un peu ce blanc, et même le forcer, que de couper une *stance* d'une page à l'autre. Lorsqu'on est obligé de la diviser, il faut que cette coupure soit faite avec discernement, et sans contrarier le rhythme de la pièce.

Elles rentrent pour le reste dans la catégorie des compositions poétiques.

TOME.

Le mot *tome*, qui signifie *division*, est la dénomination qu'on donne à chaque volume d'un ouvrage. Il est donc toujours suivi de son indication numérique, ordinale ou cardinale indifféremment.

Il s'indique soit sur le faux titre, soit sur le frontispice, quelquefois sur l'un et sur l'autre, mais dans tous les cas à la suite du titre et de tous ses compléments.

On le répète aussi à la signature (voyez ce mot) de chaque feuille, ainsi que sur l'étiquette ou la couverture du volume.

Lorsqu'un ouvrage se compose de différentes parties qui elles-mêmes embrassent plusieurs volumes, le faux titre doit porter la tomaison générale, le frontispice et les signatures la tomaison partielle. Il est bon que l'une et l'autre soient indiquées sur le dos du volume, sur son étiquette ou sur sa couverture.

CHAPITRE V

DE CERTAINES DISPOSITIONS PARTICULIÈRES
DE LA COMPOSITION

EMPLOI DE L'ITALIQUE.

Nous avons dit, en parlant des différents genres de caractères, que tout romain devait avoir un *italique* correspondant pour l'alignement et la force de corps. Notre but maintenant est de faire connaître les principales circonstances qui déterminent l'emploi de l'*italique*, et les limites qui doivent le circonscrire.

L'*italique* est au romain ce que l'exception est à la règle ; il faut donc généralement en réduire l'usage aux cas, sinon d'absolue nécessité, tout au moins d'une convenance bien appréciable. C'est aux imprimeurs de veiller à l'application de ce précepte, et à y ramener autant que possible les ouvrages qui tendraient à s'en écarter.

Il arrive que des auteurs, attachant à certains mots une importance particulière, une sorte de prédilection, pensent, en les soulignant, les recommander à l'attention spéciale des lecteurs. Cet expédient n'est quelquefois qu'un stratagème maladroit, ayant pour but de suppléer à ce qui manque à un ouvrage ; dans ce cas il trahit toujours la prétention qui l'a suggéré, et produit infailliblement un effet contraire à celui qu'on en attendait. Si une expression, si une phrase est saillante par elle-même, elle n'a pas besoin, pour paraître telle, d'être présentée matériellement sous des formes distinctes ; autrement le témoignage des yeux influe peu sur le jugement de l'esprit. Il faut d'ailleurs, pour disposer le lecteur à la bienveillance, faire la part à sa sagacité.

L'emploi de l'*italique* doit donc se borner, en général, à certains mots qui forment l'objet principal d'un texte, ou à d'autres dont on modifie la valeur et auxquels on donne une acception inusitée, et ensuite aux citations peu étendues, et qui font corps avec le discours dans lequel elles sont rapportées. Quant à celles qui forment à elles seules une ou plusieurs phrases détachées du texte, elles se mettent maintenant en romain avec guillemets. Les sommaires se faisaient autrefois en *italique* d'un corps supérieur ; maintenant on emploie plus fréquemment pour leur composition des petites capitales lorsqu'ils n'excèdent pas une ligne, et dans les autres cas du bas de casse d'un corps inférieur.

En résumé, il est à remarquer, comme un des exemples du bon goût qui préside actuellement aux travaux de la typographie, qu'on tend à réduire l'*italique* et à le restreindre dans les attributions exceptionnelles auxquelles il est naturellement réservé.

DISPOSITIONS PARTICULIÈRES A LA POÉSIE.

Nous avons précédemment fait connaître les principes généraux de la composition; mais il nous reste à poser quelques règles relatives à celle des ouvrages en vers.

Il est à remarquer d'abord que la facilité que possède la prose de varier à volonté, dans le même format, la justification et le caractère, est interdite à la poésie, où la contenance de la ligne est déterminée par la mesure du vers : c'est dans ce dernier cas que l'observation des proportions est le plus impérieusement exigée par la typographie. Si la poésie n'offre pas un aspect aussi régulier que la prose, elle peut compenser cet avantage par l'accomplissement plus rigoureux des usages reçus pour chaque format. Par exemple, en prenant pour base l'in-octavo, nous voyons fréquemment que, par le besoin qu'on éprouve d'économiser l'espace, on descend jusqu'au Sept-et-demi, qui est un caractère d'in-dix-huit; ou que, par une considération opposée, on monte jusqu'au Douze et même jusqu'au Quatorze, qui sont des caractères d'in-quarto. De quelque secours que puisse être cette facilité, il n'en est pas moins vrai de dire qu'elle autorise de nombreuses contraventions aux règles établies, et qu'elle substitue souvent la loi de la nécessité à celle du goût.

De pareilles anomalies n'existent pas, ou ne doivent pas exister pour la poésie : en voici les motifs. Sous le rapport de la justification, le vers étant la mesure de la ligne, on ne peut rien gagner à étendre celle-ci.

Quant au choix du caractère, il est certain qu'en le diminuant de force on trouverait un bénéfice de quelques lignes sur la longueur de la page ; mais il s'ensuivrait toujours un effet contraire, d'une part, à l'usage qui prescrit les proportions à suivre, et, de l'autre, peu conforme à celui qui en tolère la dérogation : c'est-à-dire que le but d'utilité ne serait pas assez marqué pour autoriser la violation des convenances de l'art. En effet, l'augmentation de lignes produite par l'emploi d'un caractère inférieur à celui dont on se sert habituellement dans les in-octavo en vers occasionnerait un contraste choquant, celui d'une page portant un plus grand nombre de lignes et une justification moindre en apparence ; tandis que, suivant la marche la plus ordinaire, la progression des caractères et celle de la justification s'opèrent en sens inverse.

La justification d'un ouvrage de poésie doit être prise sur la portée des vers les plus longs, non-seulement quant à la mesure, mais encore eu égard au nombre de lettres qu'ils renferment. Toutefois, comme il peut s'en présenter qui, sous ce dernier rapport, excèdent de beaucoup la longueur moyenne, il ne faut point s'astreindre à prendre pour règle cette rencontre ; mieux vaut y remédier en doublant le vers, ou en le faisant sortir, ce qui est préférable encore.

Cette justification doit porter au maximum quarante-quatre o (ou vingt-deux cadratins). Les alexandrins en français, notamment ceux à rime féminine, qui ont une syllabe de plus, et en latin les hexamètres, dépassent souvent cette mesure. Il vaut cependant mieux recourir à l'un des deux expédients que nous venons d'indiquer : d'abord pour économiser l'emploi des cadrats, et par conséquent les frais de composition ; ensuite pour que les marges ne semblent pas inégalement distribuées ; et enfin pour éviter que le titre courant, qui doit porter sur le milieu des vers, paraisse rejeté sur la partie droite. Ce défaut ajoute à l'irrégularité naturelle d'une page de vers. Il devient surtout apparent, et alors il n'est pas supportable, lorsqu'il se trouve dans la page quelques lignes de prose, de notes par exemple, qui, remplissant la justification, mettent à découvert toute la partie que les vers laissent en blanc.

Chaque vers commence par une capitale.

Les vers de même mesure doivent être parfaitement alignés entre eux.

RENFONCEMENT.

Renfoncer une ligne, c'est la rentrer en dedans de la justification, à l'aide de cadrats, cadratins ou demi-cadratins.

Le mode de *renfoncement*, à très-peu d'exceptions près, est généralement déterminé, et assujetti à des règles positives.

Une ligne de titre, bien que souvent elle laisse du blanc de chaque côté dans la justification, ne passe cependant pas pour être renfoncée. Cette qualification s'applique rarement à celles dont la rentrée est arbitraire ou fortuite ; elle est plus spécialement réservée aux lignes dont le commencement laisse avec celui de la justification une distance calculée d'après certaines proportions établies.

Dans la prose, la mesure du *renfoncement* de l'alinéa et du sommaire est le cadratin; quelquefois cependant le demi-cadratin seulement, pour le sommaire.

Dans la poésie, il est sujet à de plus grandes variations, occasionnées par la diversité de mesure que les vers peuvent présenter. La méthode la plus généralement suivie à cet égard est établie de manière que les vers de même mètre, étant alignés entre eux, se trouvent, le plus approximativement possible, dans le milieu de la justification. Elle consiste à renfoncer les vers en raison des syllabes qu'ils ont de moins que l'alexandrin : c'est-à-dire le vers de dix d'un cadratin et demi, celui de huit de trois cadratins, celui de sept de quatre, et les autres en suivant à peu près cette progression.

Si l'on voulait établir une balance entre le nombre moyen de lettres que diminue la suppression d'une syllabe et le blanc qu'on lui substitue tant au commencement qu'à la fin de la justification, il est probable qu'on trouverait une différence en moins du côté du *renfoncement*. Cette disproportion est nécessaire; et il vaut mieux que le vers inférieur soit un peu en deçà qu'au delà de celui qui lui est supérieur. Le vers de dix féminin, par exemple, est hendécasyllabe; et, lorsqu'il est placé auprès d'un vers de douze masculin, la différence devient beaucoup moindre. Du reste, à part ces motifs, qui ont un fondement réel, il serait irrationnel, dans cette circonstance et dans beaucoup d'autres qui ont pu ou qui pourront se rencontrer, de prétendre tout rapporter à des règles invariables : dans les arts, l'expérience est souvent un meilleur guide que l'observation rigoureuse des principes ; or les résultats pratiques n'ont pas moins de prix à nos yeux que les prescriptions de la théorie.

Les mêmes principes que nous venons d'énoncer sont applicables à la composition des vers latins.

Les citations de vers, pour lesquelles on emploie ordinairement un caractère inférieur à celui du texte, se renfoncent suivant le degré de celui dont on se sert, dans les proportions indiquées, et toujours de manière à se trouver placées vers le milieu de la justification. Cette méthode est impérieusement exigée par le bon goût pour la régularité du coup d'œil, et nous ne saurions la recommander trop instamment.

Les *renfoncements* à peu près arbitraires, et uniquement déterminés par le tact, sont ceux des vers doublés, des signatures, etc.

Cette disposition est d'un fréquent usage dans les tableaux, dans les ouvrages scientifiques, et dans tout travail d'une composition irrégulière. Leur diversité la modifie à l'infini.

SORTIE.

La *sortie* est une licence typographique à laquelle on recourt quand, un vers étant trop long pour être contenu dans la justification, on est obligé de le faire empiéter sur la marge. Lorsqu'on use de cette ressource, il faut le dissimuler le plus possible, et espacer faiblement les mots afin que la ligne dépasse d'autant moins sa limite naturelle. Ce défaut (car c'en est un) a pour but d'en effacer un pire, l'irrégularité qu'un vers doublé donne à l'aspect d'une page.

Quand il se trouve dans une page une ligne à faire sortir, il faut, si l'ouvrage est interligné, placer cette ligne entre deux interlignes de toute sa longueur, et garnir le côté de la page, au-dessus et au-dessous de la *sortie*, de cadrats dont la force de corps soit égale à l'excédant de la justification sortante sur la justification normale.

S'il y a plusieurs sorties dans la même page, il faut prendre pour justification commune la plus grande d'entre elles. Ces précautions sont nécessaires pour que les lignes sortantes ne chevauchent pas à leur extrémité, et ne trahissent pas ainsi une anomalie qu'il est bon de dissimuler.

La garniture dans laquelle se fait la *sortie* doit naturellement être diminuée de la différence qui existe entre les deux justifications.

TABLEAUX.

De tous les genres de composition, les *tableaux* sont ceux qui offrent le plus de variété, et par conséquent le plus de difficultés dans leur confection. Cette dénomination générique comprend tous les ouvrages à colonnes, à filets et à accolades, tels que registres, états, tarifs, prix courants, factures, etc.

La diversité constante de ces sortes de travaux ne nous permet pas d'établir des principes généraux pour leur composition; le nombre des exceptions excèderait infailliblement celui des règles que nous chercherions à établir.

Nous nous contenterons de dire que des ouvrages de cette nature ne doivent être confiés qu'à des ouvriers expérimentés et doués d'un goût sûr. La régularité de la justification, l'observation des proportions indiquées, le choix des caractères, la coupe des filets, la disposition et l'harmonie des différentes parties entre elles, sont les principales qualités à rechercher dans la composition des *tableaux*.

NOMBRES.

Les *nombres* peuvent, ou se figurer en chiffres, ou s'exprimer en toutes lettres. Il est certains cas dans lesquels l'usage décide en faveur de l'une ou de l'autre de ces deux méthodes; mais souvent aussi le choix en est arbitraire, et n'a pour guide que le sentiment de la convenance locale : il nous semble donc impossible de poser sur ce point des règles immuables. Nous nous bornerons à dire, moins à titre de principe que comme un résultat de l'observation et du raisonnement, que, dans un texte, toutes les fois qu'un *nombre* a une valeur plutôt vague et approximative que fixe et déterminée, il est plus convenable de l'exprimer en lettres. Dans le cas opposé, et dans certains ouvrages où les *nombres* reviennent souvent, où ils ont une importance consi-

dérable, et où il y a lieu de les comparer, par exemple
dans les travaux de statistique, il est nécessaire d'employer les chiffres, qui rendent le *nombre* plus apparent
et plus facile à saisir.

DIVISION.

On appelle ainsi la facilité qu'a le compositeur de
couper, à la fin d'une ligne de prose, un mot en deux
parties, et de rejeter la seconde au commencement de
la ligne suivante. Cette faculté toutefois a des bornes,
et nous allons indiquer celles dans lesquelles on doit
la contenir.

D'abord il est de règle qu'on ne coupe pas les syllabes
qui forment dans la prononciation un ensemble indi-
visible.

On ne divise pas un mot de deux syllabes dont la
dernière est muette, à moins de nécessité impérieuse;
encore cet arrangement n'est-il supportable à l'œil que
lorsque la syllabe rejetée a trois ou quatre lettres,
comme dans ces mots : *ai-ment*, *nom-bres*, etc.; à plus
forte raison ne doit-on pas rejeter une syllabe muette,
lorsque le mot divisé est plus que dissyllabique.

On évite de diviser un mot de manière à laisser à la
fin d'une ligne, ou à reporter au commencement de
la suivante, une syllabe formée par une seule lettre.

Lorsqu'un mot composé se divise au point de jonction
de ses parties intégrantes, si la fin de l'une de ces
parties et le commencement de l'autre ne sont pas

fondus dans la même syllabe, la *division* doit isoler les deux mots primitifs.

Par exemple, pour les mots, *constitution*, *inscription*, un compositeur qui ignorerait leur étymologie formerait les divisions ainsi qu'il suit : *cons-titution*, *ins-cription*; il faut, au contraire, les former comme ci-après : *con-stitution*, *in-scription*. Cette règle, qui s'applique à une foule d'autres mots dans la langue française, tient à la nécessité d'indiquer toujours ses racines et ses étymologies dans les productions de l'art typographique, qui tire son mérite le plus solide de la science grammaticale; toutefois elle a ses limites.

Il faut éviter de diviser un mot d'une page à l'autre, surtout depuis la suppression des réclames.

Excepté dans le cas des mots composés, on ne place jamais la *division* entre deux voyelles bien qu'appartenant à deux syllabes différentes, non plus que devant ou après une consonne double, comme le *x*. Deux *divisions* consécutives sont tolérées; mais plus répétées elles choquent la vue, et paraissent abusives, si ce n'est dans les justifications très-restreintes.

La *division* a pour but de faciliter la régularité de l'espacement; mais elle n'en est pas moins une licence. Si l'inégalité des espaces est d'un fâcheux effet dans un livre, la multiplicité des *divisions* n'y est pas vue plus favorablement; il faut, suivant les positions, s'attacher à éviter entre ces deux défauts celui qui serait le plus choquant.

La *division* est généralement figurée par une petite barre horizontale; quelquefois, mais plus rarement, par deux barres placées parallèlement l'une sous l'autre. Cette forme est préférable, en ce qu'elle distingue la *division* du trait d'union, avec lequel elle pourrait être confondue dans certains cas; cependant elle n'a pas prévalu. Il y en a sur plusieurs épaisseurs pour correspondre aux compositions plus ou moins serrées; la plus forte est sur demi-cadratin.

ABRÉVIATIONS.

On se servait autrefois de voyelles affectées d'un signe particulier, au moyen desquelles on retranchait la consonne *m* ou *n* dont ces voyelles pouvaient être suivies. Dans le latin, on représentait la conjonction enclitique *que* par la consonne *q* suivie d'un point-virgule. Ces sortes d'*abréviations*, empruntées aux manuscrits, et dont l'emploi primitif dans la typographie pouvait avoir pour but de faciliter en certains cas l'espacement des lignes, avaient reçu par la suite une application générale; et le temps avait converti en règle absolue ce qui n'avait été originairement que facultatif. Mais cet abus, qui avait le double inconvénient, en défigurant les mots, d'en rendre l'aspect moins agréable et la lecture plus pénible, excita les réclamations du plus grand nombre des lecteurs, dont le sentiment doit toujours l'emporter sur les considérations purement typographiques. Force fut donc aux imprimeurs de revenir de cette coutume peu motivée aux principes naturels dont elle les avait fait dévier, et ils ne purent la maintenir même comme exception. Dès lors ils adoptèrent un système d'*abréviations* plus approprié aux besoins de l'art, et en outre plus intelligible, en se bornant à abréger dans certains textes quelques mots qui s'y reproduisaient fréquemment.

Dans le corps des ouvrages, généralement on doit user avec sobriété de ce privilége; il n'est guère réservé qu'aux ouvrages scientifiques, où certaines répétitions sont inévitables, et où il tempère ce qu'elles ont de fatigant pour l'œil. Les commentaires admettent aussi plus facilement l'emploi des *abréviations;* il y est même essentiel : les noms d'auteurs, les titres et parties d'ouvrages auxquels on renvoie, s'y mettent rarement en entier. Les tables, index, additions marginales, et en général les parties d'un volume autres que son texte proprement dit, en sont également susceptibles.

Ce que nous venons de dire des *abréviations* et de leur application souvent arbitraire démontre l'impossibilité de prescrire des règles particulières à cet égard; nous nous bornerons donc à des observations générales.

Les adverbes numériques *primo*, *secundo*, *tertio*, etc., s'expriment par leur nombre en chiffres arabes suivi d'un *o* supérieur. Ainsi on imprime toujours de cette manière : 1°, 2°, 3°, etc.

Les noms de nombres ordinaux, au lieu de se mettre en toutes lettres, sont souvent abrégés; leur nombre, soit en chiffres romains, soit en chiffres arabes, selon le cas, et suivi d'un *e* supérieur, remplace l'adjectif numérique qui en est formé. Le nom de nombre *premier, première*, en égard à la différence de sa terminaison, s'abrége en 1ᵉʳ, 1ʳᵉ.

Il en est de même pour certains formats de livres dont les noms s'abrégent ainsi : in-f°, in-4°, in-8°.

Les ouvrages de sciences ou d'arts, qui ont leurs *abréviations* particulières, doivent en donner la liste en tête du livre. Tels sont les dictionnaires, pour lesquels principalement cette ressource est précieuse, à cause du grand nombre d'indications identiques qui se représentent à chaque article, et qui, réduisant un mot à une seule lettre ou à une syllabe, ont à la fois l'avantage d'occuper une moindre place et d'accélérer la lecture en simplifiant les signes des idées.

Les mots abrégés par apocope, c'est-à-dire ceux dont on retranche une partie quelconque à la terminaison, doivent être suivis d'un point, comme signe d'*abréviation*, indépendamment des autres signes de ponctuation que la position de ces mots peut exiger après eux. Seulement on ne répète pas le point, si l'un de ces mots se trouve à la fin d'une phrase.

Les mots abrégés par syncope, c'est-à-dire ceux dont on retranche une partie intérieure, et dont la terminaison est indiquée en lettres supérieures, ne prennent pas le point comme les autres. Faute à nous de pouvoir présenter des règles à cet égard, en raison de la grande diversité des mots susceptibles d'être abrégés, nous nous bornerons à dire qu'il faut, autant que possible, conserver le radical du mot, afin qu'il soit toujours reconnaissable, et qu'on ne doit point, à moins d'un besoin absolu, retrancher d'un mot seulement sa syllabe finale.

Nous renonçons également à donner un tableau

général des *abréviations*, travail qui ne pourrait qu'être incomplet ou inexact, à raison des fréquentes modifications qu'il aurait à subir.

PARANGONNAGE.

Cette opération consiste à combiner dans une même ligne plusieurs caractères de différents corps, en les ramenant tous à une force commune par le moyen d'épaisseurs complémentaires. Lorsqu'une ligne comprend deux ou trois sortes de caractères (et il arrive quelquefois qu'il y en entre un plus grand nombre), il est nécessaire, pour la consolider, de les rapporter tous à la plus grande force de corps. Ce travail demande beaucoup de précautions. D'abord il faut que les bouts d'interlignes qu'on emploie comme compléments des caractères plus faibles soient calculés pour qu'on arrive sans la plus légère différence à la force demandée. Ensuite il faut les disposer dans le composteur, tant en dessous qu'en dessus des lettres, de manière que l'œil des caractères parangonnés ensemble soit parfaitement aligné par le bas.

Le *parangonnage* est d'un fréquent usage dans la composition. Les livres de mathématiques sont ceux qui en présentent le plus d'exemples, et dans lesquels on trouve les combinaisons les plus compliquées de lettres, de chiffres et de signes divers.

FRACTIONS.

Les *fractions* peuvent être disposées de deux manières ; en voici l'indication avec leur arrangement dans l'un et dans l'autre cas : la différence consiste dans la direction de la barre, qui peut être *diagonale* ou *horizontale*.

Si la barre est *diagonale*, le numérateur se place en chiffres supérieurs et le dénominateur en chiffres inférieurs. Comme il arrive fort souvent que ces sortes de chiffres manquent dans le caractère avec lequel les *fractions* se trouvent combinées, on y supplée par des chiffres d'un corps plus petit, qu'on parangonne avec des espaces, soit en dessus, soit en dessous, suivant la position. La barre *diagonale* autorise aussi l'emploi pur et simple des chiffres du corps.

Si la barre est *horizontale* (et cet arrangement est préférable à l'autre, comme étant plus clair), il faut nécessairement placer les deux nombres l'un au-dessus de l'autre en les séparant par un filet. Cette barre doit être de la longueur du plus fort nombre, et le plus petit se justifie entre espaces égales. Cette disposition nécessite, comme on voit, des fontes de chiffres plus faibles de corps que les caractères connus ; mais, malgré les avantages qu'elle peut présenter, elle ne saurait être applicable aux caractères inférieurs au Sept. En effet, deux chiffres de Trois (et on ne peut pas en fondre sur un moindre corps) font six points ; le filet qui les sépare en porte un ; ce qui donne sept points pour la totalité des éléments de ce parangonnage.

PAQUET.

On appelle *paquet* un nombre déterminé de lignes composées, liées provisoirement, et remises par les compositeurs à leur metteur en pages, pour qu'il y joigne les lignes de tête et de pied, les titres, filets, notes, et généralement tous les détails de l'ouvrage. Le *paquet* porte le nombre de lignes contenu dans une page pleine, moins les lignes de tête et de pied.

On donne également ce nom aux pages de distribution qui, sortant d'un ouvrage, sont désinterlignées, liées et mises à la réserve.

Les *paquetiers* sont les compositeurs qui ne font que des *paquets* ; on les nomme ainsi pour les distinguer des metteurs en pages ; ceux-ci ont à composer toutes les parties accessoires qui peuvent se rencontrer dans une feuille et à remplir les différentes fonctions qui précèdent le tirage.

VIGNETTE.

On comprend sous ce nom générique les cadres, fleurons, culs-de-lampe, ou autres accessoires qui ne servent qu'à l'embellissement d'un livre. Autrefois l'usage des *vignettes* était beaucoup plus répandu que de nos jours. Presque tous les livres, quel qu'en fût

le sujet, portaient sur leur frontispice et en tête de
leurs parties principales, des ornements emblématiques.
Des dessins en festons, de toute la longueur des lignes,
traversaient fréquemment les pages, et couronnaient
les titres qui marquaient les divisions du livre. Quant
au fleuron placé sur le frontispice, cette habitude venait
de ce qu'alors les libraires et les imprimeurs prenaient
une enseigne et quelquefois une devise, et que l'un
ou l'autre, en revêtant le livre de cette marque, lui
donnait un caractère de propriété qui pouvait en rendre
la contrefaçon plus difficile. Maintenant ils y placent
simplement leur chiffre ou initiales entrelacées; encore
tous ne le font-ils pas.

Il arrive parfois qu'à la fin des différentes pièces
contenues dans un livre on met quelques ornements de
ce genre. Il y a plus d'un écueil à éviter pour savoir les
rendre agréables. On doit d'abord apporter un discernement attentif dans le choix qu'on a à en faire, et
s'attacher autant que possible à ce que les sujets qu'ils
représentent soient toujours appropriés à la matière qui
les précède. Si cela ne peut se faire, par une raison
quelconque, il vaut mieux dans ce cas employer des
vignettes insignifiantes, telles que des rosaces, des ara-
besques, ou autres dessins empruntés à l'architecture,
et qui, si elles n'ont pas le mérite de cette conformité
avec le sujet, n'ont pas du moins l'inconvénient de la
discordance. Il faut aussi prendre le soin de proportionner la dimension des *vignettes* à l'espace qui doit
les recevoir. On les place au milieu de la justification,
et on laisse un peu moins de blanc en tête qu'en pied.

Tous les ouvrages ne sont pas également propres à admettre des ornements; il y en a même un grand nombre dont le genre grave et sévère exclut ces frivolités, qui y produiraient une disparate choquante. Dans tous les cas, et en supposant qu'ils ne soient pas inopportuns, il faut en user sobrement, et n'employer que ceux qui puissent satisfaire les yeux sous le double rapport de leur dessin et de leur gravure.

L'usage des ornements est du reste une chose tout à fait arbitraire, et à l'égard de laquelle on ne peut établir aucune règle positive. C'est aux compositeurs, ou aux chefs qui les dirigent dans leurs travaux, de faire, relativement à leur placement, tel choix ou telle combinaison qu'ils jugeront susceptible de plaire par une originalité exempte de bizarrerie ou par une simplicité empreinte de bon goût.

Il existe un genre de *vignettes* composé de dessins continus et qui servent d'encadrements. Elles sont fondues sur toutes sortes de corps, depuis le Six jusqu'au Cent, et même au delà.

FLEURON.

Parmi les différents genres de vignettes dont nous venons de parler, il en est un qui mérite une mention spéciale à cause du discernement qu'il exige dans son emploi.

Les *fleurons* sont des ornements gravés, soit sur acier, soit sur cuivre, soit sur buis, ou, ce qui est plus fréquent encore, clichés ou polytypés en fonte, et montés sur matière ou sur bois.

Ils ne sont pas fondus sur des forces de corps régulières ; on les justifie avec différentes épaisseurs de cadrats et d'interlignes.

Les *fleurons* qu'on emploie dans un livre doivent être en rapport avec son format, comme avec le blanc dans lequel ils sont placés.

CUL-DE-LAMPE.

On donnait autrefois ce nom à certains ornements dont la forme se terminait en pointe, et qu'on plaçait à la fin des volumes ou de certaines divisions du livre.

Il arrivait même quelquefois qu'on faisait prendre cette forme aux dernières lignes de la matière. Le goût, en s'épurant, a fait justice de cet usage bizarre ; et le *cul-de-lampe*, ou tout autre arrangement analogue, est maintenant un défaut qu'on évite avec soin, et auquel on remédie autant qu'on peut le faire. Il n'est admis que pour le bas du frontispice, qu'il termine assez convenablement.

ILLUSTRATIONS.

Ce mot, qui représente un usage assez récemment introduit dans la typographie, a besoin d'être défini. En matière de science et d'érudition, on appelle ainsi des explications, des éclaircissements, des commentaires ajoutés à un ouvrage pour l'intelligence de son texte. En donnant à ce mot un sens artistique, on l'a appliqué à ces compositions, généralement dessinées et gravées sur bois, qui s'intercalent dans un texte pour en interpréter certains passages en retraçant l'action qui s'y trouve indiquée.

Nous n'avons guère à nous occuper ici des *illustrations*, qui ne sont astreintes à aucune règle fixe, et pour la disposition desquelles il s'élève de fréquentes difficultés qui se résolvent suivant l'occurrence. Les bois, cuivres ou clichés, qui servent à illustrer un volume se placent soit dans la justification au milieu ou à côté du texte, soit isolément et en ligne perdue. C'est toujours par voie de parangonnage qu'on procède à la fixation des *illustrations*, qui n'ont aucune force de corps régulière. Nous y reviendrons dans la partie de ce livre qui traite du tirage, et où elles trouveront une mention spéciale.

Le compositeur chargé d'une mise en pages à *illustrations* doit avoir soin de mettre ces bois d'équerre et de hauteur, en se servant de hausses pour les relever, ou de la râpe pour les baisser ou les réduire.

FILETS.

Il faut distinguer deux sortes de *filets* : les uns, qui servent principalement à la confection des tableaux, à la séparation des colonnes, à l'encadrement, etc.; les autres, dont le but est d'isoler différents titres consécutifs, de séparer un titre de la matière qui le suit, ou d'indiquer une fin. La forme et l'objet de ces deux espèces de *filets*, qui n'ont guère de commun que le nom, diffèrent assez pour motiver la distinction que nous en faisons ici.

Dans la première catégorie nous placerons tous les *filets* qui se fondent par lames, lesquelles se coupent à volonté. Ce sont les *filets* maigre, demi-gras, gras, double-maigre ou gouttière, gras-maigre, triple, azuré, etc.

Le *maigre* est celui de tous qu'on emploie le plus fréquemment. Dans les tableaux il sert à séparer les colonnes dont les têtes conservent entre elles une affinité évidente, telles que celle des francs et celle des centimes, celle des mois et celle des jours, etc. Il sert encore quelquefois à séparer les notes du texte, et dans une foule d'autres cas particuliers qu'il serait trop long d'énumérer.

Le *demi-gras* et le *gras* s'emploient dans les tableaux pour marquer des séparations plus ou moins fortes, ou comme encadrement.

Le *double-maigre* sert au même usage que les deux précédents; c'est un degré de plus dans la progression. On s'en sert aussi comme de *filet* régnant au-dessus des titres de matière, ou comme d'encadrement pour les ouvrages légers et les tableaux de petite dimension.

Le *gras-maigre* est celui qui sert le plus généralement à l'encadrement des tableaux.

Le *filet triple* se compose d'un gras entre deux maigres. Il sert comme montant, et pour marquer des parties de tableau qui doivent être distinctes.

Ces différents *filets* sont fondus sur les forces de corps

de trois, quatre, cinq ou six points, suivant leur destination.

Les *filets* maigres se fondent aussi sur deux points et
même sur un au besoin ; les *filets* de cadre vont jusqu'au
corps Douze et quelquefois au-dessus.

Les *filets azurés* servent à l'impression des papiers-
valeurs dans lesquels il y a des sommes à inscrire, tels
que les actions, obligations, billets à ordre, lettres de
change, mandats, etc. Ils se fondent sur divers corps,
depuis le Neuf jusqu'au Vingt-quatre.

Pour avoir des *filets* maigres d'un œil très-fin, on
fait filtrer des lames de cuivre. Ce métal ayant plus
de consistance que l'alliage qui sert à la fonte des
caractères, l'œil du *filet* résiste bien mieux à l'action
de la presse.

L'autre espèce de *filets* comprend tous ceux qui se
fondent d'une seule pièce, et servent de séparations
dans les titres ou dans la matière, et qui marquent
les fins de chapitres ou autres divisions d'un ouvrage.
Ce sont les *filets anglais*, *ombrés* et *ornés*, dont la diversité de dessin est infinie. Ces *filets* sont fondus d'après
une échelle progressive, de même que les accolades.
Les *filets* ombrés et ornés doivent être tournés de
manière que le jour se trouve à la partie supérieure ;
du reste, le fondeur place le cran en conséquence.
Ces *filets* sont le plus généralement fondus sur Six ;
ils se justifient avec les espaces et les cadrats de ce
corps, et dans le milieu de la ligne.

Les *filets tremblés* sont des espèces de festons très-
serrés qui se mettent en tête des principales divisions

d'un livre. Ils sont fondus assez ordinairement sur corps Six, et par pièces de trois demi-cadratins, qui ne laissent apercevoir entre elles aucune solution de continuité. Ils ont passé de mode, et ont été remplacés par les perles.

PERLES.

Les *perles* sont de petites vignettes qui ont entre autres emplois celui des filets tremblés, comme lignes régnantes. Leur variété n'a pas de limites, et il en existe sur différentes forces de corps, depuis le Cinq jusqu'au Neuf. Elles tiennent lieu quelquefois de filets ornés. Elles entrent aussi dans la composition des cadres de couvertures.

CHAPITRE VI

DES USTENSILES QUI SERVENT A LA COMPOSITION

COMPOSTEUR.

Le *composteur* est un instrument dans lequel on place les lettres pour en former des lignes. Comme la longueur de ces lignes, ou justification, est dans la plupart des cas déterminée par des interlignes, on se sert de ces interlignes pour justifier le *composteur*, opération qui sera facile à concevoir quand on connaîtra le mécanisme et la structure très-simples de cet instrument.

Le métal qui sert à sa fabrication est le fer ou le cuivre, mais plus ordinairement le premier des deux, dont l'oxyde est moins malfaisant. Il est composé : de deux pièces soudées en équerre et égales en longueur; d'une troisième placée à l'une des extrémités des deux premières, formant angle droit avec chacune d'elles, et qu'on nomme le *talon*; d'une pièce mobile, appelée *languette*, parallèle à celle-ci; et d'une vis avec son écrou, servant à fixer la languette lorsqu'on justifie le *composteur*. L'une des deux premières pièces, celle sur laquelle porte le cran de la lettre, et qui par conséquent est parallèle à la hauteur et perpendiculaire à la force de corps, est percée, à certaines distances, de trous destinés à recevoir la vis qui règle la marche de la languette. La hauteur de cette pièce est presque toujours la même, parce que celle des caractères n'est susceptible que de très-légères variations : elle est d'environ deux centimètres. L'autre pièce, celle qui est perpendiculaire à la hauteur de la lettre, et conséquemment parallèle à sa force de corps, est plus ou moins haute, au choix des compositeurs, et suivant le nombre de lignes qu'ils laissent habituellement dans leur *composteur*. La languette offre, à l'une de ses extrémités, une surface plane égale au talon, qui lui est parallèle ; elle est entaillée dans sa longueur, et forme une coulisse au milieu de laquelle passe la vis, après avoir traversé la pièce de dessous. La tête de la vis est en dessus ou en dessous ; son autre extrémité est retenue par un écrou.

Toutes les parties du *composteur* doivent être parfaitement dressées, afin que les lettres y soient placées bien carrément, ce qui est la base d'une bonne justification. En le justifiant, on doit s'attacher à ne prendre la mesure ni juste ni trop large, et à laisser seulement assez de jeu pour que l'interligne entre et sorte sans difficulté.

Dans la composition des placards et autres ouvrages à grandes justifications, on se sert de *composteurs* en bois, comme étant plus légers. Toutefois ces *composteurs* sont revêtus dans l'intérieur de lames de métal, qui leur donnent de la solidité et de la justesse.

On se sert aussi, pour corriger sur le marbre, de

composteurs de cette espèce, mais qui ne sont autre chose que des morceaux de bois entaillés de manière à recevoir les lettres de la correction et celles qui sortent de la forme. Ils sont du même genre que ceux qui servent à l'apprêt dans les fonderies.

Le nom de cet instrument est le signe distinctif du travail du compositeur.

CHASSIS, RAMETTES.

Le *châssis* est un cadre dans lequel on impose les pages, lorsque, étant réunies au nombre voulu par leur format, séparées par les garnitures et entourées de réglettes et de biseaux, elles composent une forme. C'est lui qui, à l'aide des coins, maintient tout cet assemblage, au point qu'il ne fait plus qu'un corps, et acquiert la mobilité nécessaire aux différentes fonctions de l'imprimerie. C'est un rectangle formé par quatre bandes de fer, pareilles dans leur largeur et dans leur épaisseur, et coupé par une cinquième bande de la même hauteur que les autres, mais plus étroite, qui le sépare en deux parties égales. Cette cinquième bande s'appelle la *barre* du *châssis;* et les séparations qu'elle opère, les *côtés* du *châssis.* On verra que la barre traverse le *châssis*, tantôt dans sa hauteur (1), tantôt dans sa

---

(1) Pour prévenir toute espèce de doute ou d'erreur sur les dimensions du *châssis* et la position de la *barre,* nous dirons qu'on entend par *hauteur* la distance des deux bandes qui sont, l'une la plus rapprochée, l'autre la plus éloignée de la personne qui impose; et par *largeur,* la distance des deux bandes latérales.

largeur, suivant le genre de format auquel le *châssis* est destiné.

Il y a deux sortes principales de *châssis* : les *châssis* vulgairement appelés *in-quarto*, et les *châssis in-douze*.

Les *châssis* in-quarto ont la barre perpendiculaire au sommet et à la base, et parallèle aux deux bandes latérales, dont elle est également distante. Ils servent pour l'imposition des in-folio, des in-quarto, des in-octavo, des in-seize, des in-vingt-quatre, des in-trente-deux, des in-trente-six, etc. Les *châssis* in-douze, spécialement en usage pour ce format, sont traversés par la barre dans le milieu de leur sens le plus long.

Les premiers sont presque carrés : il n'y a guère plus de trois centimètres de différence d'une dimension à l'autre dans les *châssis* de grandeur ordinaire ; l'excédant existe dans la largeur. Les seconds sont plus allongés dans le sens de la barre, où ils ont environ un quart de plus que dans la hauteur. Ces dimensions sont les plus généralement admises ; mais il arrive très-souvent que certains formats spéciaux exigent des *châssis* en dehors des proportions usitées.

Il existe une troisième espèce de *châssis*, appelés *hollandais*, qui servent, comme les seconds, à l'imposition de l'in-douze. Leur forme est à peu près celle des *châssis* in-quarto ; ils ne diffèrent que par la position de la barre, qui, au lieu de les partager dans leur largeur en deux côtés égaux, les coupe aux deux tiers de leur hauteur en partant du bas.

La barre de ce *châssis*, ainsi que celle du *châssis* in-quarto, porte deux crémures, c'est-à-dire deux entailles de six à huit centimètres d'étendue chacune, pour recevoir les pointures. Dans le *châssis* in-douze les crénures sont inutiles, attendu que les pointures tombent sur le bord des têtières du petit cahier.

Il y a encore une autre espèce de *châssis*, qu'on appelle *ramette*, et qui diffère des autres en ce qu'elle n'a que le cadre sans la barre. Elle sert pour tous les ouvrages de format atlantique, quelles que soient d'ailleurs la dimension du papier et celle de la forme à imprimer. Elle est aussi d'un usage très-fréquent dans cette partie importante et variée de la typographie connue sous la dénomination générique d'ouvrages de ville, comme pour les placards, les tableaux, les cartes, etc. Quelquefois les barres des *châssis* sont mobiles, et ne tiennent aux bandes qu'au moyen de mortaises en queue d'aronde; en enlevant les barres de ces *châssis*, on en fait des *ramettes*.

Parmi les *châssis* in-quarto, il y en a de toutes les grandeurs; et leurs dimensions suivent ordinairement celles des formats de papiers.

Les *châssis* in-douze varient aussi du carré au grand-raisin et au jésus.

Il y a des *ramettes* de toutes les formes et de toutes les proportions, parce que leur emploi est beaucoup plus vague et moins déterminé que celui des *châssis*, généralement destinés aux labeurs. On en voit de très-longues et très-étroites qui servent à des têtes de registres; d'autres à bandes très-larges et très-épaisses, notamment pour l'imposition des placards ou d'autres compositions massives et compactes et qui exigent une solidité et une résistance particulières ; d'autres au contraire, extrêmement restreintes dans leurs proportions, qui quelquefois n'atteignent pas celles d'une page in-octavo. D'ailleurs, comme elles se placent dans tous les sens sur le marbre de la presse, et qu'elles peuvent occuper toutes les positions requises par la diversité des formes, l'explication des diverses dimensions du *châssis*, donnée plus haut, ne les concerne pas.

Voici les principales conditions qui constituent la bonne confection d'un *châssis*.

1° La largeur des bandes doit être proportionnée aux dimensions du *châssis*. Son épaisseur doit être d'un centimètre environ.

2° La barre doit être moins large d'un quart environ que les bandes, et de la même épaisseur. Elle doit entrer avec force dans celles où elle est enclavée et y être adaptée solidement, pour que la forme ne coure pas le risque de céder quand on l'enlève de dessus le marbre ; il faut aussi qu'elle soit bien exactement perpendiculaire à l'une et à l'autre. Ses crénures doivent être profondes et bien évidées, pour donner libre passage à l'ardillon de la pointure. Il est important qu'elle soit d'une force bien égale dans toute son étendue, et calibrée avec précision, pour que les pages ne chevauchent pas et que le registre ne puisse pas varier ; les barres des *châssis*, pour les mêmes formats, devraient être toutes du même calibre.

3° Les bandes du *châssis* doivent être bien dressées, afin qu'il porte d'aplomb sur la presse, unies en dedans, et surtout d'équerre aux angles ; leurs coins extérieurs légèrement arrondis et terminés en biseau, pour qu'ils soient plus faciles à transporter et qu'ils se fixent sur le marbre sans difficulté.

Les *châssis* doivent être appareillés, et marqués d'un signe particulier qui les fasse reconnaître, par exemple d'un numéro, au moyen duquel on puisse facilement les assortir.

GARNITURES.

Les *garnitures* forment les intervalles qui séparent les pages dans une forme, et représentent les marges du papier. Elles varient quant à l'épaisseur et à la longueur, eu égard à la diversité des formats.

On se servait autrefois (et aujourd'hui même on s'en sert encore dans un certain nombre d'imprimeries) de bois pour établir les *garnitures*. Cette méthode était sujette à une foule d'inconvénients, dont il suffira d'indiquer les plus graves. Ces bois étaient très-rarement assez bien calibrés pour que les intervalles fussent identiques; et, au moment du tirage, il était difficile d'obtenir un registre parfait. Après le lavage de la forme, s'il arrivait qu'elle restât plusieurs jours imposée, les bois se resserraient en se séchant, d'où il résultait de fréquents accidents, déterminés surtout par la chaleur. Les bois, une fois coupés pour un ouvrage, étaient rarement employés à d'autres, pour lesquels il fallait les renouveler.

L'opinion générale des imprimeurs sur l'imperfection de ce système engagea les fondeurs à s'approprier cette partie du matériel typographique. Voici le résultat sommaire de l'innovation qui y fut introduite.

Une double échelle de proportion fut établie, applicable à l'épaisseur et à la longueur de ces plombs. On prit pour cela une mesure commune qui servit d'unité, par exemple le Cicéro.

Il existe dans un même système plusieurs épaisseurs, qui sont toutes des multiples de l'unité primitive, et qui du reste se modifient à l'aide de lingots ou d'interlignes. Quant aux longueurs, on les forme par la combinaison de différents numéros.

Les *garnitures* ne varient pas seulement suivant les formats, mais encore, dans le même format, suivant la justification. Leur emploi est la partie sans contredit la plus importante de l'imposition et celle qui exige le plus d'attention, puisqu'elles déterminent les marges d'une feuille, ce qui influe essentiellement sur l'aspect agréable ou disgracieux d'un livre. Il est presque impossible de présenter à cet égard un corps de principes très-complet ; mais nous pouvons indiquer, comme les plus générales et les moins susceptibles d'exceptions, les règles qui suivent.

1° Les *garnitures* de tête et de fond étant invariables et indépendantes de la distribution plus ou moins égale des marges extérieures qui a lieu au tirage, et les feuilles n'ayant jamais à être ébarbées dans ces parties-là, ces blancs sont ordinairement moindres d'un tiers que ceux du dehors qui leur correspondent.

2° Les blancs dans lesquels il y a coupure lorsqu'on plie les feuilles doivent être un peu élargis relativement aux autres, parce que cette opération peut amoindrir les marges; cependant ils doivent rester un peu moins larges que les bords de la feuille, qui sont passibles des inégalités du papier et du placement irrégulier de la feuille sur le tympan de la presse ou sur le cylindre de la mécanique. Cet excédant du côté des fausses marges doit équivaloir à la partie enlevée par l'ébarbage.

3° Les *garnitures* d'un labeur ne peuvent être invariablement établies que sur une feuille prise dans le papier qui doit être employé à son tirage. Il y a souvent dans les papiers du même format des différences de dimensions plus ou moins sensibles, mais telles qu'elles apportent certaines modifications à la distribution des blancs.

4° Dans les impositions qui comportent des coupures faites à des endroits où le blanc n'est pas également partagé, toutes les fois qu'on n'est pas guidé par les trous des pointures, comme on l'est dans l'in-douze, il était naguère d'usage d'indiquer par des filets les endroits où le plioir devait passer. Ainsi, dans l'in-dix-huit, on en mettait en tête de chacun des cartons intercalaires.

Les *garnitures* des deux formes d'une même feuille doivent toujours être parfaitement identiques, pour que le registre puisse être exact. Cette conformité doit exister également pour toutes celles du même labeur; la première, une fois établie et arrêtée, doit servir de modèle à toutes les autres.

Les *garnitures* fondues suivant les divers systèmes

actuels sont percées à de certaines distances longitudinales, et reçoivent des supports, soit en fonte, soit en liége, qui, au tirage, garantissent d'un foulage excessif les extrémités des lignes, et maintiennent sur l'ensemble de la forme une pression régulière.

BOIS.

On appelle *bois* en général les biseaux et les réglettes qui entrent dans la forme, ainsi que les garnitures lorsqu'elles ne sont pas en fonte.

Les *bois* ont deux centimètres environ de hauteur. Quelquefois on se sert de biseaux et de réglettes qui sont de la même hauteur que la lettre. C'est de préférence le chêne qu'on emploie pour confectionner les *bois*; il faut qu'il soit vieux, parce qu'il est alors moins susceptible de se déjeter; il doit être équarri avec soin et calibré.

BISEAUX.

Les *biseaux* sont des bois dont le nom indique la conformation, et qui entourent les caractères d'une forme sur trois parties du châssis, le bas et les deux côtés. Il entre quatre *biseaux* dans la garniture d'une forme pleine, savoir, deux grands (un sur chaque ligne latérale), et deux petits dont la tête est à la barre du châssis et qui aboutissent perpendiculairement à chacun des grands *biseaux*. Pour les impositions qui se font

dans des ramettes, deux *biseaux* peuvent suffire, quelquefois même un seul.

Les *biseaux* sont droits dans un sens, et dans l'autre taillés en biais pour recevoir les coins, qui se placent entre eux et la bande du châssis. Leur épaisseur est indéterminée; elle ne doit pas être uniformément la même, parce qu'il arrive que différentes impositions exigent des *biseaux* de forces opposées. La seule condition importante, dans tous les cas, c'est que la pente n'en soit pas trop roide, mais au contraire adoucie le plus possible. Il y a des *biseaux* d'une couche, c'est-à-dire propres seulement à l'un des deux côtés d'une forme, et d'autres des deux couches, qui conviennent également à l'un et à l'autre sens.

Les *biseaux* sont généralement de la hauteur des garnitures; mais, comme nous l'avons dit, on en emploie, dans certains cas, qui approchent de celle du caractère et qui font support pour les bords de la forme; ceux-là doivent être couverts par la frisquette, ils ne peuvent donc servir qu'aux presses manuelles.

Il est très-important que les *biseaux* soient dressés avec soin, afin que la forme soit bien serrée. Pour assurer sa solidité, il est également nécessaire que le bois des *biseaux* soit de bonne qualité.

RÉGLETTES.

Les *réglettes* sont des morceaux de bois équarris sur tous les sens, et dont la largeur est prise sur des épaisseurs typographiques. Les plus minces sont sur quatre points, et elles suivent une progression croissante jusqu'à trente-six points environ. Lorsqu'elles passent ce calibre, elles s'appellent des bois. Leur longueur est indéterminée, parce qu'on les scie suivant le besoin. Leur hauteur doit être la même que celle des cadrats et des espaces. On en fait quelquefois de la hauteur de la lettre, et elles servent de supports.

Les *réglettes* sont d'un emploi très-fréquent dans la formation des garnitures. Il est nécessaire qu'elles soient parfaitement dressées, et du bois le moins susceptible de travailler ou de se gonfler à l'eau.

On se sert beaucoup aujourd'hui de *réglettes* en fonte, ou lingots, ce qui est incontestablement préférable.

COINS.

Ce sont de petits morceaux de bois taillés en biseau, et de différentes largeurs. Placés entre le biseau et la bande du châssis, ils servent à serrer la forme. On emploie aussi des *coins* pour l'arrêter sur le marbre de la presse; dans ce cas, on les met entre le châssis et les cornières.

RANG.

Le *rang* est une table en forme de pupitre, garnie d'un épais rebord le long de sa partie inférieure, et soutenue à ses deux extrémités par un tréteau. C'est sur cet échafaudage que la casse est montée. On dispose au-dessous du pupitre une ou plusieurs tablettes sur lesquelles on place les paquets de composition ou de distribution, les pages préparées pour l'imposition, et généralement tout ce qui est à l'usage du compositeur. Ces tablettes règnent d'un tréteau à l'autre. Il y a des *rangs* de deux et de plusieurs casses ; ils sont soutenus par des tréteaux intermédiaires.

La table et les tréteaux d'un *rang* étant destinés à supporter des poids souvent considérables, le bois de chêne est celui qui convient le mieux à leur construction. Les tablettes peuvent être en sapin ou en bois blanc.

GALÉE.

La *galée* est une planche de forme rectangulaire, garnie en dessus d'un tasseau qui règne dans toute la longueur des deux côtés formant l'angle inférieur de la droite, et en dessous de deux chevilles placées à des angles correspondants, et qui servent à la fixer. Elle a pour objet de recevoir les lignes qui sortent du composteur, jusqu'à ce qu'elles soient en nombre suffisant pour faire une page. Les deux tasseaux placés en angle droit servent d'appuis aux lignes qu'on dépose dans la *galée*.

Son épaisseur est proportionnée à la masse des caractères qu'elle doit contenir : elle varie de deux à quatre centimètres. Quant à sa longueur, qui éprouve des variations plus notables, elle est déterminée ordinairement par le format des pages à l'usage desquelles elle est destinée.

La *galée*, telle que nous venons de la décrire, est celle dont l'emploi est le plus général. Elle sert dans tous les petits formats et jusqu'à l'in-octavo inclusivement, parce que dans tous ces cas on peut facilement enlever la page avec les deux mains pour la transporter ailleurs. Mais celles dont on se sert pour les compositions in-quarto et in-folio sont d'une construction différente ; et voici ce qui les distingue des autres, outre la supériorité de leur dimension.

Un troisième côté de la *galée*, celui qui concourt à former l'angle supérieur de la droite, est bordé d'un tasseau semblable à celui des deux autres ; en sorte qu'il ne reste qu'un côté découvert. La partie qui forme le corps de la *galée* est à double fond : elle se compose de deux planches, dont l'une est fixe ; l'autre, celle de dessus, en forme de tiroir, entre et sort au moyen de rainures pratiquées sous les tasseaux et d'une poignée attenante au côté ouvert. À l'aide de cette seconde planche, qu'on nomme *coulisse*, on enlève facilement la page que les deux mains du compositeur ne pourraient contenir, et on la glisse rapidement sur le porte-page, ou sur le marbre si l'on doit l'imposer aussitôt.

On place sa *galée* dans un sens diagonal, sur la partie droite du haut de casse, qui est d'un usage beaucoup moins fréquent que le reste, et l'on a soin de l'arrêter solidement en l'accrochant aux cassetins par les chevilles, et de lui donner une position telle, que les lignes ne soient pas exposées à tomber.

Les *galées* exigent un grand soin dans leur confection. Elles doivent être dressées avec une extrême précision, surtout aux angles des tasseaux, où l'équerre doit être d'une justesse parfaite. Sans cette condition, le compositeur, qui repasse souvent dans la *galée* la justification de ses lignes, pourrait être trompé par l'inégalité du coin et des côtés; il se livrerait à un travail dont il reconnaîtrait ensuite l'inutilité, et se verrait plus tard obligé de rétablir les choses dans leur premier état. Il est aussi très-important qu'on emploie à leur fabrication un bois qui ne soit pas de nature à se fendre ou à se courber, en un mot qui soit le moins possible sujet à travailler. Les bords de la *galée* n'ayant d'autre objet que de maintenir les lignes, il n'est pas nécessaire qu'ils aient plus d'un centimètre de hauteur; et même l'excédant serait nuisible, il empêcherait l'ouvrier de manier librement, ou de reprendre à sa volonté, les lignes qu'il a placées dans la *galée*.

Il y a une autre espèce de *galée*, qui consiste simplement dans une planche à rebords placée en pente, et plus ou moins longue et large, suivant que le permet l'emplacement qui y est destiné. Elle sert aux metteurs en pages, qui ont des parties de composition à conserver, telles que les lignes de pied, titres courants, pages blanches, etc., qui peuvent redevenir nécessaires dans le cours de l'ouvrage. Ces *galées* servent aussi à recevoir les gros caractères et les lettres de deux points, qui, plus faciles à endommager à cause de leurs jambages fins, se détériorent promptement dans des casses ou dans des casseaux. A cet effet, on établit, au moyen de réglettes minces, des séparations verticales dont l'intervalle est mesuré sur la force de corps des

lettres : on place dans chacun de ces cassetins les différentes sortes par ordre alphabétique, en mettant l'œil
en dehors : elles se trouvent ainsi préservées du contact
des autres lettres.

COULISSE.

La *coulisse* est une petite planche très-plate au moyen
de laquelle on fait couler sur le marbre une page trop
grande pour qu'on puisse, au moins sans danger, l'enlever avec les doigts. Les *coulisses* s'enchâssent dans
des galées construites à cet effet.

On se sert aussi de *coulisses* isolées pour placer dans
des rayons des compositions que l'on conserve, lorsque
leur dimension ne permet pas qu'on les pose sur des
porte-pages.

TAQUOIR.

Le *taquoir* est un petit morceau de bois, de forme
rectangulaire, long de dix-huit centimètres sur douze
de large, et de quatre centimètres d'épaisseur. On se
sert de cet instrument pour niveler toutes les lettres,
et abaisser celles qui ne porteraient pas sur le marbre.

Voici de quelle manière on se sert du *taquoir*. On le
tient de la main gauche, et l'on frappe légèrement dessus
avec un marteau qu'on tient de la droite. On promène
ainsi le *taquoir* sur chaque page successivement, et
même on répète cette opération, afin que les lettres
qui n'auraient été qu'ébranlées la première fois soient

entièrement abaissées à la seconde, et retombent au niveau commun.

Il y a différentes circonstances où il est nécessaire de taquer les formes. En imposant ; on procède à cette opération lorsque les pages sont déliées et que, sans être serrées, elles sont seulement contenues par les coins, en laissant assez de jeu entre toutes les lettres pour qu'elles cèdent facilement au mouvement du *taquoir*, parce que la moindre résistance pourrait écraser l'œil de la lettre ou endommager ses parties fines. On renouvelle cette opération toutes les fois qu'on est obligé de desserrer les formes pour corriger les épreuves. Lorsqu'on met la forme sous presse, on doit la taquer après l'avoir desserrée, et ensuite lorsqu'elle est resserrée. Dans ce dernier cas, il faut y apporter encore plus de précaution, parce que la lettre cède plus difficilement, et qu'une pression un peu forte suffirait pour la gâter tout à fait. Cette opération a une grande utilité au tirage ; une forme mal taquée offre toujours des aspérités qui font que certaines lettres plongent dans le papier plus profondément que les autres, et que celles qui sont à côté deviennent d'autant moins visibles.

Les ouvriers soigneux s'attachent à tenir leur *taquoir* constamment propre, afin qu'aucune ordure ne pénètre dans l'œil de la lettre ; on le garnit même quelquefois de papier, ce qui ménage encore plus le caractère. On doit avoir soin de réparer ou de renouveler cet ustensile dès que sa surface commence à présenter des inégalités.

Le *taquoir* est fait avec deux couches différentes :

l'une en bois blanc, pour la surface qui porte sur la lettre; l'autre en bois dur, pour résister aux coups du marteau.

DÉCOGNOIR.

Le *décognoir* est un morceau de buis d'environ quinze centimètres, plus gros par un bout que par l'autre, servant à chasser les coins pour serrer ou desserrer les formes. Il ne doit pas être trop mince par le bas, ce qui le fait fendre en deux dès qu'on commence à s'en servir, ni d'un buis tendre qui s'émousse promptement et forme un bourrelet, ce qui nuit beaucoup à son usage. En un mot, on doit s'attacher à ce qu'il soit bien confectionné, de manière qu'il puisse tenir contre le double choc du marteau qui frappe et du coin qui résiste.

MARBRE.

En termes de composition, c'est la table sur laquelle on impose et l'on corrige les formes. Voici quelle est sa construction.

Le *marbre* se compose d'un pied en bois de chêne, très-solide, et généralement muni de plusieurs tiroirs destinés à recevoir les bois nécessaires à l'imposition. Le pied supporte une pierre très-dure, très-unie, et enduite d'un certain vernis. Cette pierre est le *marbre* proprement dit. Quelquefois il est en fonte de fer, ce qui est plus coûteux, mais bien préférable.

Un *marbre* ordinaire doit porter deux formes jésus.

Il y en a qui en portent trois, et même jusqu'à quatre. Beaucoup aussi ne sont que d'une forme; cette dimension est suffisante pour les ouvrages de ville; souvent même on s'en contente pour les labeurs; et, comme les *marbres* sont généralement difficiles à placer, tant pour l'espace qu'ils occupent que pour le jour qu'ils demandent, cette réduction est utile dans beaucoup d'occasions.

AIS.

Les *ais* sont des assemblages de planches en bois de sapin, soutenus en dessous par deux traverses en chêne. Ils sont d'un usage très-fréquent dans l'imprimerie. On desserre dessus les formes mises en distribution, ou bien l'on y dépose, avec leurs châssis et leurs garnitures, celles qu'on veut conserver.

CASSEAU.

Le *casseau* est la réserve d'un caractère, dans lequel on survide le trop-plein des casses ou les sortes excédantes d'une fonte neuve. Sa forme habituelle est celle d'un tiroir à compartiments, et il doit être distribué comme la casse, pour l'ordre et la facilité des recherches; seulement il se divise en un nombre plus ou moins grand de tiroirs, suivant la capacité que la force du caractère exige dans les casselins.

Il faut éviter de mettre en *casseau* les gros caractères, qui, étant entassés, se gâtent plus facilement que les autres; les lettres de deux points s'y détériorent aussi très-promptement par le contact. Celles-ci doivent être placées, comme nous l'avons déjà dit, dans des galées fabriquées pour cet usage. Les vignettes, fleurons et autres ornements sont habituellement serrés dans des *casseaux* dont la profondeur a pour mesure la hauteur de la lettre, afin qu'on ne place rien par-dessus, ce qui pourrait les endommager.

Lorsqu'on doit renouveler une fonte, on commence par examiner l'état du *casseau*, afin de régler la police nouvelle d'après l'abondance ou la rareté des sortes qui restent en réserve.

On appelle aussi *casseaux* les deux parties de la casse ordinaire, le haut et le bas.

VISORIUM.

Le *visorium* est un instrument qui sert à tenir la copie sous les yeux du compositeur. Il consiste en un petit morceau de bois plat sur lequel on place les feuillets, et dont la partie inférieure, plus saillante, a pour effet de les arrêter; et en un *mordant*, ou pince en bois qui les retient par le haut, et qu'on baisse à mesure que la copie se compose; il se termine par une pointe qui le fixe à la casse, au moyen d'un trou pratiqué dans sa bordure.

FIN DE LA PREMIÈRE PARTIE.

SECONDE PARTIE

TIRAGE

Le *tirage* est sans contredit de toutes les opérations typographiques celle qui présente le plus de difficultés de détail, et celle dont les résultats ont le plus d'importance, parce qu'ils sont définitifs. Loin de nous la pensée de dire par là qu'un livre dont le *tirage* serait irréprochable, et dont la composition serait dépourvue de goût, de régularité et de correction, devrait être préféré à un autre qui présenterait les qualités et les défauts contraires ; mais il est certain que le travail du compositeur offre en général, et à certaines exceptions près, plus d'uniformité dans son exécution et s'acquiert plus facilement, et que celui de l'imprimeur demande plus d'aptitude naturelle et une continuité de soins plus constante. L'un se rectifie ; l'autre est irrémédiable.

La perfection du *tirage* est subordonnée à la réunion de tant de conditions diverses, souvent même indépendantes de la volonté de l'ouvrier, que celui-ci l'obtient difficilement, s'il n'est jusqu'à un certain point secondé par des circonstances qu'il ne pourrait maîtriser. Un imprimeur soigneux et expérimenté saura, dans la préparation du papier, dans la mise en train de la forme, s'assurer les éléments d'un bon *tirage* : mais si d'ailleurs il est contrarié par les défauts de la presse, par des variations de température qui dessèchent ou amollissent le rouleau, il perdra le fruit de ses efforts et de ses précautions. Il demeure donc prouvé que l'imprimeur doué de tout le zèle et de toute la capacité désirables ne peut parvenir à des résultats parfaits sans avoir à redouter des cas de force majeure, quoique l'amélioration actuelle des instruments du *tirage* ait donné à son travail plus de sûreté et une grande simplification.

Ce que nous disons ici pour l'imprimeur peut s'appliquer également au conducteur de presse mécanique : les travaux de celui-ci ont une grande analogie avec ceux du premier, tant dans leur préparation que dans leurs résultats.

Les principales fonctions de l'imprimeur sont : le lavage des formes avant et après le *tirage*, la trempe et le remaniement du papier, la mise en train et le *tirage* proprement dit.

Avant d'entrer dans le détail de ces opérations, nous donnerons la description des différents genres de presses et l'analyse de leur mécanisme. Ces notions doivent naturellement précéder l'étude d'un travail qui est presque en entier dans la manœuvre de l'instrument au moyen duquel s'opère le *tirage*.

Les presses se divisent en deux grandes catégories : les *presses manuelles* et les *presses mécaniques*. Nous nous occuperons d'abord des *presses manuelles*, ainsi que le veut l'ordre chronologique.

CHAPITRE I

DE LA PRESSE MANUELLE

Il existe maintenant en France une foule de *presses* de formes différentes, mais à peu près semblables quant à leur système mécanique. Nous nous bornerons, dans la description de cette machine, à l'ancienne *presse* en bois. Quant à la *presse* Stanhope, qui a la priorité sur toutes les *presses* en fonte, et qui est la plus généralement adoptée, nous indiquerons ses points de ressemblance avec celle-ci; mais, avant de faire connaître la différence qui existe dans le mécanisme de l'une et de l'autre, nous devons donner une analyse très-succincte de la *presse* en général.

Les principales parties de la *presse* sont le *corps de presse*, qui reste immobile, le *train*, la *platine* et le *barreau*, qui reçoivent un mouvement horizontal ou perpendiculaire. Les autres pièces, quoique non moins importantes, se rattachent toutes à celles-là, comme des rouages d'un ordre inférieur. Voici quel est le jeu de cette machine.

La forme est posée sur le *marbre*; la feuille placée sur le *grand tympan*, qui avec la *frisquette* s'abat sur la forme. Le *train* est roulé sous la *platine* au moyen de la *manivelle* : le *barreau* abaisse la *platine* sur le *petit tympan* : le *train* se déroule, le *tympan* et la *frisquette* sont relevés, et la feuille replacée sur le *banc*.

PRESSE EN BOIS.

La *presse* qui pendant près de quatre siècles a seule été en usage dans l'imprimerie, qui a coopéré aux célèbres produits des Estienne et des Elzévier, et qui, à quelques améliorations près, avait résisté jusqu'à nos jours au torrent des innovations, mérite une mention dans cet ouvrage, malgré son imperfection originelle et sa décadence aujourd'hui pleinement consommée. Nous consacrerons donc quelques pages à sa description rétrospective, bien plutôt à cause du rôle qu'elle remplit dans l'histoire de la typographie, que dans le but d'une utilité future qui ne peut plus aujourd'hui se réaliser. Un sentiment de respect et de reconnaissance pour l'instrument qui, sorti des mains de Gutenberg, a tour à tour propagé les chefs-d'œuvre de l'antiquité et fait éclore les immortelles productions du xvie, du xviie et du xviiie siècle, nous impose le devoir de chercher à sauver ce glorieux outil d'un oubli qui serait d'autant plus injuste, à notre sens, que les presses manuelles par lesquelles il a été remplacé ont conservé son mécanisme tout entier, et que la pensée qui a présidé à sa création peut encore se perpétuer aussi longtemps que son nom.

PARTIES DE LA PRESSE EN BOIS.

Arbre. L'*arbre de la presse* est une pièce en fer qui descend perpendiculairement du milieu du sommier supérieur sur le sommet de la platine. Elle change trois fois de forme et de nom durant son trajet. La première partie est la vis, celle du milieu est l'*arbre* proprement dit, la troisième est le pivot.

L'*arbre* proprement dit est un morceau de fer de forme cubique, percé d'outre en outre et horizontalement sur les quatre faces latérales pour recevoir l'extrémité du barreau, qui s'y fixe et qu'il retient.

Arrêts du berceau. Les *arrêts du berceau* sont deux battements placés de chaque côté de la table, et qui la tiennent dans son arrêt. Ces battements doivent être de l'épaisseur d'un centimètre, et il ne doit y avoir que la force d'un Cicéro et demi de distance entre les *arrêts* et le bois du coffre, afin que celui-ci ne frappe point contre les battements lorsque les crampons viennent à s'user.

Bandes. Les *bandes* règnent sur toute la longueur et dans le milieu des poutrelles. C'est sur elles, comme sur une coulisse, que roule le train de la presse, armé à cet effet, au-dessous du coffre, de crampons qui servent à le maintenir et à empêcher qu'il ne dévie. Les *bandes* excèdent les poutrelles d'un pouce au moins; cette saillie est nécessaire pour le jeu des crampons.

Barreau. Le *barreau* est une barre de fer recourbée à l'une de ses extrémités, celle par laquelle il est fixé à l'arbre, et portant à l'autre un long manche de bois. C'est le levier qui met en mouvement d'abord la vis, ensuite la platine, en un mot toute la portion de la presse qui produit le foulage. Il part de l'arbre, auquel il est attaché par une vis et un écrou, forme un coude, prend ensuite une direction horizontale, et est retenu, à l'extrémité de son manche, par le chevalet contre la jumelle ultérieure ; c'est là son état de repos. L'ouvrier qui tire le *barreau* lui fait parcourir une portion plus ou moins grande de la distance qui sépare les deux jumelles, suivant le degré de pression qu'il veut obtenir. Pour les formats un peu lourds, on le fait toucher à l'autre jumelle.

Berceau. Le *berceau* est cette partie de la presse sur laquelle roule le coffre. Il se compose de deux longues pièces de bois, qui régnent dans une direction parallèle et dans toute l'étendue de la presse ; elles s'appellent *poutrelles*. Chacune d'elles porte une bande de fer qui sert de coulisse, et sur laquelle glisse le coffre lorsqu'il est mis en mouvement par la manivelle. Le *berceau* porte sur le sommier inférieur ; il aboutit d'un côté sur une des traverses du train de derrière, et de l'autre sur la table.

Blanchet. Le *blanchet* est une pièce de drap, de casimir, ou de soie, dont on garnit le tympan pour amortir le coup de la platine. Pour les impressions ordinaires on emploie un double *blanchet* de casimir ; pour les tirages soignés, on remplace l'un de ces *blanchets* par deux épaisseurs de soie, qu'on place immédiatement sur le grand tympan.

Chapeau. Le *chapeau*, ou *chapiteau*, est cette forte traverse à laquelle aboutissent les deux jumelles, et qui couronne l'ensemble de la presse. Il est, comme l'indique son nom, uni à la partie supérieure et bordé par une espèce de corniche sur les quatre faces latérales.

CHEVALET. Il y a deux sortes de *chevalets*, celui de la *presse* et celui du *tympan*.

Le *chevalet de la presse* est un petit morceau de bois taillé en biseau, placé le long de la jumelle ultérieure, à laquelle il tient par une vis, et qui sert à arrêter le barreau lorsque la platine est relevée.

Le *chevalet du tympan* est une barre de bois de la largeur du tympan, élevée horizontalement sur deux autres barres placées à chacune de ses extrémités dans une direction perpendiculaire, et enchâssée dans la table de la presse. C'est lui qui, lorsque le tympan est relevé, le soutient dans une position inclinée en forme de pupitre, position nécessaire à la fois pour le maintien de la frisquette et celui de la feuille de papier, qui seule ne pourrait conserver une direction perpendiculaire.

CHEVILLES. Les *chevilles* sont deux barres de bois courtes, fixées sur une planchette et formant ensemble une espèce de fourche. La planchette à laquelle elles tiennent est clouée en dehors de la jumelle citérieure, et à la hauteur de l'encrier. L'emploi du rouleau en place des balles rend inutile l'usage de cette pièce.

COFFRE. Le *coffre* est un assemblage de quatre pièces de bois dans lequel est enchâssé le marbre. Sa largeur dans les presses ordinaires est telle qu'il puisse contenir des formes de jésus ; au reste, elle est déterminée par la distance d'une jumelle à l'autre, parce que le *coffre* doit passer facilement entre elles. Il est posé sur la table de la presse, et garni à la partie supérieure de quatre cornières.

CORDE DU ROULEAU. La *corde du rouleau* sert à faire avancer et reculer tour à tour le train de la presse. Elle se pose de deux manières. 1° Quand la *corde* est d'une seule pièce, on prend le bout qui est attaché au petit rouleau du chevalet, on le passe par un trou fait à la table, derrière la gouttière du tympan, et ensuite par-dessus le rouleau du côté où il vient, en faisant cinq ou six tours. Après avoir examiné si la manivelle est bien posée, on fixe un bout au crampon attaché sur le devant du coffre, et l'on arrête l'autre bout avec une cheville de fer placée dans le trou du petit rouleau. 2° Dans le cas où la *corde* est de deux pièces, on fait un nœud à la première, et on le fait entrer à moitié dans le trou qui est au bord du grand rouleau, dans lequel on doit insérer la *corde*: ensuite on passe le bout de cette *corde* par-dessus le rouleau, en commençant du sommier inférieur, et en continuant trois fois de suite; après quoi on fait passer la *corde* par le trou de la table, et on l'arrête au petit rouleau du chevalet. On opère de la même manière, mais en sens inverse, pour placer la seconde *corde*, et on la fixe sur le devant du coffre. On doit toujours examiner, en faisant cette opération, si la position de la manivelle est bonne.

Cornières. Les *cornières*, ou *cantonnières*, sont quatre morceaux de fer composés chacun de deux bandes égales soudées en angle droit, qui se fixent aux quatre coins du coffre, et qui excèdent sa superficie d'un centimètre environ. Cette élévation ne doit jamais surpasser l'épaisseur du châssis, pour que la presse ait assez de passage. Elles servent à maintenir la forme sur le marbre, au moyen de coins qu'on place entre elles et le châssis. Les *cornières*, étant fixées dans le bois du coffre par des vis, se reculent au besoin, lorsque le coffre est trop petit pour la forme; ce qui se fait en remplissant l'intervalle par des réglettes.

Couplets. Les *couplets* se composent de deux pièces de fer

formant charnières, comme celles des portes ou des fenêtres ; elles sont ainsi nommées parce qu'elles sont prises l'une dans l'autre et qu'elles s'accouplent ensemble. Il y en a de deux espèces dans la presse : ceux de la *frisquette* et ceux du *tympan*.

Les *couplets de la frisquette* servent à fixer la frisquette au tympan ; ils sont placés dans le bas de l'une et dans le haut de l'autre. Ils tiennent ensemble au moyen d'une brochette qui se place et se retire à volonté, suivant la nécessité d'attacher la frisquette au tympan ou de l'en détacher. Ils sont au nombre de deux.

Les *couplets du tympan* fixent le grand tympan au coffre, c'est-à-dire aux cornières postérieures. Ils tiennent l'un et l'autre par des vis dont les têtes sont placées en dehors de la presse.

CRAMPONS. Les *crampons* sont des morceaux de fer ou de cuivre, longs de quatre centimètres, larges de quinze millimètres et épais de douze, lesquels sont entaillés dans la longueur pour recevoir les bandes et faire glisser le coffre dessus. Ils sont ordinairement au nombre de douze, savoir, six de chaque côté, et à égale distance l'un de l'autre. Ils sont fixés avec des vis à la table de la presse.

CRAPAUDINE. La *crapaudine* est une espèce de boîte, ronde ou carrée à l'extérieur, mais arrondie dans l'intérieur, laquelle sert à recevoir la grenouille et à maintenir dans cette pièce l'extrémité du pivot. Elle est également en fer.

ÉCROU. L'*écrou* est une pièce de cuivre qui traverse perpendiculairement le milieu du sommier supérieur, et dans laquelle s'emboîte la vis. L'*écrou* doit avoir été fondu sur la vis même, afin qu'il n'y ait d'autre jeu que celui des filets de l'une dans les cannelures de l'autre. L'*écrou* est arrêté dans le haut du sommier par de petites vis au moyen desquelles il se démonte à volonté.

Il y a plusieurs *écrous* employés dans la construction de la presse, notamment ceux du *chapeau*, des *pointures*, du *tympan*, etc.

ENCRIER. L'*encrier* se compose d'une planche de quarante à cinquante centimètres carrés, et d'un rebord de quinze centimètres dans le fond, et taillés en pente sur les côtés; c'est dedans que se placent l'encre, la palette et le broyon. L'*encrier* est fixé à côté de la jumelle citérieure à la hauteur de l'arbre, sur une planche qui recouvre le train de derrière de la presse. Il est quelquefois garni d'un couvercle, soit en bois, soit en carton, pour garantir l'encre de la poussière pendant la nuit et les heures de repos.

Cette pièce est inutile depuis qu'on emploie pour la touche le rouleau au lieu des balles.

ÉTANÇONS. Les *étançons* sont des pièces de bois qui servent à consolider la presse en la maintenant par le haut. Ils se placent sur le chapeau de la presse et se fixent au plafond suivant une direction oblique. Cette manière d'étançonner convient aux presses isolées; mais quand il y en a plusieurs sur un rang, on emploie un autre moyen. Lorsque les presses sont bien alignées, on fait régner deux fortes barres de fer, en travers des chapiteaux et à l'alignement des jumelles, sur toute l'étendue de la rangée. Les deux barres de fer sont fixées dans les murailles, et elles arrêtent chaque presse en portant sur leur sommet.

FRISQUETTE. La *frisquette* est un cadre formé par quatre bandes de fer minces, et rempli par plusieurs feuilles de papier collées l'une sur l'autre, dont la réunion compose un

carton de peu d'épaisseur et égal dans toute son étendue.
Son usage est d'empêcher que les parties de la feuille de
papier qui ne doivent pas porter d'impression, telles que les
marges, et les pages blanches s'il doit y en avoir, reçoivent
le frottement immédiat de la forme, qui est partout également
imprégnée d'encre. A cet effet, les parties de la *frisquette*
correspondantes à celles de la forme qui doivent marquer
au tirage sont découpées sur le papier collé; et, les intervalles et le pourtour des pages demeurant toujours pleins à la
frisquette, le reste de la feuille se trouve ainsi masqué et
à l'abri de tout maculage. La *frisquette* est quelquefois
tendue en parchemin, ce qui lui donne plus de solidité et
prévient ainsi les accidents qui pourraient arriver pendant
le tirage. Une presse doit être munie de deux, trois ou quatre
frisquettes, eu égard aux changements de formats. La *frisquette* est fixée, au moyen de ses couplets et de deux bro-
chettes, à l'extrémité supérieure du grand tympan, sur lequel
elle s'abat après que la feuille de papier y a été placée. Une
des bandes latérales de la *frisquette,* celle qui est du côté
des chevilles de la presse, est coudée en forme de poignée à
peu près vers le tiers. C'est par cette partie que l'ouvrier la
saisit lorsqu'il fait le moulinet; on l'appelle l'*oreille de la
frisquette.*

Godet. Le *godet* est une espèce d'entonnoir, incrusté dans
le haut du sommier supérieur, et qui sert à introduire de
l'huile entre les filets de la vis. Ce *godet* est quelquefois garni
d'un couvercle. Cette précaution est bonne, parce que les
ordures qui pourraient se mêler à l'huile empêcheraient le
jeu libre de la vis dans l'écrou.

Grain. Le *grain de la grenouille* est un dé d'acier creux
sur lequel tourne l'extrémité du pivot.

Le *grain du pivot* est un petit morceau d'acier, incrusté dans la pointe du pivot, et qui tourne sur celui de la grenouille.

Ces deux *grains* sont faits du même acier et s'engrènent parfaitement l'un dans l'autre, pour éviter qu'ils ne portent à faux, ce qui multiplierait encore les fréquents accidents résultant de ce qu'ils s'usent promptement et sont sujets à se casser.

GRENOUILLE. La *grenouille* est un morceau d'acier creux enchâssé dans la crapaudine, dans lequel tourne le pivot sur un dé d'acier appelé grain, dont nous venons de parler.

JUMELLES. Les *jumelles* sont deux longues pièces de bois, parallèles entre elles et perpendiculaires au sol, qui s'élèvent des deux côtés de la presse et qui soutiennent les sommiers. Elles s'assemblent par le haut dans une forte pièce de bois qu'on appelle le chapeau, et par le bas dans deux patins unis par une traverse. Elles s'appelaient autrefois les *montants* de la presse.

MANIVELLE. La *manivelle* sert à faire tourner le rouleau, soit pour rouler, soit pour dérouler le train de la presse. C'est un morceau de fer de la forme d'un demi-cercle, dont l'une des extrémités est fixée à la broche du rouleau, et l'autre porte un manche de bois par lequel l'ouvrier met le train en mouvement. La *manivelle*, dans sa position de repos, doit offrir l'image du *c* retourné.

MARBRE. Le *marbre* de la presse est la pierre ou le morceau de fonte qui est enchâssé dans le creux du coffre. C'est lui qui porte la forme qu'on doit tirer. Il est placé sur une couche de son qu'on a soin d'étendre dans le fond du coffre,

et il est fixé sur les côtés avec des réglettes qui remplissent
exactement les vides, afin qu'il ne puisse pas se déplacer.

Marche-pied. Le *marche-pied* est une espèce de pupitre,
cloué sur le plancher à l'endroit où les pieds de l'imprimeur
s'arrètent lorsqu'il tire le barreau. En l'exhaussant, il lui
donne de la facilité pour arriver au coup, et en même temps
il lui présente un point d'appui pour la position inclinée qu'il
perdrait sur le niveau du sol.

Patins. Les *patins* sont deux morceaux de bois, unis par
deux traverses, qui servent à assembler par le bas les deux
jumelles. Ils sont fixés dans le plancher par des boulons
en fer.

Pivot. Le *pivot* est l'extrémité inférieure de l'arbre de la
presse. Il se termine par une pointe qui entre dans la grenouille.

Platine. La *platine* est une pièce de fer fondu et bien uni,
laquelle, étant abaissée sur le coffre de la presse par le moyen
du barreau, qui fait descendre la vis et la fait presser sur son
sommet, opère, par le foulage qui en résulte, l'impression
de la forme sur le papier. La *platine* est fixée aux quatre
coins par quatre vis que retiennent deux doubles branches
appelées crémaillères, qui sont suspendues à l'arbre et descendent perpendiculairement. La *platine* d'une presse à un
coup est de la grandeur du tympan, à cinq ou six millimètres
près dans tous les sens: celle de la presse à deux coups n'est
que de la moitié dans la longueur, mais sa largeur est la
même.

Pointures. Les *pointures* sont deux languettes de fer

minces et plus ou moins longues, terminées d'un bout par
une double branche en forme de fourchette, et de l'autre par
une pointe ou ardillon, de trois à quatre lignes de hauteur, et
qui s'élève perpendiculairement sur cette extrémité. Elles se
placent vis-à-vis l'une de l'autre sur les bords du tympan,
dans le sens de sa longueur; elles y sont fixées par des vis dont
les rivures maintiennent leurs fourchettes; les deux extrémités armées de l'ardillon s'avancent en ligne droite vers le
milieu du tympan. Les *pointures* pour l'in-douze se placent
aux deux tiers du tympan, en allant de bas en haut; pour
tous les autres formats, elles se mettent à égale distance de
ses deux extrémités, inférieure et supérieure. Quelquefois,
mais dans des cas très-rares, au lieu de les placer sur les
bandes latérales du tympan, on les place perpendiculairement, c'est-à-dire sur les barres inférieure et supérieure.

Leur usage est de percer les feuilles de papier de deux
trous qui servent de points de repère à la retiration, afin que
les deux pages de chaque feuillet coïncident avec une exactitude parfaite. Elles tombent dans les crénures du châssis.

Il y a des *pointures* à ressort, qui ne laissent passer l'ardillon que de la longueur nécessaire, pour éviter de déchirer
le papier ou d'y faire des trous trop fortement marqués.

Rouleau. Le *rouleau* est un cylindre en bois, placé entre
les poutrelles, qui, au moyen d'une corde roulée alentour et
de la manivelle qui le fait tourner, opère le double mouvement qui fait avancer et rétrograder le train de la presse. Il
est traversé horizontalement dans son centre par une broche
en fer qui sort jusqu'au niveau extérieur du berceau, et à
laquelle s'adapte la manivelle. Le *rouleau* doit avoir vingt
centimètres de diamètre. Souvent on lui en donne moins;
mais il arrive alors que l'ouvrier a un demi-tour de manivelle de plus à faire, d'où il résulte une double perte de

travail et de temps. Quand on emploie deux cordes au lieu d'une, le *rouleau* doit avoir dans le milieu un rebord semblable à ceux des extrémités, pour éviter qu'elles ne se mêlent.

Le *rouleau du chevalet* sert à maintenir celui de la manivelle, au moyen de la corde qui part du second et se fixe sur le premier avec une cheville en fer qui s'arrête sur la table.

Servante. La *servante* est un petit morceau de bois placé dans la direction de l'extrémité du train, et fixé, soit au plafond de la pièce, soit aux étançons de la presse, sur lequel s'appuie le haut de la frisquette lorsqu'elle est déployée.

Sommier. Le *sommier* est une pièce de bois épaisse et forte qui traverse d'une jumelle à l'autre, et qui s'y enchâsse au moyen de deux tenons pratiqués à ses deux extrémités, et de deux mortaises taillées dans les jumelles. Il y a deux *sommiers* dans la presse : l'un supérieur, et l'autre inférieur. Le *sommier supérieur* est percé dans son milieu, et reçoit l'écrou de la vis, qui le traverse dans la direction verticale. Le *sommier inférieur* est celui sur lequel porte tout le train de la presse, lorsqu'il est roulé, et dans le moment du tirage. Il est encore plus épais que le premier, parce que c'est lui qui supporte tout le poids de la pression. L'un et l'autre sont bombés des deux côtés, ce qui les consolide dans le milieu.

Les mortaises dans lesquelles sont enclavés les tenons du *sommier supérieur* ont six centimètres de jeu dans le haut et dans le bas, tant pour le mettre d'à-plomb que pour donner ou ôter du foulage. A cet effet on remplit l'excédant, de chaque côté, avec des cales de bois et de feutre, qu'on ajoute ou qu'on retranche suivant la nécessité.

Table. La *table* est une planche de chêne attachée sous le coffre, et de la même largeur; elle a trente-trois centimètres de plus dans la longueur, du côté où elle porte le chevalet du tympan.

TABLETTE. La *tablette* est une planche composée de deux pièces, qui se joignent dans leur longueur, et se fixent, l'une et l'autre, dans les jumelles au moyen de deux clefs en queue d'aronde. Elles sont entaillées dans le milieu, pour laisser passer l'arbre de la presse, et sur les côtés, pour les crémaillères. Cette pièce est maintenant d'un usage presque nul, et souvent même on la supprime.

TRAIN. Le *train* est cette partie de la presse mise en mouvement à l'aide de la manivelle, qui roule le coffre sous la platine et le déroule ensuite. Il se compose du coffre et du marbre, des deux tympans, de la frisquette et du chevalet. On peut, au besoin, changer le *train* d'une presse et le remplacer par un autre plus petit ou plus grand, lorsque la nature de l'ouvrage et la dimension des formes nécessitent ce changement. Le *train de derrière* est l'assemblage formé par deux montants et deux traverses, qui soutient l'extrémité des poutrelles et le corps entier de la presse. Il est surmonté d'une tablette sur laquelle est posé l'encrier. Il est important que toutes les parties en soient fortes et parfaitement jointes, puisque c'est de lui que dépend la solidité de toute la machine.

TYMPANS. Il y a dans la presse deux *tympans*, le *grand* et le *petit*.

Le *grand tympan* est un châssis de bois sur lequel est tendu un morceau d'étoffe de soie. C'est sur lui que se placent les pointures, la marge, et successivement chacune des feuilles à imprimer. La bande à laquelle tient la frisquette est en fer. Le *grand tympan* tient au coffre dans sa partie postérieure, c'est-à-dire à l'extrémité de droite de la presse ; il y est fixé par une double charnière qu'on appelle les *couplets du tympan*, ainsi que nous l'avons dit précédemment. Il est ordinairement de la même largeur que le coffre. Le *grand tympan* est percé, à chacune des barres qui mesurent sa longueur, de deux trous, placés l'un au milieu, l'autre aux deux tiers en montant, et destinés à recevoir les vis des pointures.

Le *petit tympan* est un cadre formé par quatre bandes de fer assez minces, au-dessous duquel est collée une feuille de parchemin, ou de toile, rabattue sur les quatre côtés de ce châssis. Il est enclavé dans le *grand tympan*, auquel il tient dans le haut par deux dents de loup minces et pointues, qui pénètrent entre le bois et la soie, dans le bas par un crochet, et sur les côtés par des tenons en queue d'aronde. C'est sur lui que porte immédiatement la platine, quand elle est abattue par le barreau.

Entre la soie du *grand tympan* et le parchemin du *petit* sont placés les étoffes, le carton, et la mise en train.

Vis. La *vis* a trois ou quatre filets ; mais le nombre de quatre est préférable, en ce que la pente est plus douce et indique par des nuances encore mieux marquées la gradation du foulage.

On appelle *pas de vis* les intervalles creusés qui se trouvent entre les filets de la *vis*. Ils sont ordinairement de la même largeur que ces filets, comme correspondant à ceux de l'écrou.

Il y a beaucoup d'autres *vis* employées dans la construction de la presse ; mais celle-ci est la *vis* de la presse proprement dite : en conséquence il ne sera question des autres que par occasion, et nous ne croyons pas nécessaire d'y consacrer des articles particuliers.

PRESSE STANHOPE.

Cette *presse* ne diffère de la *presse* en bois que dans la partie qui opère la pression. Le *barreau*, au lieu d'aboutir à la *vis*, dans le milieu de la distance des *jumelles*, est fixé à une *colonne* qui surmonte la *jumelle* citérieure. La *vis* et la *colonne* sont couronnées par deux pièces égales et correspondantes appelées *virgules* à cause de leur forme. Les deux *virgules* maintiennent le *régulateur*, pièce de fer qui est placée horizontalement et terminée par une vis qui modifie le foulage à volonté. Il y a de plus un contre-poids pour faire remonter la *platine* après la pression opérée.

Nous ne reproduirons point, dans la description de cette *presse*, les observations qui s'appliquent aux parties de la *presse* en général. Notre seul but est de constater les points de dissemblance qui existent entre les éléments constitutifs de l'ancienne *presse* et ceux de la *presse* en fonte que nous avons prise pour point de comparaison.

Arbre. L'*arbre* est une espèce de fourche en fer qui soutient les bandes à l'extrémité vers laquelle le train se déroule.

Bandes. Les *bandes* sont creuses, au lieu d'être saillantes comme celles de la presse en bois. Elles forment deux rainures dans lesquelles glissent les crampons. Cette forme est préférable à l'autre, en ce que l'huile qu'on y verse pour faciliter le mouvement du train y séjourne au lieu de s'écouler. Les *bandes* creuses ont donc sur les *bandes* saillantes le double avantage de l'économie et de la propreté.

Barreau. Le *barreau* est fixé à la colonne ; il la traverse, et se termine par une vis à laquelle est adapté un écrou. Son autre extrémité porte sur l'autre jumelle, sans que son manche la dépasse.

Boîte coulante. La *boîte coulante* s'adapte au corps de presse au moyen de la *pièce d'estomac* et d'un boulon à deux têtes qui les traverse l'une et l'autre. Elle est placée entre le godet et la platine. Sa partie inférieure, qui est destinée à maintenir la platine à l'aide de quatre boulons, est de forme ovale, ou préférablement carrée.

Colonne. La *colonne* est terminée à son extrémité inférieure par un pivot, qui roule dans un godet pratiqué à la partie supérieure de la jumelle. Elle est maintenue dans le haut par l'une des virgules, et un peu au-dessous par l'épaulette. Elle sert de correspondance entre le barreau d'une part, et de l'autre les virgules et le régulateur, qui impriment le mouvement à la vis.

Corps de presse. Le *corps de presse* est fait à peu près en forme de lyre. La tête reçoit l'écrou de la *presse ;* les parties latérales sont cintrées et forment les jumelles. L'intérieur comprend les quatre bras. Ce sont quatre pièces saillantes en deux sens opposés, de telle sorte qu'elles font suite l'une à l'autre sur deux lignes parallèles. Ces pièces servent à soutenir les bandes.

Crampons, ou Coulisseaux. Les *crampons* sont saillants, et entrent dans les bandes. Ils forment avec elles l'engrenage qui sert à dérouler le train.

Ecrou L'*écrou* traverse la tête du corps de presse. Il est lui-même traversé par la vis.

ÉPAULETTE. L'*épaulette* est une pièce de fer qui retient la partie supérieure de la colonne; elle est adaptée par des boulons au corps de presse.

FOURCHETTE. La *fourchette* est fixée au corps de presse par ses deux branches. Le poids est suspendu à son extrémité.

MARBRE. Le *marbre* est soutenu en dessous dans les deux sens par des traverses en fonte. Les crampons, les tasseaux et le cric, lui sont adhérents.

PATIN. Le *patin* est un morceau de bois de chêne d'environ vingt-deux centimètres de hauteur, qui embrasse la surface inférieure de la presse. Le corps de presse y est fixé, à l'extrémité des jumelles, au moyen de deux oreilles et de deux boulons. L'arbre qui soutient l'extrémité des bandes est également fixé dans le *patin*.

PLATINE. La *platine* présente dans le milieu de sa surface supérieure une plate-forme destinée à s'adapter à la boîte coulante. Ses deux extrémités dans la longueur sont évidées en forme de cassetins.

POIDS. Le *poids* est un morceau de fonte pesant environ trente kilogrammes, qui s'accroche par un anneau à l'extrémité de la fourchette. Il sert à faciliter le retour du barreau.

RÉGULATEUR. Le *régulateur* aboutit à la virgule de la colonne, qui le maintient à l'aide d'un boulon par lequel il est traversé. Il est maintenu de la même manière par la virgule de la vis, et terminé par une forure tarandée, dans laquelle entre la vis qui règle le foulage. Il porte un épaulement qui, rencontrant la virgule de la colonne, arrête le coup du barreau.

TASSEAUX. Les *tasseaux* sont des morceaux de fer placés latéralement aux crampons, et qui servent à maintenir ceux-ci dans les bandes.

TYMPANS. Les *tympans* n'offrent point de différence avec ceux de la presse en bois. Le *grand tympan* porte sur une charnière ou sur deux pivots attenants au marbre, ou bien encore sur un chevalet brisé.

VIRGULES. L'une des *virgules* reçoit la tête de la colonne ; l'autre, la tête de la vis. Elles sont tournées parallèlement l'une à l'autre et se correspondent dans leur mouvement.

VIS. La *vis* de la presse s'adapte du haut à la virgule et du bas dans le godet, à l'aide d'un collier en fer.

Les autres pièces de la presse Stanhope, telles que le *rouleau*, la *manivelle*, l'*encrier*, la *frisquette*, les *pointures*, etc., sont les mêmes que dans la presse en bois, sauf quelques légères différences de conformation.

De toutes les pièces dont nous venons de donner l'énumération, trois seulement sont en bois : le *patin*, le *rouleau* et le *grand tympan* : encore ce dernier est-il garni de bandes de fer dans ses parties latérales. L'*écrou* est en cuivre. Les pièces en fer forgé sont le *barreau*, la *colonne*, le *régulateur*, l'*arbre*, la *fourchette* et les menues pièces, telles que les vis et les boulons. Toutes les autres parties sont en fonte.

FABRICATION DES PRESSES.

Nous ne parlerons plus ici de la construction des presses en bois, puisque ce genre de presses est définitivement abandonné, sinon comme usage, au moins comme fabrication. Les observations très-sommaires que nous allons présenter sur la structure de cet instrument, considéré surtout au point de vue de son emploi, s'appliquent à la presse en fonte.

Les principales pièces de cette presse sont bien en fonte de fer; mais quelques pièces accessoires, et qui exigent une solidité plus éprouvée, sont faites en fer forgé.

Chaque pièce de fonte est coulée séparément dans son moule, fait sur un modèle spécial. En sortant des mains du fondeur, elle passe dans les ateliers du mécanicien, où elle subit les opérations d'ajustage nécessaires pour qu'elle acquière la plus grande précision. Le *marbre* et la *platine* sont dressés au moyen d'un chariot qui fait successivement passer tous les points de sa surface sous le tranchant d'un burin d'une trempe très-forte, pour en enlever toutes les aspérités. Ces deux pièces sont ensuite rodées à l'émeri l'une sur l'autre; et s'il reste encore entre elles quelques inégalités, la lime les fait disparaître finalement.

Lorsqu'une presse est confectionnée, le mécanicien, avant de la livrer, doit l'essayer préalablement sur une forme très-pleine, et remédier aux défauts qui peuvent s'y trouver encore.

Les principales bases du mécanisme de la presse sont le parallélisme ou la perpendicularité des pièces, suivant leur position respective. La qualité du tirage dépend du degré d'exactitude apporté à l'observation de ces conditions. Ainsi les pièces qui doivent être parallèles entre elles sont les *bandes*, le *marbre*, la *platine*, le *régulateur*, et la surface intérieure de la *boîte coulante*. La *colonne* et la *vis* doivent leur être perpendiculaires. Si ces principes sont appliqués mathématiquement, il est évident que le travail de l'ouvrier se réduit à l'exécution d'un mouvement mécanique. Si au contraire on s'éloigne de cette loi de corrélation, si l'on est obligé de suppléer au défaut de justesse par des cales, par des hausses trop multipliées ou autres ressources de ce genre, les fonctions de l'imprimeur se compliquent, et ne présentent que des résultats plus ou moins imparfaits.

Les parties qui demandent le plus de solidité comme supportant plus particulièrement l'effet de la pression sont : la *vis*, l'*écrou*, le *barreau*, la *colonne* et les *jumelles*. Elles doivent donc être sous ce rapport l'objet de l'attention spéciale du mécanicien.

CHAPITRE II

DES DIVERSES OPÉRATIONS DONT SE COMPOSE LE TIRAGE

DÉFAUTS ET QUALITÉS DU TIRAGE.

Les qualités dont la réunion constitue un bon tirage sont : l'égalité du foulage, qui ne doit être ni creux, ni trop superficiel ; la légèreté et la netteté de l'impression, qui doit reproduire la lettre avec fidélité et de manière que la transition des gras et des fins, constamment maintenue, se rapproche de la pureté primitive du poinçon ; la régularité de la couleur, qui doit être d'un ton vif et pur, également éloigné du gris et du pâteux, et marquer ce contraste du noir de l'encre et du blanc du papier qui fait la beauté d'un livre sous ce point de vue. Mais on ne saurait parvenir à des résultats aussi complets sans concilier au même degré la prévoyance dans les apprêts, les soins d'exécution, et la patience nécessaire pour remédier aux défauts.

Indépendamment des précautions que nous avons déjà recommandées en examinant la série d'opérations que comprend le tirage, l'ouvrier doit toujours s'appliquer à rectifier les instruments dont il se sert. Il ne remplit qu'une partie de sa tâche, s'il n'étudie les défauts de sa presse, et si, remarquant les mauvais effets qui en résultent, il ne s'attache à en découvrir la cause et à la neutraliser.

Si l'impression papillote, il devra voir si c'est le relâchement du tympan, le manque de passage, qui occasionne ce genre d'imperfection, et ne continuer qu'après avoir trouvé le véritable siége du vice qu'il veut combattre. Si le tirage est lourd et dépourvu de pureté, il saura que l'excès de foulage ou d'encre, que la trop grande fraîcheur du papier, sont également susceptibles d'y donner lieu.

Nous ne pourrions énumérer les circonstances minutieuses qui doivent nuire à la perfection du tirage, et qui toutes sont accidentelles, sans nous exposer à en omettre la plus grande partie. Elles peuvent d'ailleurs provenir d'une foule de causes différentes. C'est à l'ouvrier qu'il appartient d'en faire la recherche; le désir de bien faire lui suggèrera toujours les moyens nécessaires pour corriger le mal et pour trouver le mieux.

PRÉPARATION DU PAPIER.

La préparation du papier est une des opérations qui ont le plus d'influence sur la qualité de l'impression. Elle doit être appropriée à la nature du papier, et en même temps à celle du tirage auquel il est destiné. Cette préparation consiste dans la trempe et dans le remaniement.

Le papier demande à être *trempé* au moins vingt-quatre heures avant le tirage. Cet intervalle doit même augmenter en raison de l'épaisseur du papier, de son collage, et des autres causes qui en rendent l'apprêt plus long et plus difficile. Le caractère et le format de l'ouvrage déterminent aussi la distance qu'on doit laisser entre la trempe du papier et son tirage. Si le caractère n'est pas interligné, si le format est plein, le papier doit être trempé un peu plus fortement; et pour qu'il s'imboive également dans toutes ses parties, il est nécessaire qu'il reste plus longtemps humecté.

L'eau qu'on emploie à la trempe du papier doit être de bonne qualité, c'est-à-dire exempte de toute impureté qui pourrait altérer la blancheur de la pâte.

Le papier se trempe de plusieurs façons, suivant sa colle et son épaisseur. La plus usitée est la trempe *au balai*. C'est de cette manière que se trempent tous les papiers non collés; et ils entrent pour plus des trois quarts dans la consommation de l'imprimerie.

L'ouvrier qui procède à cette opération se place à gauche de la bassine et devant une table posée de niveau, afin que l'eau ne se porte pas plus d'un côté que de l'autre. Il met une maculature sur la table, ouvre successivement chaque main de papier, et l'asperge le plus également possible avec un balai de fougère qu'il a plongé dans la bassine. Il fait de cinq en cinq mains à la feuille de dessus, et du même côté, un pli qui fait déborder le coin de cette feuille. Les marques, c'est ainsi que s'appellent ces points de repère, suppléent pour l'ouvrier aux indications numériques qui lui manquent après que les mains ont été confondues.

Le papier se trempe quelquefois *à la main*; on prend de la droite la main de papier du côté du dos, et de la gauche on maintient l'extrémité des feuilles, afin qu'elles restent serrées l'une contre l'autre. On la fait entrer dans la bassine du côté du dos, on la passe rapidement dans l'eau, on la laisse égoutter pendant quelques secondes, et on l'ouvre en mettant toujours en dessous la partie trempée.

La trempe *à la réglette* est en usage pour les papiers collés et ouverts. On se sert de deux réglettes pour maintenir les feuilles que la main seule ne pourrait pas embrasser dans toute leur dimension. Le procédé du reste est le même que celui dont nous venons de parler précédemment.

Nous avons dit que le papier se trempait une fois par main. Il arrive souvent qu'à raison de sa nature ou de sa destination on le trempe deux fois par main, et même davantage. Par contre, le papier mince et léger se trempe souvent par deux mains à la fois. Il faut, dans tous les cas, faire en sorte de prendre des parties égales; cette régularité est exigée par l'impression.

Lorsque le papier a été trempé, on le met *en presse*, soit entre deux ais et chargé, soit dans une presse à cet usage. Cette dernière méthode est incontestablement préférable. La pression a beaucoup plus de force qu'une simple charge, le papier s'imbibe donc plus facilement; et comme elle porte également sur toutes les parties de la feuille, le degré d'humidité est partout le même.

Le papier est *remanié* après quelques heures de presse. Cette opération consiste à retourner alternativement des parties à peu près égales de feuilles dans un sens opposé, pour déplacer celles qui pourraient être plus sèches ou plus humides. Le papier devrait toujours être remanié deux fois, in-douze et in-octavo, et quelquefois davantage, selon sa trempe et sa lenteur à s'apprêter. En général, le papier ne saurait être remanié trop souvent, excepté par un temps de hâle qui pourrait le sécher. Il faut toujours avoir soin, dans cette disposition de température, de le rafraîchir sur les bords. Si au contraire il est trop trempé, il faut l'exposer à l'air pendant quelques minutes, et le remanier de nouveau.

Lorsque le papier est resté trempé plusieurs jours, l'ouvrier doit se tenir sur ses gardes, et examiner fréquemment s'il ne court pas le risque de se piquer. Cet accident est ordinairement annoncé par une odeur particulière qui s'exhale du papier. En pareil cas on doit l'étendre promptement et très-mince; c'est le seul moyen de le conserver.

L'ouvrier reçoit ordinairement une main de plus par rame. Ce surplus s'appelle la *passe* ou le *chaperon*. Il est destiné à parer aux défectuosités qui surviennent pendant le tirage, indépendamment de celles que rendent inévitables les détails de la mise en train.

Les imprimeries qui emploient des presses mécaniques ont un ouvrier trempeur spécialement chargé de la préparation du papier, laquelle demande, comme nous venons de le démontrer, des soins assidus. La tenue de la tremperie exige aussi des habitudes d'ordre pour qu'il n'y ait pas confusion dans les papiers sous le rapport des sortes ou des nombres.

GLAÇAGE.

Le glaçage est une préparation donnée au papier pour certains tirages qui comportent des soins particuliers : elle se fait après le trempage et avant le tirage : c'est un satinage préalable, qui agit sur le papier blanc de la même manière que le satinage ordinaire opère sur le papier imprimé. Le satinage a pour effet d'abattre le relief produit à l'impression par le foulage ; le *glaçage*, appliqué sur la pâte humectée, enlève les rugosités, souvent imperceptibles, qui ont résisté même à l'apprêt de fabrique et que la trempe a fait ressortir ; il unit la surface de la feuille, et la dispose à une impression parfaitement égale, où les moindres finesses de la lettre ou de la gravure se montrent sans être contrariées par le grain du papier.

Le papier destiné à être glacé doit être modérément trempé : d'abord parce que l'évaporation doit être moins considérable, l'eau étant concentrée et refoulée dans la pâte par le *glaçage ;* ensuite parce qu'une trempe un peu forte rendrait les feuilles difficiles à manier et l'opération presque impraticable.

Le *glaçage* se fait au moyen de plaques de zinc, entre lesquelles on intercale, une à une, des feuilles trempées. La dimension des plaques varie suivant le format du papier, et il est nécessaire qu'elles débordent un peu sur tous les sens les feuilles auxquelles elles doivent servir. Les plaques et les feuilles, réunies au nombre de vingt-cinq environ, formant un jeu, sont mises en presse; elles y reçoivent plusieurs pressions, suivant la qualité du tirage, suivant l'épaisseur et la résistance du papier.

La presse à glacer, ou laminoir, opère sa pression au moyen de deux cylindres en fonte, placés l'un au-dessus de l'autre, dont la distance est fixée par un régulateur qui la modifie au besoin. Une manivelle donne le mouvement à l'arbre, et celui-ci à des roues d'engrenage qui le transmettent au cylindre inférieur. C'est sur ce cylindre que glisse le jeu de plaques, en même temps qu'il est pressé par le cylindre supérieur; en tournant ou en détournant à volonté avec la manivelle, on fait passer et repasser les plaques entre les cylindres autant de fois que cela est nécessaire.

Les plaques demandent à être fréquemment essuyées, à cause de l'oxydation qui s'y produit par le contact du papier humide. Sans cette précaution strictement observée, les feuilles en sortiraient maculées ou tout au moins couvertes d'une teinte plombée qui altèrerait le ton naturel du papier.

LAVAGE DE LA FORME.

Lorsqu'une feuille est prête à être tirée, et qu'il ne doit plus en être fait aucune épreuve, l'imprimeur lave les formes, les rince, et les reporte au metteur en pages pour que celui-ci exécute les corrections du bon à tirer. Cet intervalle laisse aux formes le temps de se sécher: précaution nécessaire, car l'humidité de la forme a le double inconvénient d'oxyder le marbre de la presse et d'empêcher que l'encre ne couvre entièrement le caractère.

Les formes sont également lavées et rincées après le tirage; souvent même, lorsqu'un tirage est considérable, on lave la forme sans attendre qu'il soit terminé. On ne doit pas négliger de recommencer cette opération dès qu'elle semble nécessaire, ni continuer le tirage lorsque le caractère devient gras.

La lessive dont on se sert pour laver les formes est une dissolution de potasse. La forme est mise à plat dans une pierre creusée en forme d'évier; et l'on verse la lessive jusqu'à la hauteur de l'œil de la lettre. Puis on prend une forte brosse de soies de sanglier confectionnée pour cet usage, on la trempe dans la lessive, et on la promène sur la forme, jusqu'à ce que celle-ci ne conserve plus à sa surface aucune trace d'encre. Ensuite on laisse écouler la lessive dans un baquet. Cette même lessive sert à laver d'autres formes, et ne se renouvelle qu'en raison de la diminution inévitable qu'elle subit. On relève la forme, et on la rince avec un seau d'eau, pour emporter la lessive qui y a pénétré. Cette dernière opération a pour but de faciliter au compositeur la distribution des lettres.

On se sert quelquefois d'essence de térébenthine pour nettoyer des lettres. Mais on ne doit recourir à ce mordant que pour un *lavage* partiel et pour éviter le relevage de la forme.

TIERCE.

Lorsque le bon à tirer a été corrigé par le metteur en pages, et la forme remise par lui à l'imprimeur, ce dernier, après l'avoir posée sur le marbre, en donne la *tierce*. La *tierce*, comme nous l'avons dit en parlant des épreuves, sert de révision pour les corrections indiquées au bon à tirer, et en même temps pour les fautes qui ont pu se faire postérieurement.

Avant de tirer la *tierce*, l'imprimeur doit passer sur sa forme une brosse humide, pour qu'il ne s'attache aucune ordure aux rouleaux, et ensuite taquer la forme.

La *tierce* est remise à l'imprimeur, signée par le prote, après qu'elle a été corrigée par la conscience ou par le metteur en pages, suivant les arrangements pris à cet égard.

Pendant la lecture de la *tierce*, l'un des imprimeurs arrête sa forme, fait sa marge, place ses pointures; l'autre lave les formes tirées, trempe le papier, et fait tous les autres préparatifs.

PLACEMENT DE LA FORME.

L'imprimeur, avant d'abattre sa forme, doit nettoyer le marbre de la presse et le dessous de la forme, pour qu'il ne reste aucune ordure qui puisse nuire à l'égalité du foulage. Il place sa forme dans le milieu du marbre, en prenant ses mesures avec le compas, et la fixe à l'aide de coins ou de cales placés entre le fer du châssis et les cornières de la presse. Cette opération faite, il la desserre, la taque, et la resserre assez légèrement pour qu'une trop forte compression ne fasse pas monter les lettres, mais toutefois assez solidement pour qu'il ne puisse pas s'en enlever à la touche.

MARGE.

La *marge* est une feuille prise dans le papier à imprimer, et qui, collée sur le tympan, sert d'indication à l'imprimeur pour toutes les feuilles qu'il doit tirer. Voici de quelle manière se fait la *marge*. On plie une feuille dans le dos et en deux parties bien égales. On la place sur le côté gauche de la forme, de manière que, dans le sens de la hauteur, elle ne déborde pas plus la lettre à une extrémité qu'à l'autre. On avance la partie pliée jusque dans le milieu de la barre du châssis. De cette façon, la marge extérieure se trouve également répartie dans tous les sens. On met un peu de colle aux deux coins de la feuille, on abaisse le tympan, on appuie avec la paume de la main sur la partie où la feuille doit s'y attacher; puis on relève le tympan, et l'on fixe également avec de la colle les deux autres coins de la *marge*.

Lorsque la mise en train est achevée, et qu'il ne reste plus de hausses à poser, on enlève la *marge*, qu'on met entre les deux tympans, comme nous le dirons plus loin. On conserve seulement les coins de la feuille, ou l'on trace à la craie l'angle extérieur d'en haut, sur lequel l'ouvrier se guide pour placer les feuilles sur le tympan.

On voit que de la régularité de la *marge* dépend celle de tout le tirage ; il faut donc apporter à cette opération une exactitude scrupuleuse.

PLACEMENT DES POINTURES.

Lorsque l'imprimeur a fait la marge, il place les *pointures* de manière que les ardillons soient perpendiculaires au pli qui existe dans le milieu de la marge ; par conséquent ils doivent tomber dans les crénures du châssis. On avance ordinairement une *pointure* plus que l'autre, ou l'on en emploie une plus longue, afin que, dans le cas où à la retiration le papier serait mal retourné, on découvre facilement l'erreur. Bien que l'avancement des *pointures* sur le tympan soit à peu près arbitraire, nous pensons qu'on doit les rapprocher le plus possible de la barbe du papier : en voici la raison. Le ressort de la *pointure* occasionne assez fréquemment du papillotage sur le bord des deux pages placées près de la crénure du châssis ; or ce défaut doit devenir moins sensible à mesure qu'on les recule.

Pour le tirage de l'in-douze, les *pointures* se placent au tiers de la feuille dans le haut du tympan ; elles tombent dans la garniture au point qui sépare le pied du grand cahier de la tête du petit, et elles indiquent cette démarcation en vue de la pliure et de la coupure de la feuille. L'imprimeur doit, pour éviter une marge inégale, mesurer avec un compas la têtière du grand cahier, la diviser par la moitié, et vérifier si telle est bien la distance des *pointures* à la tête des pages du petit cahier. S'il reste quelque irrégularité dans les marges, on reporte la différence dans le pied, ce qui est préférable sous un double rapport : d'abord parce que, le blanc de tête étant moindre, ses variations seraient plus visibles; ensuite parce que l'ébarbage du volume peut égaliser les marges inférieures de la page. Comme chaque *pointure*, dans ce format, sert successivement aux deux côtés de la feuille, elles doivent être de la même longueur, et leurs trous à égale distance du bord de la feuille.

La feuille, au tirage en blanc, se pique d'elle-même dans les *pointures;* à la retiration, il est nécessaire qu'on la place dans les trous.

DÉCOUPURE DE LA FRISQUETTE.

Lorsque les pointures sont en place, l'imprimeur fixe la *frisquette* au tympan, touche la forme, abaisse le tympan et tire légèrement le barreau, afin de voir quelles sont les parties de la *frisquette* qui doivent être découpées. Les pages ou parties de pages blanches doivent être garanties par la *frisquette;* en conséquence elle doit demeurer intacte dans tous les endroits qui correspondent à ces blancs.

La *frisquette* doit être découpée avec précision, et toujours de manière qu'il y ait assez de distance entre les parties conservées et la lettre pour que celle-ci ne soit point masquée lorsque la *frisquette* vacille dans les complets, et en même temps de telle sorte que la feuille ne puisse pas être maculée par les garnitures ou les lignes de pied, ce qui arriverait si la découpure était faite trop largement.

Lorsque la *frisquette* a été découpée, l'imprimeur tire une feuille pour vérifier si la *frisquette* ne mord pas, c'est-à-dire si la lettre n'est pas restée masquée sur les bords, afin d'y remédier avant le tirage.

L'imprimeur ne doit pas découper sa *frisquette* sans s'être assuré préalablement qu'il ne sera apporté aucune modification à la distribution des blancs. Autrement il s'exposerait à recommencer ce travail.

Lorsqu'une forme est très-pleine, les bandes de la *frisquette* sont quelquefois trop étroites et trop faibles pour résister pendant toute la durée du tirage. Dans ce cas on les soutient ou on les remplace par des ficelles, qui sont fixées au cadre de la *frisquette*, ou, ce qui est préférable encore, par de petites bandes de parchemin.

Une presse doit toujours être munie de quatre *frisquettes* au moins : deux moyennes et deux grandes, ces dernières de la dimension du tympan. Il arrive souvent que des ouvrages de différents formats s'y tirent alternativement, et il est nécessaire que l'imprimeur conserve une *frisquette* pour chacun d'eux. Il en résulte une économie de temps également profitable à l'ouvrier et à la maison.

REGISTRE.

Le *registre* est la coïncidence parfaite des pages qui forment le recto et le verso d'un même feuillet.

Il est évident que, lorsque le châssis est d'équerre, les garnitures régulières et les pointures bien placées, le *registre* doit être bon; mais comme il arrive rarement que ces diverses conditions se trouvent réunies, il faut prévoir le cas où l'une d'elles manquerait à ce concours.

1° Lorsque le châssis n'est pas bien dressé, on s'en aperçoit facilement en serrant la forme. Il faut alors ou le changer, ou corriger ses défauts avec des interlignes plus ou moins épaisses qu'on place entre la barre et le bois qui est en tête.

2° Il faut appliquer le long de chaque rangée de pages, soit dans les têtières, soit dans les fonds, une réglette en fer ou en bois bien dressée et régnant sur toutes les pages de la même rangée. Par ce moyen, on verra si quelques-unes des pages ne sont pas plus saillantes ou plus rentrées que les autres, et on rétablira l'égalité des garnitures.

3° Les deux premiers points éclaircis, l'imperfection du *registre* ne peut plus provenir que des pointures; et l'on doit s'en assurer en faisant le *registre* en blanc. Cette précaution est d'autant plus nécessaire, que, les pointures devant rester immobiles à la retiration, il n'y aurait d'autre ressource pour corriger des défauts de ce genre que dans la modification des garnitures, ressource extrême dont on doit se garder le plus possible.

Pour faire le *registre* en blanc, on tire une feuille sous une maculature, on la met en retiration sur elle-même, et on la tire de nouveau. S'il arrive que les têtes ou les côtés des pages ne tombent pas exactement les uns sur les autres, on fait mouvoir les pointures, ou quelquefois l'une d'elles seulement, soit en haut, soit en bas, mais **toujours** dans le sens de la différence que l'on retrouve à la **retiration**. Ainsi, par exemple, si, la feuille étant retournée, **on** trouve que l'impression descend, cela dénote que pour le tirage en blanc les pointures montent trop; il faut alors les descendre de moitié de la différence; et réciproquement dans le cas contraire.

On renouvelle l'expérience jusqu'à ce qu'on ait obtenu un résultat exact.

MISE EN TRAIN PROPREMENT DITE.

Après ces différentes opérations, il reste la *mise en train proprement dite,* qui consiste dans le placement des supports, des hausses et des feuilles découpées.

Le but des supports est de soutenir partout la feuille de papier à la hauteur du caractère, afin que le foulage soit égal dans toutes les parties de la forme, et de remédier au papillotage.

Il y a plusieurs espèces de supports.

Ceux qui s'adaptent aux garnitures sont de petits morceaux de plomb ou de liége, que l'imprimeur, en plaçant sa forme sur le marbre de la presse, ajuste dans les vides des lingots. Ils doivent être fondus ou taillés en cônes ; de cette façon ils seront retenus du bas et ne pourront s'enlever à la touche. Les supports en liége sont préférables, à cause de leur élasticité ; ils ne laissent pas non plus sur le papier, comme les supports en plomb, une trace de foulage difficile à effacer.

Il y a d'autres supports, qui se collent à la frisquette pour garantir les bords de la forme et les parties de pages qui sont blanches : ce sont des bourrelets faits avec de la laine roulée dans du papier. Ces supports remplacent ceux dont nous avons parlé précédemment, lorsque les garnitures sont faites avec des bois ou avec des lingots pleins.

On se sert encore, pour soutenir le pourtour de la forme, de réglettes et de biseaux de hauteur.

Quelquefois on a fait usage de supports élastiques composés de deux pièces en cuivre, dont l'une, la pièce supérieure, s'abaissait au moyen d'un ressort à compression et suivait le mouvement de la platine ; mais ce moyen n'a pas prévalu ; il est dispendieux et sujet à des dérangements trop fréquents.

Il est rare qu'une presse soit dressée avec une justesse telle que quelques parties de la forme ne viennent pas plus faibles et d'autres plus fortes que l'ensemble ; ces inégalités tiennent aussi quelquefois à celles des formes plus ou moins légères, ou plus ou moins compactes, qui se succèdent au tirage. On remédie aux faiblesses en collant à la partie correspondante de la marge des morceaux de papier dont l'épaisseur est proportionnée à l'intensité du défaut, et qu'on appelle *hausses*. L'excès de foulage se corrige au contraire par la découpure de la marge ; et si la suppression de cette épaisseur est insuffisante, on découpe autant de feuilles qu'il est nécessaire, et on les place dans le tympan parallèlement à la marge, et collées l'une sur l'autre aux extrémités.

Lorsque le foulage est devenu régulier, on détache la marge, dont les coins suffisent pour indiquer le placement des feuilles, et on la met dans le tympan.

GARNITURE DU TYMPAN.

La *garniture du tympan* doit être appropriée à l'importance de l'ouvrage qu'on doit tirer. Ainsi, suivant que ce tirage exige plus ou moins de soins, on emploie des épaisseurs de soie ou simplement des blanchets de drap.

Pour un bon tirage, le tympan doit être garni d'une double épaisseur de soie, d'un blanchet simple de casimir et d'une feuille de papier fort, collé et bien uni, sous laquelle se place la mise en train.

Les blanchets doivent être remaniés après le tirage de chaque feuille, afin qu'on fasse disparaître le plus possible l'empreinte du foulage, qui abat le lainage du drap ; et lorsqu'un blanchet a longtemps servi à un format, on ne peut plus l'employer pour un format différent ; il en résulterait de nombreuses imperfections dans le foulage.

FOULAGE.

Le *foulage* de la presse en bois dépendait de la force qu'on employait en tirant le barreau ; celui de la presse en fonte se détermine d'avance au moyen d'un régulateur.

Il est important de le modérer en raison de la légèreté de la forme ; il doit naturellement être plus fort lorsque la forme est chargée et d'un caractère fin. C'est la multiplicité des lettres, et non leur grosseur, qui exige une pression plus puissante : ce fait n'a pas besoin de démonstration.

L'imprimeur doit régler d'avance son *foulage* sur ces données. S'il est trop faible, il produit une impression superficielle, imparfaite, où la lettre n'est qu'effleurée, et où les parties fines ne viennent pas. S'il est trop fort, le tirage est creux et manque de pureté, les fins et les gras de la lettre se confondent, et le caractère se fatigue et s'arrondit plus promptement.

La modération du *foulage* entre donc pour beaucoup dans la qualité d'une impression.

TOUCHE.

La *touche* est le travail de celui des deux imprimeurs qui est chargé de prendre l'encre, de la distribuer, et d'en couvrir la forme. Cette fonction est d'une importance capitale, et demande une attention soutenue. Il est telles opérations du tirage qui ne requièrent que des soins momentanés, entre autres la mise en train ; mais la *touche* exige une surveillance incessante. Elle doit donner pour résultats une couleur ferme, pure, et toujours égale ; telle enfin que la lettre soit franchement couverte, et en même temps que les moindres traits viennent avec la finesse de leur gravure. L'ouvrier qui touche ne doit jamais laisser passer plus de quatre feuilles sans examiner le tirage, afin de voir si la couleur se soutient, s'il doit prendre de l'encre, s'il n'y a pas de lettres à nettoyer, d'espaces ou de cadrats à baisser.

La *touche* s'opérait autrefois avec les balles ; maintenant elle se fait avec le rouleau.

Lorsqu'on se servait des balles, il fallait passer fréquemment le broyon sur l'encre, qu'on étalait en petite quantité au bord de l'encrier ; aujourd'hui qu'on emploie le rouleau, il suffit de tourner la manivelle du cylindre, pour renouveler la couche d'encre qui s'y attache.

Il faut, avant de commencer le travail, échauffer le rouleau sur la table, le décharger sur une feuille de papier collé lorsqu'il est trop encré, le distribuer sans relâche, prendre l'encre à petite dose et y revenir souvent.

La forme doit être touchée trois ou quatre fois dans les cas ordinaires, et davantage si la nature de sa composition l'exige spécialement.

TIRAGE PROPREMENT DIT.

Tandis que l'un des imprimeurs s'occupe à prendre l'encre, à la distribuer et à toucher la forme, l'autre est chargé du *tirage proprement dit.*

Ce dernier prend sa feuille sur le pupitre, la place sur le tympan, abaisse d'un seul mouvement (qu'on appelle le *moulinet*) la frisquette et le tympan, roule le train sous la platine, tire le barreau, déroule le train, relève le tympan et la frisquette avec la main droite, et de la main gauche soutient la feuille, qu'il reprend ensuite de la droite lorsque cette main est dégagée, et qu'il remet sur le banc.

Cette opération demande de l'unité dans le mouvement, qui est exécuté avec promptitude. La feuille doit être placée bien exactement sur la marge; si c'est dans les trous des pointures, il faut prendre garde de les élargir, et d'occasionner ainsi des variations de registre. Le moulinet doit être fait avec précision, pour que la frisquette ne s'abatte pas sur la forme. Le train doit toujours être roulé au même point pour que la platine porte également sur le tympan; il ne doit être déroulé qu'autant que cela est nécessaire au relevage du tympan, afin que la frisquette conserve son inclinaison telle qu'elle a été réglée.

RETIRATION.

La *retiration* (1) est le tirage du second côté du papier.

Lorsque l'ouvrage tiré est imposé par demi-feuille, le papier se met en *retiration* sur la même forme, soit après la totalité du tirage en blanc, soit après une partie seulement, si le tirage est considérable et le papier exposé à se sécher. On doit éviter, quand on le peut, de mettre du papier trop promptement en *retiration*; mais, d'un autre côté, il est bon de ne pas l'y mettre plus tard que le surlendemain du jour où il a été tiré en blanc.

Quand tout le papier a été tiré d'un côté, l'imprimeur l'enlève de dessus le pupitre, et le retourne dans le sens requis par le format.

Pour l'in-douze, le papier se retourne dans le sens le plus étroit, ainsi que l'indique d'ailleurs la position des pointures.

Pour l'in-octavo et tous les autres formats, le papier se retourne dans le sens le plus large, excepté dans certaines impositions combinées, où il doit être retourné comme pour l'in-douze. Dans ce cas, l'imprimeur doit en être averti.

L'imprimeur donne tierce de la seconde forme, l'ar-

---

1. Le mot *retiration* peut venir du verbe *retirer*, tirer de nouveau, ou du substantif *réitération*, corrompu par le langage technique. Ce qui viendrait à l'appui de cette seconde hypothèse, c'est que les Anglais le traduisent par *reiteration*.

rête dans la même position que la première, examine le registre et vérifie la garniture.

Il place sur la marge une feuille de décharge, après avoir diminué d'un tour de vis le foulage de la presse pour compenser cette épaisseur. L'objet de cette feuille est de recevoir une partie de l'encre du premier côté, laquelle se détache plus ou moins à la *retiration* par l'effet du contre-foulage ; elle doit être renouvelée par l'imprimeur dès qu'étant trop chargée d'encre elle menace de maculer la feuille imprimée. On emploie ordinairement pour cela un papier fin et uni, pour qu'il ne produise pas d'inégalités nuisibles au tirage, assez moelleux pour ménager la lettre, et légèrement collé, afin qu'il ne lâche pas l'encre trop facilement.

La feuille de décharge se fixe sous les pointures, qui la maintiennent. De plus on la colle du bas, et on l'écorne comme la marge, pour éviter qu'elle ne suive la feuille que l'ouvrier enlève de dessus le tympan.

Ces dispositions faites, l'imprimeur apporte à la mise en train les modifications que demande la nouvelle forme.

Les feuilles de la *retiration* se pointent au lieu de se marger. Cette opération demande de l'attention ; si la feuille n'est pas bien fixée, elle glissera, ou les trous s'agrandiront, ce qui détruirait la justesse du registre.

CESSATION DU TRAVAIL.

Lorsque les imprimeurs interrompent leur travail, soit dans le cours de la journée, soit à la fin, ils ont à prendre certaines précautions pour que la suite du tirage n'ait pas à souffrir.

L'ouvrier qui est au tympan tirera deux ou trois fois le barreau sur une feuille de décharge, pour enlever entièrement l'encre dont la surface de la forme se trouve empreinte, et qui, en se séchant sur la lettre, nuirait à la netteté de l'impression. Il roulera aussi le train sous la platine, pour mettre la forme à l'abri de tout accident. Le papier tiré sera placé sur celui qui reste à tirer, afin d'entretenir sa fraîcheur ; et le tout sera couvert d'un ais.

L'ouvrier qui touche doit laver le rouleau, ou, suivant la température, l'enduire d'encre ou de vernis, puis le suspendre à l'abri de la poussière, et garantir également la table et le cylindre par un couvercle en carton ou en fer-blanc destiné à cet usage.

Il est nécessaire de frotter les blanchets, pour faire revenir la partie froissée par le foulage ; c'est un moyen de conservation qu'il importe de ne pas négliger.

Les tympans doivent être collés de nouveau lorsqu'ils commencent à se détendre ; autrement ils feraient friser les bords des pages.

Les presses demandent à être tenues dans une grande propreté. Le cambouis formé par la poussière et par l'huile versée dans la vis et dans les bandes, s'endurcit et ôte du jeu aux pièces, et peut par cette raison occasionner des accidents.

Les ouvriers qui considèrent tous ces soins comme inséparables de leurs fonctions doivent s'apercevoir qu'ils facilitent et améliorent leur travail.

CHAPITRE III

DES MATÉRIAUX ET DES USTENSILES
QUI SERVENT AU TIRAGE

PAPIERS.

La connaissance des *papiers* est un des éléments de l'instruction typographique. Un imprimeur doit avant tout savoir les distinguer quant à leur format; il doit savoir les apprécier au tact et à la vue. Il y a dans ce genre de fabrication une foule de défauts dont aucun ne doit échapper à son inspection, et que le simple examen doit avoir relevés avant qu'ils se soient manifestés au tirage.

Les principales qualités d'un *papier* sont celles qui constituent sa régularité, telle que l'égalité des feuilles sous les rapports de dimension, d'épaisseur et de nuance. C'est à ces trois conditions qu'il faut surtout s'attacher, comme étant celles qui ont le plus d'influence sur la confection des livres. L'inégalité de dimensions détruit la combinaison des blancs en diminuant les marges extérieures; celle de l'épaisseur opère dans le foulage, et par conséquent dans l'impression, une différence sensible; enfin l'inégalité de nuance occasionne de ces disparates qui déparent et déshonorent un volume. Indépendamment de ces défauts, on doit examiner si les feuilles sont terminées bien carrément, si elles ne contiennent pas de ces plis qui se forment à la fabrication, et qui, ne pouvant disparaître au tirage, divisent les lettres qui portent dessus ; si elles n'ont pas de ces parties faibles formées par des gouttes d'eau qui tombent sur la pâte encore liquide, et qui reproduisent infailliblement les mêmes faiblesses dans le tirage.

Comme il y a des *papiers* de diverses qualités et de divers choix, il serait injuste d'exiger pour tous la même perfection ; mais toujours est-il que ceux qui ne réunissent pas les différentes conditions que nous venons d'indiquer nuisent plus ou moins au tirage, dont la qualité dépend en grande partie de cet élément essentiel.

Il existe une quantité considérable de formats de *papiers*. Sans entrer ici dans des détails qui n'intéressent spécialement que la papeterie, nous nous bornerons à donner la nomenclature des formats les plus usités dans l'imprimerie, et dont les autres ne sont en quelque sorte que des variétés. Ils sont ci-après désignés suivant la progression ascendante de leurs dimensions.

Pot, Tellière, Couronne, Écu, Carré, Cavalier, Grand-Raisin, Jésus, Colombier, Grand-Aigle, Grand-Monde.

Avant d'indiquer l'emploi plus ou moins fréquent de ces différentes espèces de *papiers,* et de présenter les particularités relatives à chacune d'elles, nous ferons remarquer les deux distinctions principales à établir dans un même format, savoir le *papier vergé* et le *papier vélin*. Les *vergeures* sont de petits linéaments horizontaux et très-rapprochés; ils proviennent de l'empreinte opérée sur les feuilles par les fils de laiton qui composent le tissu des formes sur lesquelles la pâte s'étend et se fige à la fabrication. Il y a une autre marque distinctive dans les *papiers* vergés; ce sont des lignes parallèles entre elles et perpendiculaires aux vergeures, qu'on appelle *pontuseaux*. Les pontuseaux sont également distants dans une même feuille; mais cet intervalle, qui n'est déterminé par aucun motif d'utilité, est entièrement arbitraire quant à sa fixation primitive.

Le *papier vélin* ne porte ni vergeures ni pontuseaux. Le tissu de la forme qui sert à sa fabrication est plus fin et plus serré, et ne laisse apercevoir de linéaments dans aucun sens. Ce genre de *papier* est ordinairement fait avec la pâte la plus fine, et fabriqué avec des soins particuliers.

Mais ces différences qu'établissait entre le *papier* vergé et le *papier* vélin l'ancienne confection manuelle, ont perdu toute importance depuis que la mécanique est venue s'emparer presque exclusivement de la fabrication de ce produit. La vergeure a disparu dans la toile de la machine à *papier*, qui a pour résultat une feuille limitée dans la largeur, mais continue dans la longueur. Cette feuille sans fin s'enroule, au sortir de la machine, sur un tambour où elle est coupée aux dimensions qu'on veut obtenir.

De la facilité que présente cette fabrication pour avoir toutes les dimensions qu'on désire, il s'ensuit une grande perturbation jetée dans les anciens formats. Ceux-ci n'existent plus guère que nominalement, ou par la force de l'usage qui maintient encore leurs dénominations et approximativement leurs mesures; mais celles-ci avec des variétés multipliées à l'infini, soit par la nécessité, soit par la fantaisie.

Le *papier* mécanique, qui offre, comparativement au *papier de cuve* ou *papier à la main*, des avantages de plusieurs genres, attend toutefois lui-même quelques perfectionnements; et entre autres la disparition de cette inégalité qui existe entre les deux côtés de la feuille, et qui en fait comme l'endroit et l'envers d'une étoffe. Cette inégalité, qu'un glaçage énergique ne suffit pas à effacer, se reproduit au tirage et s'oppose à l'irréprochable régularité de sa couleur.

Le *pot*, autrement dit *écolier*, est, ainsi que l'indique cette seconde dénomination, d'un fréquent usage dans les classes; il sert aussi pour l'impression de certains ouvrages de ville.

La *tellière*, vulgairement appelée *papier-ministre*, sert aux impressions de bureau. Il en est de même des deux formats immédiatement supérieurs, la *couronne* et l'*écu*.

Le *carré* est de tous les *papiers* d'impression le plus généralement usité. On peut évaluer sa consommation à soixante-quinze rames sur cent de tous les formats. Il y a une sorte de *carré* collé qu'on appelle *coquille*, et qui est d'un emploi assez fréquent, notamment pour les impressions de têtes de lettres et d'autres ouvrages de ville. Le *carré*, comme tous les *papiers* d'impression qui n'ont point à recevoir l'écriture, est ordinairement sans colle ou légèrement collé. La colle donne de la consistance au *papier;* mais elle nuit quelquefois à sa blancheur, et souvent elle lui communique une rudesse qui le rend moins accessible à l'encre, dont sa surface doit s'imprégner sans effort.

Le *cavalier* est un format intermédiaire entre le carré et le grand-raisin.

Le *grand-raisin* est, après le carré, le format le plus fréquemment employé. On s'en sert, soit pour des ouvrages imprimés avec un certain luxe typographique, soit pour des volumes compactes ou à colonnes, dans le cas où les dimensions du carré seraient insuffisantes.

Le *jésus* est également un format très-usuel. Il se trouve, par ses dimensions, placé presque à l'extrême limite de ceux dont les formes peuvent être transportées à bras. Aussi bon nombre de presses manuelles ou mécaniques sont-elles construites en vue de tirer le *jésus.* Ses dimensions donnent une superficie à peu près égale à une feuille et demie de carré; ainsi l'in-douze carré et l'in-dix-huit *jésus* sont à peu près équivalents. Il y a donc un avantage évident à se servir du *jésus* pour tout ouvrage dont le tirage est élevé, si cette combinaison n'est contrariée par aucune autre condition.

Les autres formats, le *colombier,* le *grand-aigle* et le *grand-monde,* sont de moins en moins usuels en raison de l'accroissement de ces dimensions. Ils ne servent guère qu'à de grands registres, à des textes de gravures, à des placards ou à des tableaux synoptiques.

Nous n'étendrons pas plus loin nos observations sur les différents *papiers* usités dans l'imprimerie. Nous avons dû nous borner à présenter ces produits sous le rapport de leur application à l'art typographique, et omettre tout détail relatif à leur fabrication.

RAME, MAIN, FEUILLE.

La *rame* se compose de cinq cents *feuilles*, distribuées ordinairement par cahiers de vingt-cinq *feuilles* chacun, qu'on appelle *mains*.

Certaines fabriques ont l'habitude de laisser les *feuilles* ouvertes; et souvent dans ce cas elles en font des paquets de mille. Cet arrangement a quelques avantages, et notamment celui d'éviter le pli du milieu, qui disparaît difficilement, malgré la trempe, sans laisser des traces, et qui porte sur l'impression dans certains formats, tels que l'in-douze et l'atlas.

Mais le bénéfice de cette méthode est loin de compenser les inconvénients qu'elle peut occasionner, et avant tout celui de rendre impraticable la vérification du nombre de *feuilles*, la perte de temps qu'elle nécessite en forçant à les compter une à une, et le risque auquel elle expose d'effectuer des tirages incomplets.

Il faudrait, pour obvier aux inconvénients tout en conservant les avantages, que les fabricants eussent le soin, en tenant les *feuilles* ouvertes, de séparer chaque *main* par une marque. Cette précaution préviendrait toute erreur.

PAPIER DE CHINE.

Le *papier de Chine* est fabriqué avec des substances végétales. Il est à la fois sec et moelleux, ce qui le rend propre à reproduire avec une grande pureté l'empreinte qu'il doit recevoir. En effet, grâce à ces deux qualités, qui se compensent et se complètent, l'impression est exempte de toute bavure, en même temps que, ne rencontrant pas de point résistant, elle est rendue dans ses moindres détails.

Ce papier est surtout d'un grand prix pour l'impression des gravures, soit en relief, soit en taille-douce. Outre la netteté de tirage qu'on obtient, son ton légèrement bis établit entre toutes les nuances de la gravure une harmonie à laquelle se refuse la crudité du papier blanc.

Le *papier de Chine* n'exige pas pour passer sous presse une préparation particulière ; on l'emploie sec ou très-faiblement ramolli.

PEAU DE VÉLIN.

Le tirage de la *peau de vélin* comporte des soins minutieux et attentifs, sans lesquels on courrait le risque de n'arriver qu'à un résultat imparfait et de perdre cette *peau*, qui est d'un assez grand prix lorsqu'elle est de belle qualité.

Avant tout il importe de faire choix d'une *peau* bien unie, exempte de taches, et également préparée sur toute sa surface.

Au moment de l'employer, il faut passer dessus, avec

légèreté, soit un linge fin, soit un tampon de papier moelleux, pour enlever ce qui pourrait y rester de la poudre de chaux avec laquelle elle a été poncée par le parcheminier.

On la ramoitit un instant en l'intercalant dans du papier modérément trempé, et en ayant la précaution de la retirer avant qu'elle soit pénétrée d'humidité ; autrement elle goderait et elle refuserait l'encre. En attendant la retiration, la *peau* doit être placée entre deux plateaux et garantie par des feuilles sèches.

Pour tirer la *peau*, il faut choisir le temps où la mise en train est complétement terminée, où la forme prend bien son encre, et où le rouleau est convenablement échauffé ; en un mot, le moment le plus opportun pour n'apporter sciemment aucune chance contraire à un tirage dont le résultat laisse toujours quelque incertitude.

Le coup de barreau doit être donné sans hésitation, mais sans sécheresse et en graduant la pression.

ENCRE.

L'*encre* d'imprimerie est un amalgame de vernis (1) et de noir de fumée (2), qui varie suivant la qualité

---

(1) Le vernis est fait avec de l'huile de lin, cuite sur le feu jusqu'à ce qu'elle ait pris la consistance de la glu.

(2) On a reconnu que les substances animales et minérales ne pouvaient produire un noir assez pur et assez friable pour la fabrication de l'encre. Les parcelles qu'elles laissent subsister après leur pulvérisation, interposées entre la forme et la platine, ou le cylindre, altéreraient fréquemment l'œil de la lettre.

qu'on veut lui donner. Celle qui sert à l'impression des affiches et d'autres ouvrages de peu de valeur est plus faible de noir. Celle qu'on emploie au contraire à des tirages soignés doit être plus finement broyée et douée d'une plus grande consistance. Elle est plus difficile à distribuer; mais aussi, étant moins fluide, elle ne couvre que la surface de l'œil de la lettre, et ne découle pas sur ses talus, ce qui rend gras et lourd le tirage des bords de la lettre.

Pour obtenir une impression pure, il faut que l'*encre* soit bien broyée à sa fabrication, soigneusement dégagée de tout corps étranger qui remplirait l'œil de la lettre ou l'écraserait, et réduite à l'état fluide à son maximum de densité. On s'est servi pour quelques beaux ouvrages de noir de bougies.

Il y a dans la plupart des imprimeries trois ou quatre qualités d'*encre* : de l'*encre* *faible* pour les placards, de l'*encre* *ordinaire* pour les ouvrages courants, et de l'*encre* *fine* et même *superfine* pour ceux qui exigent des soins particuliers, tels que les vignettes notamment. Mais ces diverses sortes d'*encres* se subdivisent elles-mêmes en un certain nombre de qualités différentes.

Le choix de l'*encre* mérite de la part de celui qui l'emploie une observation attentive et persévérante. L'*encre* est l'âme du tirage; elle influe non-seulement sur son exécution présente, mais aussi sur sa qualité ultérieure. La valeur et la durée d'une édition dépendent en grande partie de la bonne fabrication de l'*encre* qui a concouru à son impression. Les principales conditions à rechercher pour cet élément essentiel d'un bon tirage sont : la finesse, la pureté, l'éclat et l'intensité du noir, combinés avec la bonne qualité première, l'épuration et la cuisson convenable du vernis. Le défaut qu'il importe le plus d'éviter, c'est cette auréole jaune qu'un vernis médiocre dépose autour des lettres, et qui, en s'étendant, finit par former une masse jaunâtre, au grand détriment de l'impression et du papier. Un tirage dont les feuilles sont atteintes, en totalité ou en partie, par un accident de cette nature, se trouve par là frappé d'une notable dépréciation.

Avant d'employer un baril d'*encre*, il est à propos de l'essayer; ce qui se fait en déposant sur un morceau de papier blanc non collé une parcelle de cette *encre*, soit par filets, soit par masses. Au bout de vingt-quatre heures, on peut déjà juger de la qualité du vernis, de sa disposition à s'étendre plus ou moins, et de la teinte de l'auréole qu'il projette. Si l'auréole est incolore, l'encre peut être employée sans danger; si elle est d'un ton jaune prononcé, il n'est pas prudent de s'en servir.

ROULEAU.

Le *rouleau* est une composition de gélatine et de mélasse coulée sur un mandrin en bois. Les deux poignées sont adaptées à une bande de fer, recourbée en équerre à ses deux extrémités. Cette monture est maintenue par une tringle également en fer, qui, traversant le mandrin dans sa longueur, est fixée à l'un des bouts de la monture par une rivure, et à l'autre par une clavelle ou par un écrou. Le diamètre du *rouleau* est de huit à neuf centimètres.

Pour fondre le *rouleau*, on fait détremper la gélatine dans l'eau pendant vingt-quatre heures, en la retournant trois ou quatre fois pendant ce temps. La colle de Flandre, ou toute autre qui s'en rapproche, est ce qui convient le mieux pour cet usage. Lorsque l'eau, versée à fleur de la colle, a été absorbée par elle, on place la marmite qui la contient dans une autre marmite, pour que la colle fonde au bain-marie. On l'écume, et lorsqu'elle est entièrement dissoute, on y verse pareille quantité de mélasse, et on remue le tout pour faciliter la fusion des deux substances.

On verse la composition dans un moule, qui est fait en zinc ou en fonte. Lorsqu'elle y est restée au moins douze heures, on en retire le *rouleau*, et on l'expose à l'air pendant pareille durée, afin qu'il ait le temps de se rasseoir et d'acquérir la consistance nécessaire.

Il y a des moules de différentes longueurs, parce que les formes demandent des *rouleaux* appropriés à leur dimension, qui est variable.

Lorsqu'on refond de vieux *rouleaux*, il faut avoir soin de les laver préalablement avec de la lessive, pour les dégager de l'encre ou des autres impuretés qui pourraient altérer la matière.

La température influe beaucoup sur les *rouleaux*: aussi doit-on de préférence les fabriquer dans un endroit où elle soit modérée. La gelée et le hâle les durcissent, de même que l'humidité les amollit; c'est pourquoi il est bon d'en avoir toujours en réserve une partie qui soient un peu plus forts en gélatine, et l'autre plus forts en mélasse, pour que les changements de temps ne puissent ni arrêter le travail des imprimeurs, ni nuire à sa qualité.

L'encre se prend avec le *rouleau*, qu'on approche du cylindre. On le distribue sur la table, et on le passe plusieurs fois sur la forme. Lorsqu'on cesse de s'en servir, on le nettoie avec de la lessive, ou bien on l'enduit de vernis ou d'encre pour lui conserver son élasticité. L'eau ne lui donne qu'une souplesse momentanée ; elle finit par le durcir.

TABLE-ENCRIER.

Cette *table* est un peu plus large qu'elle n'est profonde. Sa largeur a pour mesure celle du cylindre ; sa profondeur est déterminée par l'espace nécessaire pour la distribution du rouleau.

A l'un des côtés de la *table*, celui du fond, est adaptée perpendiculairement une pièce de bois régnante, d'environ douze centimètres de hauteur. Cette pièce est doublée d'une plaque de cuivre. Devant elle, à environ cinq millimètres de distance, est placé un cylindre en fer de vingt centimètres environ de circonférence. L'encre se met dans l'intervalle de la plaque de cuivre et du cylindre. Le cylindre est mû par une manivelle qui broie l'encre, et il en fournit une légère couche qui est prise à l'extrémité opposée de son diamètre par le rouleau.

Derrière la pièce de bois sont placées quatre fortes

vis qui diminuent ou augmentent l'intervalle servant
de réservoir pour l'encre : on resserre les vis lorsqu'on
s'aperçoit qu'elle vient trop abondamment ; on les
desserre pour en donner davantage. A la partie supérieure de la même pièce est adaptée une petite plaque
de tôle à charnière, qui se rabat sur l'encre et sur le
cylindre pour les garantir de la poussière. La *table* doit
en être également préservée, pendant la cessation du
travail, par un carton ou une planchette à cet usage.

La *table* et le cylindre sont généralement établis,
ainsi que la presse, sur les dimensions du format jésus.

BANC.

Le *banc* est une espèce de table foncée sur trois côtés.
La partie supérieure est destinée à recevoir le papier
à imprimer et celui qui sort de la presse. Les feuilles
à imprimer sont placées à l'extrémité la plus voisine du
train, et sur un pupitre adapté au *banc*, afin qu'elles
glissent plus facilement lorsque l'ouvrier les prend pour
les placer sur le tympan.

Il y a dans la partie supérieure du *banc* un tiroir,
dans lequel l'ouvrier dépose ses étoffes et divers menus
objets qui lui sont nécessaires pour son travail. La partie
inférieure forme une espèce de coffre, où il peut mettre
encore le papier de décharge, le papier de hausses, les
maculatures, le taquoir, le décognoir, le marteau et
les autres ustensiles dont il fait usage.

Le *banc* se place à l'extrémité des bandes de la presse.
Il doit former avec elle un angle d'environ soixante-

quinze degrés, pour que l'ouvrier qui touche, et qui est chargé d'examiner le tirage, ait à parcourir le moins d'espace possible sans cependant gêner son compagnon.

BAQUET.

On appelle ainsi une pierre creusée carrément dans laquelle on couche les formes pour les laver. Les *baquets* en fonte sont préférables, parce qu'ils ne peuvent se détériorer, tandis que le rebord de la pierre sur lequel on pose le châssis de la forme est facilement endommagé. Le *baquet* doit toujours avoir pour mesure au moins la dimension d'un châssis de jésus, qui est le plus grand des formats usuels. Quant aux formes de colombier et de grand-aigle, comme il ne s'en présente que rarement, on les lave sur un ais de leur grandeur.

Le *baquet* est percé à l'un de ses coins d'un trou qui se bouche avec une bonde de bois entourée de linge : ce trou laisse, après le lavage de la forme, un écoulement à la lessive, qui tombe dans un récipient.

BASSINE.

La *bassine* est le réservoir de l'eau dont on se sert pour tremper le papier. La forme de la *bassine* est peu importante ; cependant elle doit être plutôt évasée que profonde. Quant à la solidité de sa construction, le bois de chêne et une doublure intérieure en plomb sont ce qu'il y a de meilleur sous ce rapport. La *bassine* doit être remplie avec de l'eau filtrée ou très-pure, et entretenue dans la plus grande propreté, afin que le papier qu'on trempe soit à l'abri de toute altération.

PALETTE.

La *palette* est une petite pelle en fer avec laquelle on prend l'encre dans le baril pour la mettre dans l'encrier, ou réservoir qui se trouve derrière le cylindre.

BURETTE.

La *burette* est un petit vase en fer-blanc, à couvercle, dont on se sert pour verser de l'huile dans les bandes et dans les vis de la presse.

SERVANTE.

La *servante* a pour objet de soutenir le haut de la frisquette lorsqu'elle est levée. On se sert pour cela, soit d'une planchette fixée dans le plafond ou dans la muraille, suivant la plus grande proximité de l'un ou de l'autre, soit d'une branche en fer qui s'élève du plancher inférieur.

On place la *servante* de façon à donner à la frisquette le degré d'inclinaison nécessaire pour qu'elle ne retombe pas d'elle-même sur le tympan, et tel cependant qu'il n'arrête pas le mouvement du moulinet.

PLATEAU.

Le *plateau* ne diffère de l'ais qu'en ce qu'il est en chêne au lieu d'être en sapin, et qu'il n'a point de traverses en dessous. Il sépare les parties de papiers appartenantes à différents ouvrages qu'on serre dans la même presse, les maintient et augmente la pression.

PRESSE A PAPIER.

C'est dans l'intervalle du trempage et du tirage que le papier est mis en *presse*.

La construction de cette *presse* consiste en deux jumelles, deux sommiers, une platine, et une vis en bois ou en fer. Elle est ordinairement scellée dans le sol, ou dans le plancher, et dans la muraille. On la serre à l'aide d'une barre qui s'adapte dans la tête de la vis.

CHAPITRE IV

DE LA PRESSE MÉCANIQUE

Les *presses mécaniques* occupent aujourd'hui, dans le matériel de la typographie, une place fort importante, et, suivant le cours forcé des choses, elles tendent de jour en jour à une propagation plus considérable. Dans les grands établissements, elles ont presque complétement remplacé les presses manuelles, qui n'y figurent plus que pour des travaux accessoires. Quoi qu'il en soit, nous avons dû réserver à celles-ci mieux qu'une simple mention, c'est-à-dire une description étendue, qu'elles méritent à plus d'un titre. Les presses manuelles forment encore le fond des moyens de tirage dans un grand nombre de maisons dont les opérations sont restreintes. La mise en train et tous les procédés qui s'y rattachent leur ont été empruntés par les presses mécaniques, et les conducteurs de ces dernières sont d'autant plus experts en typographie quand ils ont manié le rouleau, tiré le barreau et pratiqué sur le tympan. Enfin, quels que soient les avantages des mécaniques sous le rapport de la régularité des mouvements, la presse manuelle conserve encore le privilége des impressions hors ligne, et le conservera jusqu'à ce que les machines aient suppléé l'homme, non-seulement pour les fonctions générales, mais, ce qui est plus problématique, pour ces résultats minutieux qui s'obtiennent par le calcul, par l'attention et par une surveillance incessante.

Le principal avantage des presses mécaniques, leur mérite incontestable, c'est la vitesse, c'est une production dont la rapidité et l'étendue n'étaient pas accessibles aux presses manuelles. Les procédés mécaniques appliqués au tirage ont donc reculé les limites de cette production dans une proportion qu'on ne peut apprécier, surtout dans ses progrès à venir. Après cette première conquête bien reconnue, les mécaniques ont dû tendre à perfectionner leurs résultats; il ne leur suffisait pas, en effet, de résoudre la question de célérité; il fallait de plus qu'elles parvinssent à une supériorité d'exécution bien marquée. Le second pas a été fait par elles, et aujourd'hui il existe des presses mécaniques construites avec une précision extrême, dans un système très-simplifié, et qui, bien dirigées, produisent des impressions légères, pures, irréprochables, voisines en un mot de cette perfection qui, comme nous le disions tout à l'heure, n'appartient tout entière qu'à la main de l'homme. Non-seulement les tirages mécaniques présentent des textes très-finement venus, mais les gravures sur bois s'y reproduisent avec netteté et dans leurs moindres détails; on peut même dire que la régularité des fonctions de la machine assure à la couleur, une fois qu'elle a été bien réglée, cette unité de ton que l'imprimeur ne maintient à sa touche qu'à l'aide des soins les plus persévérants.

Les presses mécaniques ne sont point construites d'après un système unique ; il existe, au contraire, une très-grande diversité non-seulement dans la forme, le nombre et la position des pièces, dans la transmission des mouvements, dans les vitesses de la marche, dans les dimensions des formats qu'elles doivent tirer ; mais avant tout dans les données fondamentales du mode de pression. Ainsi telle machine imprime par les plans parallèles, telle autre par le cylindre horizontal, telle autre par le cylindre vertical, telle autre avec la lettre disposée circulairement, etc., etc. Elles sont simples, doubles, quadruples, avec ou sans réaction, etc.

Dans cette situation évidemment transitoire de la presse mécanique, situation dont le dernier mot sera peut-être longtemps à se dire, où le système qui prévaudra et s'établira sur la ruine des autres n'a peut-être pas encore vu le jour, y aurait-il opportunité à en donner une description qui eût la prétention d'être définitive, ou seulement la chance d'être durable? Nous ne le pensons pas ; ce serait, il nous semble, vouloir arrêter la pensée au vol, enchaîner le progrès, poser la limite d'une œuvre inachevée. Nous nous bornerons donc à indiquer sommairement la structure de cette machine, suivant la base la plus généralement adoptée ; à recommander les soins que réclame sa conduite, et à signaler les défauts qui se présentent habituellement et qu'il importe de combattre et de corriger.

Le système le plus anciennement adopté et le plus communément appliqué, celui qui s'est constamment maintenu, sauf les modifications qu'il a subies dans ses détails, c'est le cylindre opérant la pression sur le plan horizontal qui reçoit la forme. Telle fut la donnée des premiers inventeurs, qui se proposèrent pour but l'accélération du tirage et en même temps la suppression des fonctions manuelles les plus rudes, savoir : la distribution de l'encre, la touche et le coup de barreau.

MM. Kœnig et Bauer, horlogers saxons, le premier le maître, et le second l'élève, conçurent et exécutèrent une mécanique sur ce plan; elle fut construite et mise en œuvre à Londres, avec le concours d'un imprimeur anglais. Plus tard, en vue d'imprimer à la fois les deux côtés de la feuille, le mécanicien doubla sa presse, en établissant, à l'aide de cordons, une communication entre les deux cylindres. La pensée était fort ingénieuse; mais l'exécution demeurait imparfaite, et le registre était insuffisant. Le moyen de donner à la retiration toute la précision qu'on obtient avec les pointures sur la presse manuelle, et même sur la mécanique simple, exigea de longues combinaisons. Après des essais répétés et longtemps infructueux, on arriva à adapter à la machine, dans l'intervalle des deux cylindres d'impression, deux tambours en bois dont le diamètre et la disposition sont calculés pour que la feuille, après les avoir parcourus, toujours maintenue par les cordons qui s'y enroulent, vienne se placer sur le cylindre de retiration avec la même justesse que si elle était guidée par les pointures. Un régulateur qui, en abaissant ou en remontant l'un des tambours, raccourcit ou allonge la course de la feuille, modifie le registre et l'amène au point d'exactitude qu'on veut trouver.

Deux marbres placés horizontalement, destinés à recevoir chacun l'une des deux formes dont se compose la feuille à imprimer, passent alternativement sous les rouleaux qui déposent l'encre à leur surface et sous le cylindre d'impression.

Le système de touche comprend : 1" un cylindre en fonte tourné avec une grande justesse, au-dessus duquel est déposée l'encre, dont il ne doit prendre qu'une couche légère, égale et réglée par des vis qui, suivant le besoin, approchent ou éloignent du cylindre le *couteau* placé au bas de l'encrier et qui forme tangente sur le cylindre ; 2° un rouleau *preneur*, placé à distance sous le cylindre, et qui, pour chaque feuille à imprimer, s'élève, entre en contact avec le cylindre, redescend sur une table de distribution et y dépose l'encre qu'il a prise sur le cylindre ; 3" des rouleaux *distributeurs*, au nombre de deux ou trois, qui étalent l'encre sur la table et qu'on évite de placer parallèlement entre eux, afin que cette distribution soit *contrariée* et que les effets en soient mieux assurés ; 4" des rouleaux *toucheurs*, également au nombre de deux ou trois, quelquefois quatre, qui prennent l'encre sur la table où elle a été déposée par le preneur et répartie par les distributeurs, et en imprègnent la surface de la forme en passant et repassant.

La pile de papier blanc est posée sur une table à l'une des extrémités supérieures de la machine, à proximité du cylindre qui imprime la première forme. L'ouvrier *margeur* (1) approche le bord de la feuille de la tringle, munie de boules ou de pinces, qui doit s'emparer d'elle et la diriger sur le cylindre. Après avoir opéré son parcours, toujours maintenue entre deux cordons conducteurs, elle tombe, abandonnée par eux, dans l'intervalle situé entre les deux cylindres, où elle est reçue et rangée carrément sur les autres par l'ouvrier *receveur*.

Les deux cylindres d'impression doivent être tournés avec une grande précision, afin que leur parallélisme avec le marbre et avec la forme qu'il supporte soit aussi exact que possible, et que la mise en train soit simple et prompte à exécuter. Ils sont garnis d'un blanchet de fond qui sert d'intermédiaire entre le caractère et la fonte, sans parler du blanchet de mérinos ou de calicot et de la feuille de décharge.

Si la presse a pour moteur le bras de l'homme, celui-ci communique le mouvement par une manivelle et un volant; si elle est mue par une machine à vapeur, dans ce cas le mouvement est transmis par la machine à un arbre de couche, sur lequel est fixée une poulie correspondant, à l'aide d'une courroie, à la poulie de commande qui fait marcher la presse. Dans la première hypothèse, pour arrêter le mouve-

____

(1) Cet ouvrier, lorsqu'il travaille à une mécanique simple, s'appelle *pointeur*, parce qu'à la retiration il doit placer la feuille suivant les pointures, ce qui rend sa tâche plus difficile.

ment, il suffit d'en donner l'ordre à l'homme ou aux hommes qui manœuvrent le volant et qu'on appelle *tourneurs*. Dans la seconde, un système de débrayage est adapté à la presse, et la manivelle en est placée à la portée du margeur; le débrayage fait passer la courroie de la poulie de commande à la poulie folle, sur laquelle elle continue son mouvement de rotation, mais sans le communiquer à la presse.

Le mouvement général est donné par un arbre qui est en rapport immédiat avec le moteur. A cet arbre est adapté un pignon, qui transmet le mouvement à deux grandes roues dentées, dont le centre, correspondant à l'axe des cylindres, les met en marche. Les deux tambours intermédiaires obéissent à l'impulsion des cordons. L'arbre, se prolongeant sous le bâtis de la presse, c'est-à-dire sous la partie qui comprend les marbres et les tables, se termine par un pignon d'angle, qui engrène successivement toutes les dents d'une crémaillère horizontale. Cette crémaillère, allant alternativement du côté gauche au côté droit du bâtis, fait passer et repasser les marbres sous les cylindres, et en même temps les tables de distribution sous les rouleaux. La table de marge et les cylindres des encriers se rattachent au mouvement général à l'aide de tringles et d'engrenages.

Les diverses séries de rouleaux qui composent le système de touche diffèrent entre elles par le diamètre, qui est calculé suivant leur fonction. Les rouleaux sont tous de la même matière que ceux qu'on emploie pour les presses manuelles. Le preneur est assujetti à une marche spéciale, et sa prise d'encre est réglée par une corde qu'allongent ou raccourcissent au besoin des poulies coniques à plusieurs gorges; les distributeurs et les toucheurs reçoivent l'impulsion de la table sur laquelle ils fonctionnent; les uns et les autres sont retenus, tout en conservant la liberté de leur action rotative, dans des pièces entaillées verticalement, placées de chaque côté du bâtis, et auxquelles leur forme a fait donner le nom de *peignes*. Ils sont fondus, les uns sur des tringles en fer, les autres sur des mandrins en bois recouvrant les tringles pour obtenir plus de volume et moins de poids. L'extrémité des tringles, ou axes des rouleaux, est diminuée de diamètre pour entrer dans les peignes; celle des toucheurs est de plus munie d'un galet qui facilite leur rotation lorsqu'ils abandonnent la table pour passer sur la forme, où ils ont besoin d'être entraînés rapidement.

Telles sont, dans leur ensemble, la construction et la marche de cette presse, qui, comme nous l'avons dit, représente, soit par elle-même, soit par son système, la donnée la plus générale en matière de presses mécaniques. Nous nous en tiendrons donc à la description sommaire que nous venons de présenter (1).

---

(1) Pour les motifs que nous avons exposés plus haut, et qui nous portent à considérer cette invention très-récente comme susceptible de modifications fréquentes et considérables, et peut-être d'une rénovation complète, nous nous bornerons à une simple mention au sujet des machines les plus usitées et les plus remarquables du moment où nous nous trouvons.

En France, M. Dutartre s'est fait un nom par la bonne confection de

La conduite d'une presse mécanique exige des connaissances préalables, des soins minutieux et une surveillance incessante. Quoique le travail manuel qu'elle comporte se réduise à la mise en train, au placement des rouleaux, à l'entretien des cordons et à quelques menus détails, l'attention du conducteur doit être si assidûment tendue, qu'il lui serait difficile de mener plus de deux machines ; ce nombre doit donc former le maximum de sa tâche, et encore lui est-il impossible d'épargner à l'une ou à l'autre un chômage plus ou

ses machines simples, du système que nous avons décrit, dont il a fait de véritables instruments de précision, et notamment de celles à double touche et à décharge pour le tirage des illustrations. M. Normand s'est acquis aussi une juste célébrité par ses machines doubles à labeurs, et par ses machines à réaction, dont la célérité et la production sont appropriées aux exigences des journaux. D'autres mécaniciens se sont fait connaître pour ce genre de fabrication ; nous pouvons citer MM. Gaveaux, Rousselet, Tissier, Thonellier, Giroudot, Gillimann et Alauzet, etc.

L'Angleterre, qui a apporté dans ces travaux toute son activité industrielle, s'est également distinguée sous ce rapport et y a obtenu d'importants résultats. M. Applegath, un de ses plus habiles ingénieurs, qui, conjointement avec M. Cowper, avait établi de très-bonnes presses doubles, conformes à notre description, vient de construire, pour l'impression du journal le *Times*, une presse fort ingénieuse et qui donne dix mille exemplaires par heure. Les quatre grandes pages de ce journal sont appliquées et boulonnées sur la surface d'un grand cylindre (1 m. 70 cent. de diamètre) dont elles couvrent la majeure partie. Autour de ce cylindre sont disposés circulairement huit cylindres verticaux qui, successivement mis en contact avec le cylindre central, à la seule distance exigée pour la touche et pour la marge, réalisent la plus grande vitesse connue d'impression.

Les Allemands paraissent vouloir se concentrer dans leurs machines simples, à mouvement de bielles ou de roues horizontales, précises, bien construites, mais dépourvues de simplicité.

moins prolongé lorsque leurs mises en train coïncident; ce chômage est d'autant plus répété que les formes restent moins longtemps sous presse.

Pour être un bon *conducteur*, il faut être à la fois imprimeur et mécanicien : ces deux conditions sont d'une égale importance; elles représentent, la première la fin, la seconde le moyen. Si le conducteur n'a pas été d'abord imprimeur, ou s'il ne l'est pas devenu, ce qui est plus rare, les délicatesses de la mise en train, l'appréciation du foulage et de la couleur, lui demeureront toujours étrangères, et il ne produira que des résultats médiocres. S'il n'arrive pas à bien comprendre le mouvement de sa presse, le rôle de chacune de ses pièces et le parti qu'on peut en tirer pour l'amélioration du tirage, il s'égarera dans ses recherches, il s'éloignera d'autant plus du but qu'il aura multiplié ses tâtonnements, et il se retrouvera au point de départ après des essais inutiles, du temps perdu, et quelquefois des dérangements irréparables. Le conducteur imprimeur et mécanicien, au contraire, sachant bien où il veut et comment il peut arriver, non-seulement mettra dans toute sa valeur l'instrument qui lui sera confié, mais même, si cet instrument a des vices de construction, ou s'il s'est détérioré par l'usage, réussira à en obtenir des produits satisfaisants. Rien de plus fâcheux, en conséquence, que de mettre dans des mains inhabiles, inexpérimentées ou inintelligentes, une machine dont elles ne sauraient faire un bon emploi, et à laquelle elles causeraient promptement un tort sans remède.

Voici les points principaux sur lesquels doit se porter l'attention du conducteur :

La *mise en train*. Elle doit être traitée d'après les mêmes principes qu'à la presse manuelle quant aux hausses et aux découpages, et appropriée à l'importance du tirage auquel elle s'applique. Les supports, destinés à soutenir certaines parties de la forme et à les garantir d'un foulage exagéré, se placent entre le cylindre d'impression et le *chemin* de la presse, soit sur l'un, soit sur l'autre, et maintenus par une bande de cuir. Ces épaisseurs ne doivent être employées qu'avec une extrême sobriété ; car elles s'interposent entre deux parties de la presse qui doivent conserver leur indépendance de mouvement et ne point exercer de pression réciproque.

Les *rouleaux* ont nécessairement une influence capitale sur le tirage. Le conducteur doit, d'accord avec le fondeur, s'en pourvoir d'avance et en raison de la température, les changer sous presse dès qu'ils donnent trop ou trop peu d'encre, qu'ils deviennent trop durs ou trop mous. Il doit y apporter tous les soins que réclame leur entretien, soit qu'ils fonctionnent, soit qu'ils se reposent. Leur exposition à l'air, à la chaleur ou à la fraîcheur, leur lavage, leur conservation, leur renouvellement en temps utile, sont des sujets de surveillance dont il ne lui est pas permis de se relâcher. Toute négligence de ce genre et tout préjudice qui en résulte lui sont imputables, et constitueraient contre lui un grief sérieux.

Le trempage du *papier* sera dirigé par lui ; par ses

soins les piles seront mises en sûreté. S'il s'agit d'un tirage de mécanique simple, il veillera à ce que les bords des piles soient à l'abri de la sécheresse, qui gênerait la prise de feuille au second tirage ; à ce que les feuilles soient bien placées pour la retiration, et qu'elles ne puissent être mal retournées ; à ce qu'elles soient bien pointées dans le cours du tirage.

Enfin il astreindra les ouvriers qui lui sont subordonnés à un travail attentif et régulier ; il observera fréquemment la tenue du registre, la tension des cordons, l'état de la forme quant aux espaces, cadrats et garnitures qui monteraient, aux lettres cassées ou enlevées à faire remplacer, au nettoyage de la machine pendant les mises en train, nettoyage plus ou moins complet suivant leur durée, et qui de temps en temps devra être fait à fond, pour que les pièces retrouvent leur netteté primitive. Enfin il prodiguera à la machine et au tirage les soins de toute nature qu'ils exigent ; c'est ainsi qu'il remplira les moments de vide et d'inaction.

Au nombre de ces soins si multipliés se place en première ligne le redressement de toutes les imperfections qui se manifestent dans le cours du tirage, telles que les variations et les sauts de registre ; le doublage, qui porte habituellement sur les têtes de page, sur les queues ou sur les bords, en un mot sur les parties isolées et moins soutenues que le centre des formes ; les plis que les feuilles contractent souvent dans leur trajet, et qui sont occasionnés par des cordons trop relâchés ou trop tendus ; enfin tous ces défauts qui peuvent naître de la marche inégale des machines, défauts que nous ne saurions énumérer, mais que nous signalons ici d'une manière générale.

Le conducteur doit rechercher avec une attention réfléchie les causes de ces imperfections et les combattre avec persévérance ; ces causes ont souvent peu de gravité, et par conséquent offrent un remède facile. Dans tous les cas, il doit étudier le siége du mal, s'abstenir de toute résolution trop prompte s'il s'agit de toucher à la presse, et dans toutes circonstances procéder avec la plus grande réserve lorsqu'il est question d'apporter à l'économie de son mécanisme des modifications sur lesquelles plus tard on regretterait vainement de ne pouvoir revenir.

CHAPITRE V

TIRAGE DES ILLUSTRATIONS.

Les progrès immenses qu'a faits, depuis une vingtaine d'années, la gravure sur bois, son application à un grand nombre d'ouvrages, soit comme utilité, soit comme ornement, ont apporté des changements notables dans l'aspect des nouvelles publications. Cette gravure en relief, sur buis debout, qui, tant sous le rapport de la composition que sous celui du tirage, s'introduit si facilement dans les combinaisons typographiques, a permis la réalisation d'une foule de travaux auxquels la gravure en taille-douce et la lithographie, avec leurs opérations lentes, dispendieuses, très-limitées dans leur production, ne pouvaient concourir d'une manière large et efficace. Il fallait, pour opérer cette révolution de concert avec l'imprimerie, un procédé homogène et propre à résister, comme le caractère, à l'action d'un long tirage. La gravure sur bois, dont l'invention avait devancé celle de la typographie, a complétement résolu ce problème (1). Fidèle reproduction des traits de crayon

---

1) Nous pourrions citer également la gravure sur cuivre en relief; mais ce travail, plus coûteux et plus rarement employé, joue un rôle beaucoup moins important dans l'impression des illustrations.

du dessinateur, susceptible des travaux les plus fins et
de toutes les délicatesses du burin, elle présente, lorsqu'elle est bien rendue par l'impression, des tons chauds
et vigoureux, unis à une grande netteté ; elle est donc
également propre à compléter les ouvrages didactiques
par la représentation des figures indiquées dans le texte,
et à orner les livres dans lesquels se rencontrent des
descriptions de monuments, de paysages, de faits historiques ou de scènes imaginaires, qu'on désire placer
sous les yeux du lecteur.

Ce mélange de texte et de gravure qu'on a nommé
illustrations, et dont nous avons déjà parlé à l'occasion
de sa composition, a créé pour le tirage des difficultés
et des exigences d'un genre tout à fait nouveau. En effet,
il ne s'agit plus uniquement, comme pour l'impression
d'un texte, d'obtenir le niveau parfait, en tenant compte
des différences de caractères, ou de celles qui existent
entre les gras et les fins des lettres. Lorsqu'on a à tirer
des gravures sur bois qui ne sont pas simplement du
trait (pour le trait il suffit de l'égalité du foulage et de
la netteté), et dans lesquelles on doit observer avec
exactitude toutes les intentions de l'artiste, des effets
plus ou moins accusés, des différences de plans, des
tons dégradés, des demi-teintes, en un mot tous les
contrastes ou toutes les transitions auxquels le dessin a
recours pour imiter les couleurs de la peinture, dans ce
cas l'imprimeur aura à se livrer à un travail beaucoup
plus minutieux et plus approfondi. Il devra étudier en
détail et dans toutes ses parties l'épreuve faite par le
graveur pour lui servir de modèle. Sa mise en train,

faite sur un papier d'une certaine épaisseur, à l'aide d'un couteau qui dégarnit suivant le besoin, se composera d'une sorte de contre-gravure, formée de hausses sur certains points, de découpages sur d'autres; l'ensemble de cette mise en train devra tenir compte de toutes les différences de plans et de tons dont nous venons de parler, et reproduire avec précision l'effet général de la gravure. Ce travail doit être poussé aussi loin que possible, et ne s'arrêter que lorsqu'il ne lui reste plus rien à faire.

Ce genre de mise en train s'applique également au tirage manuel et au tirage mécanique; il demande, de la part de l'imprimeur ou du conducteur qui s'y livre, une pratique toute spéciale, une patience scrupuleuse, et avant tout du goût et le sentiment artistique : aussi constitue-t-il pour celui qui y réussit un mérite distingué et une nature de talent très-recherchée.

Les conditions matérielles qu'il importe de s'assurer pour les tirages de luxe en fait d'illustrations, soit à la presse manuelle, soit à la mécanique, sont : un bon choix d'étoffes de laine, de coton ou de soie; une encre finement broyée, compacte et brillante; des rouleaux bien unis à la surface, exempts de soufflures, et possédant ce degré d'élasticité qui garantit une bonne distribution et une bonne touche. Mais avant toute autre condition, celle à laquelle on doit s'attacher, c'est l'instrument de tirage. Avec une presse manuelle imparfaite, on pourrait rigoureusement arriver à de bons résultats, grâce à l'habileté de l'imprimeur qui saurait en corriger les défauts; mais avec une machine vicieuse,

dont la marche rapide et compliquée rend les imperfections très-difficiles à maîtriser : par exemple, avec un
cylindre mal assujetti, qui fait varier la coïncidence
de la mise en train et de la forme, qui occasionne des
doublages, qui donne un registre sans précision ; avec
des pièces trop serrées ou manquant de jeu ; avec un
ensemble dépourvu d'aplomb et de solidité : avec de
tels éléments on ne peut espérer rien de satisfaisant. En
conséquence, toute imprimerie qui veut entreprendre
le tirage des illustrations doit se pourvoir d'une bonne
presse, aussi bien que d'un bon ouvrier ; autrement elle
n'obtiendra que des impressions médiocres, et elle
manquera son but.

Les mécaniques les plus recherchées pour les tirages
de bois sont des presses simples, à double touche (une
à chaque extrémité de la presse) et à décharge pour
prévenir le maculage.

IMPRESSION EN COULEURS (1).

La théorie de la typographie en couleur repose sur
des principes très-simples, faciles à concevoir ; et
cependant son application présente d'assez grandes

(1) Nous devons à l'obligeance de M. Silbermann, imprimeur
à Strasbourg, la communication de ces précieux renseignements sur
l'impression en couleurs. Nous ne pouvions mieux faire, dans l'intérêt
de nos lecteurs, que d'en appeler à l'expérience de cet habile pra-
ticien, qui, dans cette spécialité, comme dans toutes les branches de
la typographie, s'est acquis une célébrité justifiée par les titres les
plus honorables.

difficultés pratiques, que l'expérience seule parvient à surmonter. Nous allons expliquer le procédé aussi clairement que possible, afin de le mettre à la portée de tous les imprimeurs qui voudront s'occuper de cette partie de la typographie, qui prend de jour en jour plus de développement.

L'objet principal est la préparation des encres de couleur, dont l'imprimeur est obligé de s'occuper lui-même; car il est rare que les encres faites à l'avance puissent servir utilement; elles sèchent trop vite et prennent une consistance trop pâteuse.

Le choix des couleurs propres à faire les encres a aussi une grande importance : c'est de ce choix principalement que dépend le succès. Il faut s'attacher à prendre des couleurs de première qualité, et éviter celles dont le poids spécifique est lourd, et qui n'ont pas assez de corps pour couvrir parfaitement. Les couleurs lourdes se précipitent trop facilement, elles ne se lient pas assez au vernis, et à l'encrage elles plongent.

Une autre matière essentielle, ce sont les vernis, qui doivent être purs, limpides et d'une force proportionnée au genre de travail qu'on veut faire et à la couleur qu'on veut employer. Il faut éviter toutefois les vernis trop forts, qui rendraient l'encre trop épaisse; ceux-là ne peuvent servir que comme des mordants, dont nous parlerons plus tard. Pour les ouvrages ordinaires on peut employer des vernis très-faibles; pour des impressions soignées, il en faut de plus forts. Les vernis de lin nous semblent être du meilleur usage.

Les encres se font en amalgamant successivement les couleurs aux vernis, et en les broyant avec une molette sur un marbre. La bonne qualité de l'encre dépend en grande partie de ce travail, qui doit être fait avec patience, afin qu'on arrive à une liaison parfaite de la couleur et du vernis, et à un degré de consistance égal à des encres noires fines. Il en est du reste des encres de couleur comme des encres noires : plus on mêlera de couleur au vernis, plus les encres auront de valeur. (Qu'il me soit permis de dire ici, en passant, que c'est un défaut trop fréquent chez les fabricants d'encre de ménager les noirs.)

Lorsqu'on a de grands tirages à faire, il est nécessaire de ne préparer les encres que successivement et à mesure des besoins; car elles se condensent très-promptement, et telle provision faite quelques heures à l'avance ne peut souvent plus servir, surtout lorsqu'on emploie des vernis forts. Un broyeur peut du reste suffire aux besoins d'une presse en pleine activité.

L'encrage se fait comme celui de l'encre noire; il faut toujours éviter de prendre beaucoup d'encre à la fois sur le rouleau; on risquerait ainsi d'avoir des tirages inégaux et empâtés. Ce n'est pas à force d'encre qu'on obtient des nuances plus foncées; celles-ci dépendent de la préparation de l'encre, qu'on peut plus ou moins renforcer de couleur.

En général, les tirages en couleur exigent un soin, une surveillance, une propreté extrêmes; la moindre négligence sous ce rapport nuit considérablement aux résultats. Les rouleaux doivent surtout être tenus en parfait état; et à la fin d'un tirage, ou à chaque changement de couleur ou de nuance, il faut les nettoyer soigneusement avec de l'essence de térébenthine. Ils devront être, selon les couleurs qu'on emploie, plus ou moins élastiques, plus ou moins secs ou frais. La pratique seule peut guider dans ces différents cas.

Pour les tirages simples, composés d'une seule couleur, on procède exactement comme pour un tirage soigné en noir.

Les tirages à plusieurs couleurs exigent différentes conditions essentielles :

1° *Les planches.* Si elles sont à rentrures, il faut que celles-ci soient faites avec une grande perfection, et c'est par là que pèchent la plupart des travaux de ce genre; une exactitude mathématique est de rigueur, les *à peu près* doivent être complétement bannis. A cet effet, il faut éviter autant que possible les planches en bois. Le bois travaille trop; il est soumis aux influences atmosphériques; un orage, un changement subit de température, le degré d'humidité ou de siccité de l'atelier, toutes ces causes agissent sur le bois, et quelquefois d'une manière très-sensible. Ainsi, nous avons constaté, à la suite d'un orage qui avait considérablement rafraîchi le temps, et en une nuit seulement, une extension de cinq à six millimètres sur une planche en bois de quarante-cinq centimètres de longueur et de vingt-quatre centimètres de largeur, qui avait coûté huit cents francs de gravure. Plusieurs rentrures étant déjà tirées, tout se trouvait en désaccord. Ce n'est qu'après un travail opiniâtre de plusieurs jours, en faisant passer cette planche par divers degrés de température jusqu'à s'exposer à la voir se fendre, que nous sommes parvenus à la ramener aux dimensions nécessaires.

On fera donc bien d'employer des planches en métal, et avec la gravure originale en bois, de faire un cliché pour les tirages et servant de base pour les rentrures.

2° *Le papier.* Il peut être collé ou non collé ; cependant les impressions viennent mieux sur le papier non collé. Pour éviter les retraits et obtenir de beaux résultats, surtout lorsqu'il s'agit de grandes surfaces unies, on doit faire glacer le papier sur un laminoir bien réglé, et autant que possible avec des plaques d'acier. Les tirages se feront toujours à sec ; car, d'une part, l'humidité enlève le brillant obtenu par le glaçage, et, d'une autre, il facilite trop le retrait.

Il est inutile sans doute d'ajouter que le papier doit toujours être d'une belle qualité, fabriqué très-également, sans nœuds, ni grains de sable, ni taches. Le moindre défaut de ce genre neutraliserait tous les soins qu'on pourrait donner à l'impression.

3° *Le registre.* C'est là peut-être le point capital, la pierre angulaire de toutes les impressions en couleur, ce qui donne à la typographie un avantage immense sur la lithographie. En effet, l'impression typographique se fait par un coup sec, d'aplomb, tandis que les tirages lithographiques s'exécutent par un frottement qui force le papier à prendre un mouvement d'extension, et ce mouvement est plus ou moins sensible selon l'épaisseur et la consistance du papier.

Pour maintenir cette supériorité de la typographie, il est important de ne négliger aucun détail, et parmi ces détails l'exactitude du registre tient le premier rang. Divers procédés ont été recommandés à cet égard ; mais aucun d'eux ne nous a paru satisfaisant. Voici le moyen que nous employons depuis quelques années, et qui est infaillible lorsqu'on en use avec intelligence : c'est de consacrer à chaque tirage une paire de trous de pointures spéciaux. A cet effet, nous avons de petits blocs en fer de la hauteur des cadrats et de six points d'épaisseur ; dans le sens de la hauteur sont fixées jusqu'à vingt pointures, selon les besoins. On serre ces blocs avec autant de pointures qu'il y a de tirages à faire, et on fait un tirage en blanc exprès pour ces pointures. Aux tirages successifs on n'emploie alors chaque trou de pointure qu'une fois, et on aura soin de placer le papier de telle sorte que la barbe du trou se trouve du côté de l'impression ; l'ouvrier y gagnera du temps et la feuille restera plus solidement sur le tympan. On prévient ainsi tout élargissement du trou qui pourrait faire vaciller le papier. Il est entendu qu'on règle les pointures mobiles du tympan selon les trous préparés dans le papier.

Maintenant, comme règle générale, nous ajouterons qu'il faut soigneusement éviter tout ce qui pourrait contribuer à exercer sur les travaux une action contraire. Les presses doivent être en parfait état et tirer très-également, les tympans garnis d'étoffes de soie, et non de toile ou de percale ; les blanchets en satin épais et uni ; les mises en train doivent être irréprochables. En un mot, il faut que les ouvriers et leurs instruments soient au niveau du travail qu'ils ont à produire; tout dépend des soins, de l'intelligence, de la pratique des premiers et de la perfection des seconds.

On remarquera que nous n'avons parlé que de tirages *successifs*; c'est parce que nous croyons qu'il n'y a que ceux-là de bons. Les tirages *simultanés* pour plusieurs couleurs laissent toujours à désirer. Il est impossible d'abord d'obtenir des planches qui s'emboîtent assez exactement pour qu'on n'aperçoive pas le point de jonction; et en second lieu ce genre de tirage exige, si l'on veut faire aussi bien que possible, beaucoup de temps pour le double ou triple encrage isolé et le remboîtement, c'est-à-dire plus que n'en demandent deux ou trois tirages successifs. Les impressions à la Congrève et les autres procédés de ce genre ne nous semblent donc mériter aucune préférence sur ceux que nous recommandons, parce que nous les avons pratiqués depuis plus de vingt ans, et qu'ils répondent à la fois aux grandes questions de promptitude, d'économie et de perfection.

Il nous reste, en terminant, à indiquer quelques détails sur l'origine et l'emploi des principales couleurs.

Or. Pour imprimer en or, on tire avec un mordant composé de vernis très-fort et d'une couleur appelée terre d'Italie naturelle. Pendant que ce mordant est encore frais, on le saupoudre de bronze dont la qualité la plus fine est la meilleure (pour des objets ordinaires, tels qu'étiquettes, etc., on peut se contenter du n° 600, qui revient à environ trente-huit francs le kil.), puis on laisse sécher.

Le saupoudrage se fait à l'aide d'une patte de lièvre encore garnie de ses poils; nous la préférons aux brosses et aux pinceaux, parce qu'elle use moins le bronze. Ce bronze, n'étant au fond que du cuivre réduit en poudre impalpable, est d'un usage très-malsain pour ceux qui l'appliquent, et des maladies sérieuses peuvent en résulter si l'on n'emploie pas toutes les précautions possibles pour empêcher l'inspiration de ce métal, dont les atomes voltigent dans l'air. Pour éviter ces funestes conséquences, nous employons des caisses carrées de la grandeur de près d'un mètre carré, vitrées en dessus et aux côtés, afin de permettre aux ouvriers de surveiller leur travail. A la face antérieure se trouve une ouverture longitudinale qui permet d'introduire la feuille de papier et les bras des ouvriers. De plus, on leur recommande de se mettre un bandeau autour de la bouche. Grâce à ces précautions, des ouvriers employés depuis des années à ce saupoudrage n'en éprouvent pas la moindre incommodité.

Argent. L'argent s'applique de la même manière que l'or, avec cette seule différence que pour le mordant on ajoute au vernis, au lieu de terre d'Italie, du blanc d'argent. L'argent fin, qui revient à trois cents francs le kil., est d'un usage assez restreint à cause de son prix élevé. Pour avoir des résultats satisfaisants à des conditions moins onéreuses, on peut faire un mélange de deux tiers d'argent faux avec un tiers d'argent fin: l'argent faux n° 600 ne coûte pas plus cher que le bronze. Ce mélange nous paraît préférable à ce qu'on appelle l'*argentan*, et n'est pas plus dispendieux.

Bleu. L'outre-mer est une des couleurs les plus difficiles à manier, et nous n'avons pas encore pu réussir jusqu'à ce jour à l'amalgamer pur avec du vernis pour en faire une encre qui conserve l'éclat de ce bleu inimitable qui caractérise l'outre-mer. Tout ce qu'on peut obtenir, c'est un assez beau bleu, en mêlant l'outre-mer au blanc d'argent pour en faire de l'encre, qui cependant offre encore des difficultés au tirage.

On traite donc aussi l'outre-mer en saupoudrage, comme l'or et l'argent, en préparant un mordant bleuâtre et en prenant un gros pinceau moelleux, de préférence à la patte de lièvre, pour saupoudrer.

Lorsque l'or, l'argent et l'outre-mer sont bien secs, on nettoie les feuilles avec du coton et on les soumet au laminoir, afin de bien fixer ces couleurs et de leur donner le brillant nécessaire. Pour obtenir le brillant de l'or et de l'argent surtout, il faut laminer avec des plaques d'acier d'un poli parfait.

Rouge. Pour le rouge, les carmins sont bien préférables au vermillon, qu'il est d'abord très-difficile d'obtenir à l'état pur, et qui ne donne ordinairement qu'une nuance fausse, laquelle noircit à l'air. Le choix de ces carmins est du reste assez difficile, et tout dépend de sa fabrication. Il faut faire à cet égard des essais, car ce n'est que par l'emploi qu'on peut s'assurer s'ils réunissent toutes les qualités nécessaires pour obtenir de bons tirages. Il faut surtout veiller à ce qu'ils couvrent bien sans empâter.

Le bleu de Paris a souvent le défaut de sécher trop vite; dans ce cas il faut y ajouter une goutte d'huile de lin; mais sa nuance est, en général, préférable au bleu de Berlin.

Jaune. Le jaune de chrome fin donne une très-bonne encre, d'un maniement facile et qui est utile dans une foule de mélanges.

Vert. Le vert s'obtient par un mélange de bleu de Paris et de jaune de chrome, et l'on varie ses nuances en augmentant ou en diminuant l'une ou l'autre de ces couleurs primitives. On peut aussi employer dans certains cas, et avec avantage, le cinabre vert.

Brun. Le brun, qui sert si souvent dans les impressions en couleur, est un mélange de rouge d'Angleterre, de noir et de jaune, qu'on peut nuancer à volonté.

La terre de Sienne trouve aussi quelquefois son emploi avec avantage, ainsi que les laques de Munich : surtout pour les roses, les lilas, etc.

Toutes les autres couleurs ne sont que des mélanges de celles que nous venons d'indiquer.

Telles sont les principales indications que nous pouvons donner pour les impressions en couleur. Nous désirons vivement qu'elles puissent être de quelque utilité à nos confrères, et nous les engageons surtout à ne pas se laisser rebuter si leurs premiers essais ne réussissent pas complétement; car, nous le répétons, la pratique et une expérience persévérante peuvent seules assurer le succès.

FIN DE LA SECONDE PARTIE.

TROISIÈME PARTIE

ADMINISTRATION D'UNE IMPRIMERIE

CHAPITRE I

MAITRE IMPRIMEUR.

Nous n'avons pas l'intention d'établir le programme complet des conditions requises pour former un bon imprimeur, véritablement digne de la considération qui était jadis attachée à cette profession ; ce serait reconstruire un type que nous ne sommes plus destinés à revoir, à moins d'un de ces retours presque sans exemple dans l'histoire des sociétés, qui ne remontent guère leurs courants.

L'arrêt du conseil du 31 mars 1777 portait :

« Nul ne pourra tenir imprimerie (ou boutique de librairie) ni prendre la qualité de libraire ou d'imprimeur :

« 1° S'il n'a été reçu maître par une chambre syndicale ; laquelle maîtrise ne peut être obtenue qu'après un apprentissage de quatre années consécutives, et avoir servi les maîtres en qualité de compagnon au moins trois années après le terme de son apprentissage achevé;

« 2° S'il n'a vingt ans accomplis;

« 3° S'il n'est congru en langue latine et sachant au moins lire le grec, ce qui sera constaté par un certificat du recteur de l'Université.

« Les fils de maître sont exemptés de l'apprentissage et du compagnonnage. »

Tel était autrefois le point de départ du maître imprimeur, qui, demi-savant, demi-artiste, à l'abri de grandes catastrophes commerciales, se livrait avec goût et sécurité à l'exercice de sa profession libérale, dont il pouvait facilement embrasser tous les détails.

La suppression de la maîtrise, l'assimilation de l'imprimerie à toute autre catégorie patentée, l'ont rendue accessible à quiconque a voulu l'exercer. La création du brevet, qui plus tard est venue limiter le nombre, n'a pas rétabli les anciennes conditions d'admissibilité; car, chacun le sait, le certificat de capacité qu'elle impose est une exigence illusoire et reléguée parmi les formalités banales.

De nos jours, l'imprimerie est simplement une industrie. Exploitée, comme toute autre industrie, par les plus habiles ou les plus entreprenants, elle s'affranchit volontiers des premiers degrés de ce noviciat assez nécessaire dans toute position, et rejette à un rang secondaire les connaissances spéciales. C'est un fait que nous constatons, non pas en censeur, mais en historien. En acceptant cette situation nouvelle et cette transformation de l'imprimerie comme une nécessité à laquelle il faut se soumettre, il ne nous reste qu'un parti à prendre, c'est d'indiquer la meilleure voie à suivre dans cette conjoncture. Nous engagerons donc avant tout les industriels du métier à s'efforcer de devenir imprimeurs. S'il leur manque tout d'abord les notions techniques, s'ils n'ont pas le temps de les acquérir, s'ils ne veulent pas ou s'ils ne peuvent pas se livrer aux études professionnelles, qu'ils aient du moins la sagesse de se faire habilement seconder par des hommes spéciaux, tout en se réservant la direction commerciale de leurs établissements. En agissant ainsi, faute de réunir en eux-mêmes la double aptitude du fabricant et du négociant, ils auront réussi à organiser leur maison de manière à ce que l'une de ces positions ne soit pas mise en péril par l'autre, et à pouvoir encore concilier l'honneur avec le profit.

PROTE, SOUS-PROTE.

Le *prote* est chargé de diriger les travaux d'une imprimerie. Il est à la fois le premier des ouvriers, ainsi que son nom l'indique, et le suppléant du chef de l'établissement. Il réunit à l'instruction théorique de celui-ci les notions pratiques de ceux-là; il est propre à remplir tour à tour l'un et l'autre rôle.

Le *prote* doit avoir acquis un fonds de connaissances spéciales assez solide et assez étendu pour être au besoin correcteur d'épreuves. Il a dû passer par toute la série des diverses opérations de l'imprimerie, et s'arrêter assez longtemps à chacune d'elles pour en posséder tous les détails. Il devra non-seulement se rendre un compte exact du travail des ouvriers placés sous sa direction, mais même leur en tracer la marche, et résoudre les difficultés qui viendraient l'entraver. Il pourra juger la besogne du compositeur pendant son exécution, et en prévoir le résultat. Il découvrira les causes de l'imperfection d'un tirage, et il indiquera les remèdes à y apporter. Dans le premier cas, il appréciera le choix des caractères, la régularité de l'espacement, et l'application plus ou moins exacte des règles particulières à ce genre de travail. Quant aux défauts du tirage, il examinera s'ils proviennent du mécanisme de la presse, de la mise en train, de la trempe du papier, ou de toute autre cause; s'ils sont imputables à la négligence ou à l'impéritie de l'ouvrier.

Il devra, s'il ne le fait lui-même, assister le chef de l'imprimerie dans le paiement de ses ouvriers, et leur servir en quelque sorte d'arbitre dans les discussions relatives à la rétribution de ceux-ci.

S'il ne tient pas la comptabilité de l'établissement, il doit du moins conserver avec soin et en bon ordre les pièces qui peuvent servir à l'apurement des comptes, notamment les épreuves à corrections et les bons à tirer.

C'est lui qui est chargé de la correspondance de l'imprimerie avec les personnes qui y ont des relations. Il expédie les épreuves, il prend note mentalement ou par écrit du départ et du retour des feuilles; en un mot, il doit toujours être en état de rendre compte de chaque ouvrage, et même de chaque feuille, quant à sa situation présente. La série d'épreuves par laquelle passe une même feuille, et les autres phases qu'elle peut subir jusqu'à ce qu'elle retourne à la distribution, forment une chaîne dont il doit saisir à la fois tous les anneaux.

Les ouvriers de différente espèce se trouvant placés, par la connexité de leurs fonctions, dans une dépendance réciproque, le *prote* doit veiller à ce que toutes les pièces de ce système agissent simultanément; l'une d'elles devenant stationnaire, l'ensemble du mécanisme serait infailliblement arrêté.

C'est lui qui admet dans les ateliers les ouvriers qu'il en juge dignes, et qui remplace ceux que leur inconduite ou leur ignorance rend nuisibles ou inutiles à l'établissement.

Toutes les mesures d'ordre et d'économie sont dans ses attributions; il n'en doit négliger aucune; il doit, au contraire, s'imposer à cet égard des règles rigoureuses, et regarder comme un devoir impérieux de n'y jamais déroger. De tous les genres de fabriques, l'imprimerie est peut-être celui dont l'administration exige la surveillance la plus minutieuse. Si le chef qui en est chargé se relâche sur un seul point, il est à craindre qu'il ne s'ensuive un désordre général; et il est reconnu que l'économie seule peut faire prospérer de semblables établissements.

Comme les différentes opérations de l'imprimerie

ont entre elles une intime affinité, il est nécessaire qu'il y ait unité de direction dans les travaux qu'elle comprend. Il serait difficile d'ailleurs de tracer des limites pour rendre distinctes les fonctions diverses qui appartiennent au *prote*; celui-ci doit donc pouvoir les embrasser toutes dans leur succession naturelle, et leur donner l'impulsion qu'il juge convenable, depuis la réception de la copie jusqu'au dernier échelon de la manutention typographique.

Il peut du reste, et doit même, si l'importance de l'établissement le requiert, se faire suppléer partiellement, et sans perdre de vue l'ensemble de ses attributions, par des *sous-protes* qui en réfèrent à ses décisions.

Les devoirs d'un *sous-prote* de composition sont de veiller à ce que les compositeurs reçoivent et rendent à propos la distribution, à la formation des garnitures, au rangement des cadrats, des interlignes et de tous les autres accessoires, au réassortiment des caractères désassortis, à la composition des pâtés, etc.

Un *sous-prote* de presses est chargé d'inspecter fréquemment le travail des imprimeurs, d'empêcher le gaspillage du papier, des étoffes ou de l'encre, de veiller à l'entretien des presses, et de suivre dans tous ses détails cette partie importante de la typographie.

Les *sous-protes* sont responsables à l'égard du *prote* de l'exécution des travaux dont celui-ci leur transmet la surveillance spéciale, comme il l'est lui-même envers le chef de l'imprimerie.

Ces deux sortes d'emplois, qui ne s'accordent généralement qu'à des personnes éprouvées sous le rapport du caractère et du savoir, demandent en outre, de la part de celles qui y arrivent, du sang-froid et de l'activité. Celui qu'y a placé la confiance du chef comprendrait mal les devoirs de sa position s'il n'y apportait un zèle persévérant, et s'il ne se pénétrait des intérêts de l'établissement qu'il est appelé à seconder.

CONSCIENCE.

On qualifie ainsi ceux des ouvriers d'une imprimerie qui sont payés à la journée. Cette explication facilite l'intelligence d'une dénomination qui semble étrange : elle fait entendre que les ouvriers dont le travail n'est pas, comme celui du plus grand nombre, apprécié par des résultats positifs, qui ne sont pas tenus à une tâche déterminée, ne doivent pas pour cela se montrer moins scrupuleux à l'égard du chef d'établissement qui compte sur leur assiduité productive.

La *conscience* n'est pas uniquement proportionnée à l'importance d'une maison; elle l'est aussi à la nature de ses travaux. Les imprimeries où les ouvrages de ville sont abondants admettent nécessairement plus de personnes en *conscience;* ces sortes de compositions sont trop variées et demandent de la part des ouvriers de trop fréquents dérangements pour être faites aux pièces, comme les labeurs, lesquels n'exigent point de changements de casses et présentent un travail homogène.

Les fonctions de la *conscience* consistent à fournir la distribution aux compositeurs, quelquefois à établir de nouvelles garnitures, à veiller à ce que la lettre qui provient d'un labeur terminé soit placée dans les réserves. Enfin tout ce qui est étranger aux opérations des autres compositeurs, tout ce qui se rattache d'une manière générale à l'ordre et à l'économie d'un atelier, se trouve compris dans ses attributions.

Les apprentis font partie de la *conscience*; ils exécutent, sous les ordres d'un ouvrier, les travaux qui comportent le moins de difficultés.

Dans certains cas il arrive que des compositeurs à la tâche sont payés en *conscience*, soit à la journée, soit à l'heure. Ce mode de paiement s'applique notamment à l'exécution des corrections d'auteur. Cette besogne, dont le prix ne peut être assujetti à des bases fixes comme celles de la composition, à raison de sa diversité constante, se fait à l'heure et se vérifie lors de l'examen des bordereaux de banque.

Les ouvriers imprimeurs travaillent plus rarement en *conscience*, parce que les prix du tirage sont plus simples à établir et moins variables. On n'a recours à cet arrangement que pour les ouvrages de ville ou dans les cas d'impressions traitées avec des soins extraordinaires, et à l'égard desquelles on se résout à des sacrifices pour parvenir à son but.

APPRENTIS.

La durée ordinaire de l'apprentissage est de quatre ans; elle ne doit être abrégée que par des considérations d'âge ou d'instruction qui justifient de rares exceptions à cette règle générale de l'atelier. Le sacrifice de quatre années peut sembler dur aux familles qui en supportent les conséquences; mais, d'une part, ce laps de temps n'a rien d'exagéré, en raison des nombreux détails qui doivent se fixer dans la mémoire de l'*apprenti*; d'un autre côté, ce temps n'est pas entièrement improductif pour lui : son travail commence à être rémunéré au bout d'une certaine période, alors qu'il devient profitable à l'établissement pour lequel la formation de l'*apprenti* a été primitivement une charge très-réelle.

L'*apprenti* est tenu de faire, en même temps que toute chose relative à la connaissance de l'état qu'il apprend, le service, tant intérieur qu'extérieur, de l'atelier auquel il appartient. Il ne relève que du prote, du sous-prote ou des personnes de la conscience, qui seuls ont mission de le diriger et de lui donner des ordres; mais il n'en doit pas moins aux autres ouvriers tous les égards et tous les bons offices que son âge et sa condition leur permettent d'attendre de lui.

Il ne doit rechigner à aucune des occupations ni des corvées qui incombent à son noviciat. Le balayage de l'atelier, le triage des ordures parmi lesquelles se retrouvent des caractères et d'autres fragments de matériel, enfin tous les soins de propreté, sont des charges inhérentes à son contrat. Il devra les accepter et s'en acquitter consciencieusement; il en ressortira chez lui le sentiment du bon ordre, celui de la nécessité pour chacune des personnes de l'atelier de concourir à sa bonne tenue; et avec un peu de réflexion il sera amené à ambitionner pour son compte cette réputation d'homme soigneux qui contribue si puissamment à l'avancement et au bien-être de l'ouvrier.

Quant aux petits travaux qui lui sont dévolus, si minutieux, si fastidieux, si monotones qu'ils puissent lui paraître, il n'en est aucun qui ne porte fruit dans l'éducation de l'*apprenti*, aucun sur lequel il ne serait regrettable qu'il ne voulût pas insister.

Ainsi, la composition des pâtés, objet d'une répugnance qu'il faut souvent combattre avec énergie chez l'*apprenti*, lui enseigne, à la longue, à reconnaître à première vue la force de corps des lettres qu'il s'agit de démêler; c'est par là aussi qu'il sait distinguer entre eux les caractères de même corps, mais d'œils différents.

La tenue de la copie et la lecture qu'il en fait à haute voix pour le correcteur, le familiarisent avec le manuscrit, que plus tard il sera appelé à composer. Supposez-le, à cette seconde époque, dépourvu de toute habitude de déchiffrer l'écriture, de la ponctuer, de l'orthographier, et livré sur ce point aux seules ressources d'une instruction primaire; évidemment l'*apprenti*, devenu ouvrier, hésitant devant son visorium, regrettera amèrement d'avoir perdu l'occasion de s'exercer à la lecture du manuscrit, et de l'approprier aux règles de l'imprimerie, qui sont sous ce rapport la reproduction rigoureuse des règles de la langue.

Il importe à l'*apprenti* de se rompre successivement à tous les genres de travaux, en commençant par la composition la plus simple et la plus élémentaire pour arriver par degré jusqu'aux difficultés et aux questions de goût qui se rencontrent dans la confection des tableaux. C'est ainsi qu'il pourra s'élever au-dessus de cette sphère de médiocrité dans laquelle l'homme reste délaissé, et voué à un salaire modique et incertain.

Pour parvenir à ce but, auquel il est non-seulement permis, mais même nécessaire d'aspirer, l'*apprenti* ne devra négliger aucune des bonnes directions qui lui seront données. Il ne faudra pas que, parmi les enseignements de ses instructeurs, il ne prenne que ceux qui lui sembleront faciles et laisse de côté ceux qui exigeront plus de soins et d'efforts. Il devra se soumettre à toutes les exigences et à toutes les rigueurs du métier; c'est à ce prix seulement qu'il pourra recueillir les avantages et la considération assurés à tout homme qui se place au premier rang parmi ses égaux.

TENUE DES ATELIERS.

La tenue des ateliers est une des attributions capitales du prote et des sous-protes, ainsi que nous l'avons démontré. Il est également conforme aux intérêts de l'établissement qui leur a confié cette mission, et à ceux des ouvriers, dont le travail doit s'effectuer dans les meilleures conditions possibles, que l'ordre soit régulièrement maintenu dans les ateliers, tant parmi leur personnel plus ou moins nombreux, que pour ce qui regarde les détails de leur matériel.

Nous allons présenter ici en résumé les principales mesures qui doivent être observées, celles dont le concours tend à assurer une marche facile et profitable à tous.

Les heures de commencement et de cessation des travaux sont fixées suivant la saison, qui admet ou interdit les veillées. En deçà ou au delà de ces heures pendant lesquelles la surveillance des chefs s'exerce en permanence, une autorisation spéciale est nécessaire pour une anticipation ou une prolongation de présence à l'atelier.

L'entrée de l'atelier ne doit être permise qu'aux auteurs ou aux éditeurs qui ont des impressions à y suivre. Les étrangers y causeraient des distractions, dont les conséquences seraient la perte du temps et la négligence dans les diverses fonctions qui s'y exécutent.

L'assiduité est une condition trop essentielle pour que nous ayons à insister sur l'obligation générale de se soumettre à cette loi. Les ateliers sont solidaires dans leurs opérations, comme toutes les pièces d'un mécanisme; si l'une d'elles vient à s'arrêter, les autres ne tarderont pas à suspendre aussi leur mouvement.

et l'ensemble sera condamné à l'inaction par le fait d'un seul.

Le silence est également une des conditions de bon travail. Si quelqu'un se croyait en droit de parler haut, de chanter ou de faire du bruit, il priverait les autres de cette tranquillité et de cette fixité d'attention sans lesquelles on ne peut être assuré de produire en raison de sa volonté et de ses efforts.

La propreté est encore une obligation dont personne ne doit se croire exempt. Chacun, dans l'espace qui lui est affecté et dans l'emploi des instruments de travail qui lui sont confiés, doit contribuer à cet aspect de régularité et de netteté qui est la représentation extérieure d'un devoir compris et accompli par tous ceux qu'il oblige. Cette recommandation interdit toute apposition sur les murs de placards ou de gravures, toute inscription ou dessin quelconque.

Dans chaque partie du local d'une imprimerie, les formes doivent toujours être portées à bras et l'œil en dedans. Des formes qu'on traîne, outre qu'elles ébranlent et dégradent le plancher, outre que les châssis peuvent se rompre ou se dessouder, sont exposées à tomber en pâte, ce qui entraîne des retards souvent nuisibles, et toujours des pertes de composition et de caractères.

Le balayage des ateliers doit, autant que possible, être fait, par les apprentis ou autres personnes chargées de ce soin, à une heure plus matinale que celle qui est fixée pour l'arrivée des ouvriers, que ce nettoyage gênerait nécessairement dans leurs travaux.

ATELIERS DE COMPOSITION.

Avant le balayage, les apprentis doivent parcourir l'atelier en ramassant toutes les lettres tombées. Si elles étaient comprises dans le balayage, l'œil en serait presque infailliblement détérioré, et elles n'auraient ainsi quitté la casse que pour être jetées au sabot.

Les balayures doivent être triées avec soin. On en extrait les cadrats et espaces, ou autres parties de matériel qui peuvent s'y rencontrer. Les lettres qui, faute d'avoir été ramassées, s'y trouveraient mêlées, seraient visitées, et, suivant leur état, replacées dans les casses ou réunies à la vieille matière.

Pour obvier à ces pertes, chaque compositeur est rigoureusement astreint à ramasser sur-le-champ les lettres qui tombent de ses mains ou de sa casse, afin qu'on ne puisse mettre le pied dessus.

Les tablettes des rangs doivent être maintenues propres par les compositeurs. En dehors de leurs paquets de composition ou de leur distribution, ils n'y déposeront que des interlignes ou des sortes courantes. Tout matériel surabondant sera remis en casseau ou en cornet, ou bien livré à la conscience.

Les casses doivent être tenues en bon ordre, soufflées lorsque la poussière s'est amassée dans les cassetins, et replacées dans le rayon dès qu'elles sont devenues inutiles.

Chaque compositeur composera et distribuera sur-le-champ les caractères qu'il aurait mis en pâte.

Il est bon que les marbres ne soient occupés que pendant le temps de la correction; aussitôt qu'elle sera achevée, les formes seront serrées et enlevées, ainsi que les lettres, les interlignes et les garnitures qui en seraient sorties, et qui ne seront jamais laissées sur le marbre.

Les metteurs en pages sont tenus, immédiatement après l'achèvement d'un ouvrage, de distribuer les titres et tous les accessoires qui en proviennent.

ATELIERS DE TIRAGE.

La conservation et la durée d'une machine quelconque dépendent avant tout de son entretien dans un état constant de propreté. Chaque presse, manuelle ou mécanique, doit donc être nettoyée très-fréquemment par les soins des imprimeurs, ou du conducteur, auxquels elle est confiée.

Les rouleaux, montures, étoffes et accessoires de tout genre, seront l'objet de leur surveillance incessante, et ils s'en considéreront comme responsables. Leur attention se portera aussi sur les papiers blancs et imprimés, ainsi que sur les décharges.

Aucun tirage ne doit commencer qu'après que la tierce ou révision, fournie par la presse sur le papier de l'ouvrage, a été vue par le prote, et corrigée s'il y a lieu.

Le tirage achevé, la forme ne devra être relevée qu'après qu'on se sera positivement assuré, par le moyen qu'on jugera le plus convenable, que le tirage est bien complet, et conforme au nombre d'exemplaires indiqué pour le labeur.

Les conducteurs doivent requérir l'assiduité du personnel employé sous leurs ordres, et en exiger un bon travail.

Les autres obligations qui incombent aux imprimeurs et aux conducteurs sont : — d'empêcher le gaspillage de l'encre employée aux tirages, et de l'huile dont on se sert pour graisser les machines ; — de faire arriver les formes en temps utile, et de les rendre sans retard aux metteurs en pages ; — de maintenir les rouleaux de rechange dans une température convenable, suivant la saison ; — de faire enlever les impressions aussitôt après le tirage ; — de remettre à la conscience toute portion du matériel de la composition qui leur serait restée ; — enfin de prendre, relativement aux travaux qu'ils exécutent ou qu'ils dirigent, toutes les mesures profitables à l'atelier et à l'établissement tout entier.

OUVRAGES DE VILLE.

La dénomination d'*ouvrages de ville* (ouvrages faits pour la ville, c'est-à-dire pour la généralité des personnes qui n'ont pas, comme les auteurs ou les libraires, des relations habituelles et spéciales avec l'imprimerie) comprend toute espèce d'impressions autres que celles de volumes et ouvrages de long cours. Cette catégorie de travaux, variée à l'infini, est opposée à celle des *labeurs*, avec laquelle elle partage le domaine typographique.

L'étendue de ces travaux est telle, en effet, que certaines imprimeries, notamment en province, y trouvent une alimentation suffisante. Depuis le simple *bilboquet* jusqu'aux tableaux les plus compliqués, tels qu'en exigent les services des administrations publiques ou ceux des compagnies, toutes ces compositions sont qualifiées d'*ouvrages de ville*. Leur grande diversité nous empêcherait de les énumérer tous; nous citerons seulement, parmi les plus communs : les billets de faire part, circulaires, avis, têtes de lettre, cartes d'adresse ou d'entrée, tarifs, prix courants, lettres de change, mandats, tableaux, registres, placards, programmes, etc.

On comprend en outre sous cette désignation les accessoires des labeurs qui ne font pas partie du corps d'ouvrage, comme les couvertures, étiquettes, etc., et qui ordinairement sont traités comme *ouvrages de ville*, tant pour la composition que pour le tirage.

L'exécution de ces travaux n'a pas la marche régulière des labeurs; il nous serait donc impossible de l'assujettir à des principes fixes. Ces notions appartiennent entièrement à la pratique; et quand même nous établirions sur une matière si variable autant de théories qu'il se présente de cas particuliers, nous serions exposé à rencontrer une opposition continuelle de la part des nouveaux usages, qui, à tort ou à raison, font sentir leur influence, d'autant plus puissante qu'elle vient de la masse entière du public, mais d'autant moins regrettable, il faut le dire, qu'elle s'exerce sur des objets fugitifs et pour lesquels on peut sacrifier à la fantaisie.

La seule observation que nous puissions faire d'une manière générale, c'est que, pour la composition comme pour le tirage, les *ouvrages de ville*, ordinairement faits en conscience, doivent être exécutés par des ouvriers expérimentés, d'un goût sûr, qui comprennent toutes les variétés, toutes les nuances qu'il convient d'y apporter, et qui sachent approprier, les uns le choix des caractères, les autres le foulage et la couleur, à la nature plus ou moins compacte, plus ou moins légère, de la forme confiée à leurs soins.

COMPTABILITÉ.

Les ouvriers sont payés par semaine, par quinzaine ou par mois, suivant l'usage adopté à cet égard dans l'établissement qui les emploie. Quelles que soient les époques de paiement, il est nécessaire que les comptes soient remis d'avance, pour que le maître ou le prote ait le temps de les vérifier, et conserve quelque recours contre les ouvriers qui auraient compté un travail non encore exécuté.

Les metteurs en pages portent sur leur bordereau le montant des travaux qui leur sont confiés; ils en tiennent compte ensuite aux paquetiers qui travaillent avec eux. Leur bordereau doit néanmoins indiquer les noms de tous les compositeurs qu'ils se sont adjoints, avec la somme qui est due à chacun.

Pour un ouvrage dont le prix n'a pas encore été réglé, ils doivent donner le détail du nombre de lettres (n) contenu dans la feuille. Ils y ajoutent le prix de la mise en pages, et, le cas échéant, la surcharge à laquelle ils ont droit pour les notes, additions, ou autres accessoires qui se rencontrent dans l'ouvrage.

Le prix du mille de n est fixé en raison du caractère, celui de la mise en pages l'est en raison du format et des circonstances modificatives; il ne reste donc à régler que le prix des travaux extraordinaires, tels que tableaux, corrections, etc. Les corrections, comme nous l'avons dit plus haut, se font en conscience, et se paient d'après le temps que l'ouvrier y a employé.

Le metteur en pages doit joindre à son bordereau toutes les pièces nécessaires à la vérification de son compte. Il doit être en mesure d'exhiber l'ouvrage qu'il a porté comme fait.

Les ouvriers d'une presse, partageant par moitié le produit de leur travail, ne font qu'un bordereau, qui doit être accompagné des tierces. Ces prix ont des bases générales, qui sont le format de l'ouvrage, celui du papier et la quotité du tirage; mais ils sont sujets à de nombreuses modifications, eu égard aux difficultés particulières auxquelles certaines formes peuvent donner lieu, notamment celles qui contiennent des illustrations.

Le bordereau des presses mécaniques mentionne les feuilles tirées et le nombre de rames de chacune d'elles.

Pour des motifs qu'il est facile d'apprécier, nous nous

abstenons d'indiquer ici les bases, même les plus générales, des prix de composition et de tirage. Non-
seulement ces prix varient suivant les localités; mais
ils varient encore dans celles où il n'existe pas de tarif
régulateur; et en outre, là où ils sont réglés par un tarif,
ils sont sujets à révision. Il nous serait donc impossible
de présenter des données fixes sur cette matière, puisqu'elle est soumise à des variations résultantes des
lieux et des temps.

.·.

CONSERVATION.

On *conserve* les compositions pour lesquelles on a
certitude ou chance de réimpression fréquente ou prochaine, au lieu de les mettre en distribution, ce qui
est le cas ordinaire. Pour aliéner ainsi une portion de
matériel pendant un temps plus ou moins prolongé, il
faut y être déterminé par un avantage évident; il faut
que l'immobilisation des caractères mis à l'état de
conservation soit au moins compensée par les frais de
composition qu'on aurait à supporter si cette mesure
n'était pas prise.

Le stéréotypage remplace la *conservation* pour les
ouvrages d'une certaine étendue, qui sont à l'abri de
modifications importantes, et qui exigeraient un dé-
ploiement de matériel trop considérable pour qu'on
puisse leur affecter des caractères mobiles. La *conservation* est donc une combinaison moyenne entre la

composition qui se distribue à mesure du tirage, et le stéréotypage qui n'absorbe pas de caractères, mais qui est seulement la reproduction de leur empreinte; si elle ne se distribue pas, elle peut se distribuer, et c'est par là qu'elle finit lorsqu'elle cesse d'être utile avant d'être usée.

Les compositions peuvent être *conservées* en paquets, sur des ais ou en formes.

En paquets, elles doivent être liées avec soin, enveloppées et étiquetées.

Sur des ais, il est bon qu'elles restent entourées de leurs garnitures et de leurs bois, afin d'être maintenues dans toutes leurs parties, et même que cet entourage soit fixé par des clous enfoncés dans l'ais.

En formes, il est nécessaire qu'elles soient placées de telle façon que l'œil de la lettre soit à l'abri de tout contact et de tout frottement; que les coins soient visités et resserrés de temps en temps, surtout si les bois, les biseaux et les coins peuvent être séchés par la température élevée de la saison ou du chauffage.

Il est prudent, lorsqu'on doit remettre sous presse une *conservation*, d'y donner une lecture, pour remplacer les lettres gâtées, notamment aux bords des pages, pour replacer celles qui auraient été transposées, et enfin pour corriger les fautes qui auraient pu échapper aux lectures déjà faites.

— • —

10*

MAGASINAGE.

Le *magasinage* comprend les opérations qui suivent le tirage jusqu'au moment où les feuilles imprimées sont pliées et mises en volumes par le brocheur ou par le relieur. Ces opérations, qui sont l'étendage, l'assemblage, le satinage, la mise en ballots, ne s'exécutent pas toujours dans les ateliers de l'imprimeur; mais nous croyons utile dans tous les cas d'en donner la description et d'indiquer les soins qu'elles requièrent.

ÉTENDAGE.

L'*étendage* a pour but de prévenir l'avarie du papier qui conserverait sa fraîcheur trop longtemps après le tirage. On l'étend donc lorsqu'il est tiré des deux côtés.

On choisit à cet effet une partie du local qui soit à l'abri de l'humidité, chauffée pendant l'hiver et bien aérée : l'air, dans l'été surtout, produit le même effet que le calorique. La pièce qui sert de séchoir est tendue de cordes ou traversée par des tringles en bois à quelque distance du plafond.

On prend les feuilles par poignées de cinq ou six, d'une demi-main au maximum, mais d'une ou deux feuilles seulement lorsque le séchage doit être fait diligemment; au moyen d'un instrument appelé *étendoir* on les pose sur la corde, de manière que la partie de la feuille qui est en contact avec la corde soit celle qui correspond à la barre du châssis. On remplit ainsi toute l'étendue de la corde, en ayant soin de faire porter l'extrémité de chaque poignée sur la précédente ; de sorte que, lorsque le papier est sec, on puisse faire glisser plusieurs poignées sur une seule, ce qui abrége l'opération du détendage.

Les cordes doivent être tendues parallèlement, et à la distance nécessaire pour que l'étendoir puisse facilement passer dans l'intervalle.

Le papier mince et collé sèche plus promptement que le papier épais et sans colle. Dans tous les cas, et quelle que soit la température du séchoir, le papier doit rester sur les cordes au moins six heures, et de préférence un et même plusieurs jours, quand cela est possible.

Si les feuilles doivent être satinées immédiatement après, il faut qu'elles soient séchées à ce point que le satinage ne puisse enlever l'encre ni écraser l'impression. Si, d'un autre côté, elles étaient trop fortement saisies par la chaleur, le satinage perdrait une partie de son effet : il faudrait dans ce cas mettre le papier dans un lieu humide pour lui rendre un peu de son élasticité. Il est donc nécessaire d'approprier le degré de séchage à la nature du papier.

Lorsque toutes les feuilles de la même signature ont été détendues, on les réunit en un seul tas. Les tas contenant les feuilles d'une même signature s'empilent dans le magasin, en restant séparés les uns des autres par une marque quelconque.

ASSEMBLAGE.

Les feuilles d'un volume s'assemblent par dix à douze environ, et selon la division qui convient le mieux à leur nombre total. Lorsque cette opération est terminée, on collationne, afin de vérifier s'il n'y a pas de double emploi ni d'omission. Ensuite on réunit en cahiers les parties d'*assemblage*, et on les plie en deux, telles que les feuilles ont été étendues, c'est-à-dire dans le sens de la barre du châssis. On prélève le nombre d'exemplaires qui doit être broché ou relié sur-le-champ; le reste est mis en ballots.

MISE EN BALLOTS.

On réunit les parties d'assemblage jusqu'à ce qu'elles forment la valeur de huit à dix rames, selon la force du papier. Pour égaliser le *ballot*, on procède par *tournées*, c'est-à-dire qu'on alterne dans le placement de la barbe et du dos. On garantit les deux extrémités avec de fortes maculatures, et on le serre avec deux grosses cordes au moyen d'un instrument appelé *loup*, qui est un fort bâton équarri à l'une des extrémités. On se sert encore du loup pour battre et redresser le *ballot* dans tous les sens. On colle sur chacune des maculatures qui couvrent ses deux extrémités une étiquette portant le titre de l'ouvrage et le nombre d'exemplaires contenu dans le *ballot*.

SATINAGE.

Le *satinage* est une opération dont le but est d'abattre les aspérités formées par le foulage, et de rendre au papier l'apprêt qui lui a été enlevé par la trempe et par le séchage exécutés successivement. Voici comment on y procède.

On se sert pour cela de cartons minces, lisses et cylindrés. Ces cartons doivent être de la dimension du grand-raisin pour le satinage du carré, du jésus pour le satinage du grand-raisin, etc.; en un mot, ils doivent excéder la mesure de la feuille pour la contenir plus sûrement. D'un côté sont les feuilles assemblées, et de l'autre les cartons; on en fait une seule pile en plaçant alternativement les uns et les autres. On met ainsi en cartons un nombre compté d'exemplaires, et on place la pile dans la presse, en la soutenant par des plateaux à certaines distances.

La presse est construite comme celle qui sert à presser le papier trempé, et dont nous avons donné plus haut la description; mais on la serre avec un moulinet, afin d'obtenir une plus forte pression. Quelquefois on y emploie la vapeur, dont on modère l'effet avec un régulateur qui y est adapté. La presse hydraulique est celle qui donne les meilleurs résultats.

Les cartons doivent être frottés et nettoyés fréquemment; on évite ainsi l'empreinte de l'encre qui, en s'y attachant, finit par maculer les feuilles.

DISTRIBUTION DU PAPIER.

Le papier est ordinairement distribué aux imprimeurs, ou au trempeur, à une heure fixe de la journée. Ceux qui ont besoin d'en tremper doivent s'adresser au prote, qui détermine l'ouvrage qu'ils auront à tirer. A moins qu'il ne fasse lui-même cette distribution, il leur donne un bon portant le titre de l'ouvrage, la signature de la feuille, et la quantité de rames, de mains et de feuilles qui devront être délivrées à l'ouvrier par le garde-magasin. Les indications de ce bon sont transcrites sur un registre, qui contient de plus le nom des imprimeurs ou le numéro de leur presse.

L'ouvrier est comptable de la quantité de papier qui lui a été remise. Il doit pouvoir le représenter intégralement, soit blanc, soit imprimé, sauf la déduction à faire, dans ce dernier cas, du nombre de feuilles reconnu nécessaire pour la mise en train.

LOCAL D'UNE IMPRIMERIE.

On trouve peu d'imprimeries, comme en général peu de fabriques établies dans des villes, qui réunissent sous le rapport du *local* toutes les convenances désirables. Nous regarderions donc comme un soin superflu de tracer le plan à suivre dans les constructions destinées à des établissements de ce genre; ce plan, rarement applicable, serait en outre susceptible de modifications, comme la direction qui est donnée à ces établissements. Nous nous bornerons à parler des dispositions qu'il convient de prendre dans un *local* quelconque, et de la distribution des parties qu'il importe de laisser distinctes.

Les presses et la composition doivent, autant que possible, être séparées. Mais, s'il convient d'isoler ces deux natures de travaux, il y a entre elles une communauté de fonctions qui exige une assez grande proximité.

Si le *local* n'est pas de plain-pied, disposition qui du reste est la plus convenable de toutes, il vaut mieux loger les presses dans les étages inférieurs. Cette partie de matériel, étant, sinon toujours la plus pesante, du moins la plus active, demande à être placée dans l'endroit où le point d'appui présente le plus de solidité. Elles se disposent par rangées, et avec économie d'espace ; une presse ordinaire ne doit pas occuper plus de deux mètres trente centimètres carrés. S'il y a plusieurs expositions dans l'atelier, on choisit celle qui donne le jour le plus durable, tel que le couchant ; et l'on tourne la presse de manière que le jour arrive directement sur le tympan.

Dans les ateliers de composition, les rangs se placent parallèlement, et en ne laissant entre eux que l'intervalle nécessaire pour la libre circulation des compositeurs. A l'extrémité du rang d'un metteur en pages, on peut clouer sur le plancher une rainure en bois dans laquelle on place les formes, qui sont maintenues en haut par un crochet. Il est utile aussi d'adapter au rang qui est derrière lui une galée régnante, dans laquelle il dépose les lignes de cadrats ou autres destinées à lui servir de nouveau. L'atelier de composition doit être suffisamment pourvu de marbres et de rayons, et de plus, d'une presse à épreuves. Cette partie du *local* doit comprendre aussi une pièce occupée par les ouvriers de la conscience, et dans laquelle se trouvent les réserves de distribution, les compositions conservées, le casier des interlignes et celui des garnitures, les jattes de cadrats, en un mot le matériel inactif.

Indépendamment des ateliers qui forment la portion principale du *local*, les autres pièces indispensables sont la tremperie et le magasin à papier.

Les cabinets des correcteurs doivent, autant que possible, être retirés, et à l'abri du bruit inévitable des ateliers.

Celui du prote doit être central, pour que sa sur-veillance s'exerce sur tous les points avec promptitude et facilité.

Il est bon que la pièce de réception soit desservie par un autre escalier que celui qui conduit aux ateliers.

L'étendage s'établit dans les pièces qui y conviennent le mieux par leur dimension et par l'élévation de l'étage.

Le plancher en bois est préférable de beaucoup aux carreaux; il ne donne pas de poussière, et endommage moins les lettres qu'on laisse tomber.

CHAPITRE II

DE LA LECTURE DES ÉPREUVES

De toutes les attributions de la typographie, la lecture des épreuves est sans contredit celle qui exige les soins les plus attentifs; aussi la correction qui en résulte constitue-t-elle au plus haut point, et dans le sens le plus sérieux, le mérite d'un livre. Ses autres qualités, celles qui ont rapport à sa composition et à son tirage, peuvent être soumises à la diversité des goûts et des appréciations; mais la valeur qu'il tire de la pureté de son texte ne saurait lui être contestée, puisqu'elle repose sur des principes universellement reconnus. La meilleure édition est donc celle qui présente une entière conformité avec le modèle dont elle est la reproduction, et qu'en outre elle a dégagé des fautes qu'il pouvait contenir. Mais il est malheureusement vrai de dire que cette perfection n'a presque jamais été atteinte par l'imprimerie, et que les tentatives de l'art n'ont pour résultats que des acheminements plus ou moins avancés vers ce but idéal. Toutefois, si c'est une prétention chimérique que celle de donner à un livre une correction irréprochable, si nous sommes condamnés à désespérer de la réussite de nos efforts dans cette voie, faisons en sorte qu'on ne puisse imputer notre insuccès qu'à l'insuffisance de nos facultés, et non à notre insouciance, non à une incurie volontaire et inexcusable.

Le *correcteur* (tel est le nom qu'on donne au lecteur d'épreuves) doit posséder la connaissance imperturbable des principes de sa langue, celle de la langue latine et au moins quelques éléments de langue grecque. Ce fonds d'instruction lui est rigoureusement nécessaire, et la plus longue expérience ne pourrait y suppléer que très-imparfaitement. S'il sait en outre quelques idiomes étrangers, s'il s'est livré à l'étude de quelque science d'un usage habituel, telle que celle du droit ou des mathématiques, il en recueillera le fruit; il se convaincra, en un mot, que le domaine de ses connaissances ne saurait avoir trop d'étendue (1).

Une partie des personnes qui sont chargées de cet emploi sont dépourvues des notions élémentaires de la typographie, soit qu'elles les considèrent comme accessoires, soit qu'elles cherchent à se soustraire aux longueurs et aux dégoûts d'un apprentissage. Quelque riche que soit d'ailleurs la culture de leur esprit, quelque habitude qu'elles acquièrent du travail de la

____

(1) Pour donner une idée de l'importance qu'on attachait autrefois aux fonctions du correcteur, et de la responsabilité qui pesait sur lui, nous citerons un édit daté du mois d'août 1686, dont l'article 47 porte :

« Les correcteurs sont tenus de bien et soigneusement corriger les livres; et au cas que par leur faute il y ait obligation de réimprimer les feuilles qui leur auront été données pour corriger, elles seront réimprimées aux dépens des correcteurs » correction, ces qualités remplaceront difficilement en elles la science pratique qui leur aura manqué d'abord.

Si le correcteur ne s'est exercé préalablement à la composition, une foule d'arrangements vicieux et de dispositions contraires au goût échapperont à son inexpérience; si, au contraire, il s'est familiarisé avec ce travail, il saura faire disparaître toutes les taches qui défigureraient une édition. Ici il rectifiera un espacement irrégulier, là il égalisera des interlignes; tantôt il ramènera à leur mesure commune des pages longues ou courtes, tantôt il proposera telle autre amélioration que le typographe seul pourra concevoir. Il y a même plus d'un cas où la connaissance du tirage peut donner lieu à d'utiles modifications. Ce n'est donc que la possession de cette double instruction qui peut former un correcteur accompli; et pour mettre à profit le concours de ces diverses conditions, il doit se faire une méthode propre à fixer son attention, faculté dont l'exercice lui est très-nécessaire.

Le premier soin à prendre pour le correcteur lorsqu'il se met à la lecture d'une feuille, c'est de s'assurer de l'exactitude de la signature et des folios, de lire les titres courants, et de vérifier la réclame qu'il a inscrite sur la copie en achevant la lecture de la feuille précédente : toutes choses qu'il pourrait perdre de vue s'il ne s'astreignait pas à s'en occuper de prime abord.

Suivant l'usage reçu dans l'imprimerie, les correcteurs les plus nouveaux sont chargés de la lecture des *premières* épreuves, et c'est aux correcteurs les plus anciens qu'est confiée celle des *secondes* ou des *bons à tirer,* quoique ces attributions soient quelquefois cumulées ou interverties.

Le correcteur de premières doit s'attacher à purger l'épreuve de toutes les fautes typographiques dont la correction incombe aux compositeurs, et qui, n'étant pas relevées par lui, entraîneraient le double inconvénient de passer sous les yeux de l'auteur, et de n'être plus corrigées qu'aux frais du maître imprimeur, alors que le compositeur aurait été dégagé de sa responsabilité. Il doit s'attacher scrupuleusement à l'observation de l'unité orthographique (1), de la ponctuation, et des règles qui ont pu être spécialement adoptées quant à l'italique, aux grandes capitales, etc., dans l'ouvrage dont il suit la lecture. Il doit surveiller et soutenir l'attention et l'exactitude du teneur de copie.

C'est au correcteur de seconde qu'est dévolue la tâche plus importante et plus délicate de revoir les feuilles en dernier ressort ; sa lecture est donc définitive, et c'est d'elle que dépend, sous ce rapport si essentiel, la réputation de l'édition, et même celle de l'établissement ; car une maison est souvent jugée sur un seul de ses produits et non sur leur ensemble. Il doit donc se pénétrer profondément des graves conséquences qui pourraient résulter de son inattention. Le correcteur de secondes peut exercer avec une utilité très-réelle l'office de critique ; ses observations et ses conseils

----

(1) C'est le Dictionnaire de l'Académie qui doit prévaloir en imprimerie pour toutes les questions orthographiques. Faute de se soumettre à cette autorité, on tomberait bientôt dans des incertitudes et des irrégularités qui engendreraient à cet égard une véritable anarchie.

peuvent être très-profitables à l'auteur ou à l'éditeur du livre qu'il revoit. C'est à lui de se renfermer dans les limites d'une sage réserve, et de prouver qu'il y aurait plutôt ingratitude que justice à lui appliquer le distique suivant :

Errata alterius quisquis correxerit, illum
Plus satis invidiæ, gloria nulla manet.

Quiconque relève les erreurs des autres s'expose à leur rancune, sans aucune chance de gloire.

Il est certains ouvrages, irréguliers et arbitraires dans leur composition, ceux notamment qui sont rangés sous la dénomination générique d'ouvrages de ville, dont la correction exige plus particulièrement des notions spéciales de l'art jointes à une critique judicieuse de ses opérations. Comme le prote est, dans une imprimerie, la personne qui doit savoir le mieux apprécier les divers genres de travaux et l'aptitude des hommes placés sous sa direction, il est bon que toutes les épreuves de cette nature passent sous ses yeux. Cette inspection lui fournit d'ailleurs de fréquentes occasions de juger les ouvriers, de connaître le mérite de leurs œuvres, et les soins ou la négligence qu'ils pourraient y apporter.

Les corrections doivent être placées sur la marge, soit intérieure, soit extérieure, celle-ci de préférence, dans le sens horizontal des lignes, et les premières toujours plus rapprochées de l'impression. Elles sont généralement indiquées au moyen d'un trait vertical passé sur l'endroit à corriger, et répété en marge avec la correction à faire. Lorsqu'elles sont en grand nombre

VALEUR DES SIGNES	TEXTE A CORRIGER
Lettre a changer (coquille).	
Mot a changer.	
A ajouter (bourdon).	
A retrancher (doublon).	
A retourner.	
Lettres et mots ⎫	
⎬ *a transposer.*	
Lignes ⎭	
Ponctuation a changer.	
Petites capitales.	
Grande capitale.	
Séparation.	
Rapproches.	
Lettre a remplacer.	
A aligner.	
A niveler.	
Apostrophe a placer.	
A rentrer.	
A sortir.	
Lignes a remanier.	
Lettre d'un autre œil.	
Espace a baisser.	
Alinea.	
Supérieures.	
Morsure de la frisquette.	
Lignes a reunir.	
Blanc a diminuer.	
Blanc a augmenter.	
Italique.	
Romain.	

C'est un fait digne de remarque que l'invention qui a contribué le plus utilement à perpétuer souvenirs historiques n'ait pu jusqu'à ce jour répandre la lumière sur le mystère enveloppe sa propre origine. Trois villes, Mayence, et Strasbourg le berceau de l'imprimerie. Quant à l'époque Harleim, se disputent l'honneur d'avoir été de sa naissance on la fait généralement remonter à la moitié du XVme siècle. Il résulte néanmoins de l'hésitation des érudits sur ce point historique une incertitude qui porte à la fois sur l'auteur, sur le lieu et sur l'année de cette découverte. Si l'on considère la proximité des temps et des pays témoins de cet événement, on s'expliquera assez difficilement les causes qui suspendent encore de nos jours la solution de ce triple problème. Le concours des traditions contemporaines et des plus savantes investigations n'a jusqu'ici donné pour résultats que certaines probabilités plus ou moins fondées, mais jamais une évidence suffisante pour triompher des scrupules de l'histoire. Depuis le commencement du xvme siècle jusqu'à nos jours, un très-grand nombre d'ouvrages ont été publiés sur cette matière dans différents pays. Les historiens et les bibliographes se sont livrés aux recherches les plus laborieuses et les plus diverses, sans parvenir à une certitude irréfragable sur aucun des trois points controversés.

sur la même marge, on modifie les signes de renvoi pour les rendre plus distinctes. Quant aux auteurs, ils emploient les indications qui leur conviennent ; toutes sont bonnes, pourvu qu'elles soient claires, c'est-à-dire apparentes et intelligibles.

Cependant, comme il existe des signes de convention adoptés dans l'imprimerie pour les corrections les plus usuelles, et comme ils sont plus connus des ouvriers, nous les avons réunis, afin qu'ils deviennent d'un usage général et invariable. Le tableau ci-contre offre, avec la figure de chacun de ces signes, l'exemple du cas auquel il convient d'en faire l'application.

FIN DE LA TROISIÈME PARTIE.

QUATRIÈME PARTIE

APPENDICE

STÉRÉOTYPIE. — POLYTYPIE.

La *stéréotypie* est un procédé qui consiste, comme l'indique l'étymologie du mot, à rendre solide et à convertir en un seul bloc de fonte une page composée en caractères mobiles. Son but est d'éviter plus tard les frais de composition d'un ouvrage dont la réimpression est probable et peut être fréquente.

Les premiers stéréotypes ont été les pages mêmes qui servaient à la composition première, et qu'on entourait de lingots de plomb soudés aux quatre angles.

Deux procédés plus économiques sont venus promptement remplacer cette méthode primitive.

Suivant le procédé dont Firmin Didot était l'inventeur, la page se composait en caractères plus bas que ne sont les caractères ordinaires, et fondus avec un alliage particulier et plus dur que les autres. La page étant corrigée, on la renfermait dans un mandrin et on l'enfonçait à l'aide d'un balancier dans une plaque de plomb fondue sur ses dimensions et dressée avec soin.

Cette opération donnait pour premier produit une matrice où la lettre venait en creux. Cette matrice était placée dans un mandrin; et, abattue au moyen d'un mouton à porte fermante sur de la matière en fusion, elle produisait un *cliché* saillant, qu'on en détachait avant que la matière fût refroidie. Ce cliché était ébarbé sur ses bords taillés en biseau, creusé dans les parties qui figurent les cadrats de la page mobile, et dressé en dessous. On conservait les matrices pour renouveler les clichés.

Le procédé Herhan consistait à enfoncer le poinçon d'acier du graveur dans des pièces mobiles en cuivre. Ces caractères étant frappés en creux au lieu d'être fondus en relief, la page composée devenait la matrice, et la plaque de plomb placée sous le balancier était celle qui servait au tirage.

Depuis la naissance des procédés F. Didot et Herhan, qui tous les deux datent de la fin de l'année 1797, des moyens plus simples et plus économiques se sont produits. En 1822, fut importé en France le moulage au *plâtre*, dont on faisait usage en Angleterre; ce moyen, d'un emploi prompt et facile, s'est établi d'une manière durable, après avoir reçu des améliorations successives. Puis est venu, il y a une vingtaine d'années, le moulage au *papier* ou à la *pâte*, qui paraît réunir toutes les conditions de célérité, de netteté et de solidité.

Comme la *stéréotypie* a l'inconvénient de laisser inactive une certaine masse de fonte, ou de ne l'utiliser que pour un seul objet, on a réduit le plus possible cette partie de matériel. D'abord on l'a généralement appliquée aux formats compactes ; on y emploie des caractères fins et une justification bien remplie. Ensuite on a réduit la hauteur des clichés à environ cinq millimètres, au lieu de vingt-quatre que portent les lettres mobiles ; de telle sorte que le poids de la feuille clichée se trouve avec la feuille mobile dans la proportion de 1 à 5. Au tirage, on supplée à ce qui leur manque en hauteur par des blocs dont l'épaisseur forme la différence, et qui se combinent pour donner une surface égale à celle des clichés. Les clichés sont imposés sur ces blocs, et maintenus par des griffes en tôle ou en cuivre faites de telle façon que, retenues par un épaulement, elles ne peuvent quitter le talus sur lequel elles sont appliquées, monter à la hauteur de la lettre et salir le papier.

On corrige facilement, en perçant le cliché, les fautes telles que les coquilles. Quant à celles qui demandent un remaniement, elles exigent ou le soudage de la partie remaniée, ou même, si cette partie est trop considérable, une nouvelle composition, un nouveau moulage et un nouveau clichage.

Le clichage des gravures sur bois s'opère de la même manière que celui des caractères, sauf certaines précautions ayant pour objet de ménager les finesses du burin, et quelques modifications dans la composition de la matière, à laquelle on donne plus de consistance. Du reste, les bois se moulent au plâtre ou à la pâte, comme les caractères, et se montent sur bois ou sur plomb. La monture sur plomb a l'avantage de ne pas travailler comme le bois.

On a fait aussi des clichés de gravures sur bois en bitume, montés sur plomb.

Les premiers clichés de gravures sur bois se sont faits par le procédé de la *polytypie*, qui, offrant d'ailleurs beaucoup d'analogie avec le stéréotypage, permettait d'obtenir un grand nombre de clichés parfaitement identiques.

La galvanoplastie a aussi prêté son concours à la typographie. Ses matrices sont en gutta-percha, et l'on y fait déposer du cuivre.

POLYAMATYPIE.

De toutes les branches de l'art typographique, la fonderie est celle dont les progrès ont été le plus lents et dont les perfectionnements sont demeurés le plus arriérés. Le moule en usage aujourd'hui est à peu près (sinon pour la précision, du moins pour la construction) ce que l'avait fait au XVe siècle Schœffer, son inventeur. Ce moule, très-ingénieux d'ailleurs, et avec lequel ont été fondus de nos jours les types si célèbres des Didot, a le double inconvénient de n'opérer que très-lentement et de dépendre entièrement de l'habileté de celui qui l'emploie : or on sait que les bons ouvriers, dans les arts mécaniques surtout, forment toujours le petit nombre. Il est de plus insuffisant à la reproduction des grosses lettres, depuis le gros-romain jusqu'aux caractères d'affiches ; car pour en obtenir des résultats passables, il faut ou poncer la matrice, ce qui ôte à l'œil de la lettre toute sa netteté, ou recourir au clichage, procédé long et dispendieux, et qui, s'il donne de la netteté à l'œil, a le grand défaut de déranger l'aplomb et l'alignement, et de manquer de solidité.

Henri Didot, graveur distingué, sentit de bonne heure tous les vices du procédé en usage, et il se livra à des recherches tendantes à le perfectionner. Ses premiers pas dans la carrière typographique furent marqués par l'invention d'un moule à refouloir qui fondait une à une, comme l'ancien moule, les lettres de deux points et les grosses de fonte, sans employer la ponce ni le clichage, mais qui ne pouvait s'appliquer à la fonte des petits caractères. Les lettres fondues de cette manière offraient toute la vivacité du poinçon.

Cet habile typographe comprit qu'il obtiendrait un résultat beaucoup plus important s'il parvenait à appliquer son procédé à la fonte de tous les caractères employés dans l'imprimerie. Le problème à résoudre était de multiplier les produits sans nuire à leur perfection. Il y a environ quarante ans, après de longues recherches, il eut la satisfaction de voir ses travaux couronnés d'une réussite complète, et la fonderie *polyamatype* est arrivée à un assez grand développement.

La promptitude de ce système est très-grande. Les frais de main-d'œuvre étant beaucoup moins considérables, la fonderie polyamatype peut livrer ses produits à des prix inférieurs à ceux des autres fonderies, et qui s'abaissent progressivement en suivant la décroissance des forces de corps.

Ce procédé permet aussi de fondre avec la matière la plus dure ; et les fontes ainsi faites donnent une durée double de la matière ordinaire.

Nous pourrions citer un grand nombre d'ouvrages imprimés avec les caractères de cette fonderie, et dignes de figurer à juste titre parmi les produits les plus remarquables de la typographie française.

MUSIQUE ET PLAIN-CHANT.

L'impression de la *musique* exerça les efforts de la typographie naissante, qui chercha promptement à s'y appliquer, de même qu'à tous les signes écrits, au grec, à l'hébreu, etc. Au commencement du XVIe siècle des tentatives avaient déjà été faites, et quelques œuvres musicales avaient dû le jour à la presse (1). Pendant ce siècle et le suivant, ces résultats suffirent, sauf quelques améliorations successives, aux besoins des publications, encore fort simples dans leur notation. Mais plus tard, la composition musicale ayant pris un grand développement, et la notation étant devenue beaucoup plus compliquée, de nouvelles difficultés surgirent et vinrent se joindre à celles que les imprimeurs avaient eu à aborder primitivement.

Ces difficultés étaient de plus d'un genre. D'abord la

_____

(1) Pierre Hautin, graveur, fondeur et imprimeur à Paris, en fit les premiers poinçons vers 1525.

notation comprend un grand nombre de signes. Ensuite les lignes horizontales et parallèles sur lesquelles sont disposés les signes et qu'on appelle la *portée,* venant à être divisées par le fondeur en autant de parties qu'il existe de signes, la portée, au lieu de former une seule ligne continue, ne présente plus qu'une série de petites lignes discordantes entre elles, et dont l'effet est des plus choquants à la vue.

Dans le siècle dernier, les rapides progrès de la science musicale, révélés par les œuvres de Bach, de Haydn, de Mozart, etc., firent sentir davantage l'imperfection du procédé typographique, qui avait eu le tort de demeurer stationnaire et qui devenait insuffisant. Le problème qu'il avait à résoudre était celui de la portée continue et en parfaite correspondance avec les notes et signes accessoires. Il était bien reconnu que la portée fractionnée péchait généralement du côté de l'alignement, de plus en plus rompu à mesure que les tirages s'étaient multipliés, et que la fonte, en s'encrassant, avait perdu de son aplomb primitif. Ce défaut était rendu plus sensible et plus intolérable lorsqu'il s'appliquait aux barres des croches simples, doubles, triples et quadruples, surtout lorsqu'elles suivaient une direction oblique. La portée fractionnée présentait en outre sur une même ligne de fréquentes variations de graisse, suivant que les fragments avaient subi un foulage plus ou moins fort. L'impression à deux tirages entraînait, soit par le fait des pointures, soit par le retrait du papier occasionné par le séchage, des inexactitudes de coïncidence entre les signes et la ligne de la portée qu'ils devaient rencontrer. Il fallait donc arriver au tirage simultané des notes et de la portée continue.

Cet état d'imperfection des résultats typographiques, aggravé par la cherté de son prix de revient, stimula l'émulation de la gravure, qui vint prendre sa part des impressions musicales, mais qui elle-même ne tarda pas à reconnaître que ses planches de cuivre étaient trop dispendieuses. Une grande partie de ces frais disparut par l'introduction des planches d'étain, et par la frappe, dans ce métal plus mou, des poinçons représentant les signes, substituée au travail lent et minutieux du burin. Ces planches, frappées avec des types de forme élégante, permettaient aux éditeurs de ne faire que des tirages successifs et proportionnés à leurs ventes; elles se prêtaient donc, mieux que tout autre moyen, aux combinaisons commerciales.

La typographie, battue sur ce terrain, fit vers le milieu du dernier siècle de nouveaux efforts pour soutenir la lutte. Breitkopf, de Leipzig, perfectionna les anciens procédés. Reinhardt, de Strasbourg, inventa une impression à deux tirages (portée et composition) avec composition clichée. Godefroy, à Paris, grava une musique mobile.

Sur ces entrefaites survient la lithographie, cette rivale redoutable de la typographie et de la gravure, de cette dernière surtout, qui se pose en tiers dans l'exécution des impressions musicales. Mais elle se présente dans la lice avec les défauts qui lui sont propres et qu'elle n'a pas encore pu surmonter, et dont le prin-

cipal est le manque de netteté ; quant au manque de
durée, elle y supplée par des reports.

Enfin, vers l'année 1825, un de nos plus habiles
typographes, dont le nom a déjà été cité par nous à
d'autres titres, M. Duverger, frappé de l'imperfection
de tous les procédés en usage, principalement pour les
tirages élevés, tels que ceux des méthodes, des sol-
féges, etc., s'appliqua à trouver un moyen qui, écartant
tous les obstacles, rendît à la musique les ressources
larges et puissantes de la typographie, et remît celle-ci
en possession d'une ancienne conquête qui lui échappait
de jour en jour.

Grâce à une combinaison qui consiste à composer les
signes, à mouler en plâtre cette composition et à tracer
les portées dans le moule, ce qui produit un cliché
complet, M. Duverger a réussi à former des planches
avec lesquelles il y a continuité certaine dans les lignes
de la portée, sans aucune solution possible, si ce n'est
celles qui résulteraient des accidents de presse et qui
sont communes à tout le matériel typographique. Cette
combinaison ayant pour auxiliaire le clichage, ses
produits peuvent être conservés, sans plus de frais que
des planches gravées, dans le but d'éviter des tirages
trop considérables. Elle ne serait pas applicable avec
avantage, comme la gravure et la lithographie, à des
impressions passagères et à des nombres très-restreints :
mais elle est d'une économie bien constatée pour les
publications destinées à une assez grande extension,
et elle concilie, sous le rapport de la pureté et de la
régularité des types, de l'élégance et de la correction

des textes accessoires, toutes les conditions que la typographie sait puiser dans ses moyens d'action habilement mis en œuvre.

Mais la composition musicale est demeurée très-coûteuse, et pour cette raison elle a encore des perfectionnements à conquérir. Le procédé véritablement économique serait celui qui supprimerait la composition des signes mobiles, frapperait directement dans la matrice en creux les poinçons des signes sur des portées déjà tracées en creux, et qui tirerait un cliché de cette matrice complète. Il nous est permis d'espérer que la typographie surmontera les obstacles qui arrêtent la solution de ce problème.

Le *plain-chant* s'imprime encore avec portées fractionnées ; mais tous les perfectionnements apportés à la musique lui sont applicables avec d'autant plus de facilité que la notation en est beaucoup plus simple.

PROCÉDÉS DIVERS.

Impression noire et rouge. — Cette impression, qui joue un rôle important dans la fabrication des livres liturgiques, tels que Missels, Bréviaires, etc., n'a pas été traitée spécialement dans l'article des *impressions en couleurs :* en voici les motifs. Les impressions en couleurs, à plusieurs couleurs, ou polychromes, s'appliquent généralement à des vignettes ou à des objets d'ornement; le texte n'y figure que comme accessoire. Dans l'impression *noire et rouge*, au contraire, le texte est tout; les accessoires sont nuls ou à peu près. Il s'agit ici de faire tomber avec une grande précision d'intercalation et d'alignement, soit les initiales qui commencent les alinéas, soit les lignes, les mots, ou même les lettres isolées qui font partie des rubriques.

Les plus grandes difficultés existent dans l'agrandissement des trous de pointures, et principalement dans les variations auxquelles est soumis le degré de moiteur du papier, qui, en se séchant, subit presque inévitablement un mouvement de retrait. Une autre difficulté également redoutable, et presque insoluble, c'est la coïncidence parfaite des deux formes noire et rouge, composées d'éléments différents et où il est à peu près impossible d'établir le registre sur tous les points.

Ces obstacles ont fait sentir la nécessité d'effectuer les deux tirages sur la même forme. A cet effet, l'on commence par le tirage noir, après avoir enlevé de la forme toute la partie destinée à être tirée en rouge. Pour le tirage rouge, on rétablit dans la forme toutes les rubriques, composées en caractères plus hauts, et les feuilles sont masquées avant l'impression, afin de garantir le tirage noir, primitivement exécuté.

On se sert aussi de deux clichés échoppés diversement, suivant qu'ils doivent servir au noir ou au rouge; mais ces deux reproductions de la même page peuvent avoir subi à la fonte des différences de retrait qui occasionnent des défauts de registre.

Nous avons des raisons pour penser que ces tirages,

très-chèrement exécutés par la presse manuelle, sont à la veille d'échoir à des mécaniques d'une invention nouvelle; nous ne nous étendrons donc pas davantage sur un mode d'impression qui attend des modifications prochaines et radicales.

Tissiérographie, ainsi nommée par M. Tissier, son inventeur. — Ce procédé, auquel nous ne pensons pas que soit dévolue une réussite durable, a pour but de produire sur pierre comme relief les traits qui sont en creux dans la taille-douce. Ce résultat rentre donc dans les tirages typographiques. Il s'obtient par un décalcage, et avec un acide qui mord les parties de la pierre destinées à rester en creux.

Cartes géographiques. — Outre celles dont l'invention est due à M. Firmin Didot et dont nous avons déjà parlé, M. Duverger, imprimeur, en a composé par un moyen nouveau et qui lui appartient. Il consiste à incruster par le pied, dans une table en plomb de moindre hauteur, de minces filets en cuivre qui dessinent le cours des fleuves et des rivières, et la configuration des côtes et des chaînes de montagnes. Les noms des villes, etc., sont clichés, appliqués et soudés, suivant leur position, sur la table. Ce procédé se concilierait avec un tirage mécanique, et produirait par conséquent une notable économie.

Litho-typographie. — Inventé par M. Paul Dupont, imprimeur, ce procédé consiste à reporter sur pierre une impression typographique, si ancienne qu'elle soit. Ce report obtenu, on imprime par la presse lithographique. L'objet principal de cette combinaison de la typographie et de la lithographie, comme son nom l'indique, est de compléter à un nombre quelconque d'exemplaires des ouvrages dont les types n'existent plus, et qui par là retrouvent toute leur valeur.

Paniconographie. — L'inventeur de ce procédé, M. Gillot, le définit : « l'art nouveau d'obtenir une ou plusieurs gravures métalliques, ou planches gravées en relief ou en creux, de tous caractères et figures ; et de pouvoir, à l'aide de ces figures, imprimer typographiquement, dans un tirage rapide, pur, net, vigoureux et en quelque sorte indéfini, toutes vignettes, tous dessins et gravures de n'importe quel genre, tous caractères typographiques, lithographiques, autographiques et de taille-douce. »

On obtient ces gravures au moyen d'une épreuve *fraîche*, tirée avec de l'encre à report sur pierre, sur bois, ou sur métal, puis décalquée sur le métal employé pour cet usage. Ce décalque devient, à l'aide d'un moyen chimique, la gravure destinée à l'impression.

Beaucoup de procédés, sinon du même genre, du moins tendants au même but, ont exercé depuis quelque temps l'esprit d'invention ; nous ne saurions dire si, dans cette carrière où les concurrents se présentent en foule, quelque distinction est réservée à la *paniconographie*.

Impression naturelle. — M. Auer, directeur de l'imprimerie d'État à Vienne (Autriche), vient de découvrir un procédé, qu'il a appelé l'*impression naturelle*. En voici l'objet et le résultat.

On place une plante, une fleur, un insecte, une étoffe, un tissu, en un mot une matière inanimée, quelle qu'elle soit, entre une plaque de cuivre et une plaque de plomb; puis on fait passer ces deux plaques entre deux cylindres avec une pression assez forte.

La plaque de plomb conserve l'empreinte de l'objet imprimé, avec toutes les finesses que présente sa surface.

Qu'on applique des couleurs à la plaque de plomb, les couleurs même les plus variées, chaque impression donnera une copie de l'original parfaitement ressemblante.

Si l'on veut tirer un grand nombre d'exemplaires, comme le plomb n'y pourrait suffire, on stéréotype ou l'on galvanise, et l'on obtient ainsi le moyen de produire de grands tirages.

Cette ingénieuse découverte est encore de date trop récente pour que ses résultats en soient très-multipliés; mais il nous a semblé qu'elle méritait une mention pour la pensée qui l'a conçue et qui a réussi à l'exécuter.

ESSAIS DIVERS.

Nous réunirons sous ce titre l'histoire de ces tentatives malheureuses qui avaient en vue de simplifier certaines parties du travail, et qui, ayant manqué leur but, sont rentrées dans le néant. Il n'est pas inutile, suivant nous, de mentionner ces découvertes avortées; c'est par la connaissance des écueils sur lesquels ont échoué nos devanciers que nous apprenons à nous défier de nos propres entreprises; et si nous persistons à vouloir aborder là où ils ont fait naufrage, nous savons du moins que pour entrer dans le port il nous faut prendre une autre route.

Nous nous bornerons à relater les essais qui avaient quelque importance par leur objet, ou ceux qui annonçaient chez leurs auteurs quelque intelligence de la fin qu'ils se proposaient et un choix ingénieux de moyens. Les autres essais ne nous paraissent pas mériter de sortir de l'oubli où ils sont tombés.

Groupes de lettres. — On a souvent pensé que des groupes de lettres représentant les syllabes les plus usuelles de la langue réaliseraient pour la composition une économie de temps considérable. Cette opinion, émise en 1775 par M. de Saint-Paul, et souvent reproduite depuis, n'a jamais reçu son application. On a reconnu que la complication qui en résulterait dans les divisions de la casse, et la nécessité de jeter un groupe au sabot lorsqu'une seule de ses lettres serait gâtée, entraîneraient des pertes, soit de temps, soit de matériel, au moins équivalentes aux avantages que cette innovation pourrait procurer.

Accent droit. — M. Pierre Didot, frappé de l'embarras dans lequel les compositeurs et les correcteurs étaient jetés par l'accentuation arbitraire de certaines catégories de désinences, affectées tantôt de l'accent aigu, tantôt de l'accent grave (comme dans les mots *siége*, *sére*, *orfévre*, etc.), conçut la pensée d'adopter pour ces désinences un accent intermédiaire, placé verticalement, qu'il appela accent *droit*. Il en fit l'application dans sa collection des *Auteurs Français*.

Quelle que soit l'autorité de cet illustre typographe, qui lui-même, reconnaissant sans doute les inconvénients de cette innovation, a renoncé à en faire usage, nous nous permettrons de nous applaudir ici de ce qu'elle n'a pas prévalu. Nous y aurions vu des chances nouvelles d'erreurs, et une complication regrettable dans l'accentuation de notre langue, qui présente déjà à l'imprimerie de trop fréquentes difficultés, sinon par le nombre des accents, du moins par l'hésitation qui règne dans leur emploi, faute de règles applicables à première vue. Suivant nous, c'est à l'Académie de trancher la question de l'accent aigu ou grave pour les cas douteux ; la typographie, qui n'a pas à prendre d'initiative grammaticale, doit se conformer aux décisions de ce souverain arbitre.

Machine à composer. — Ce problème est celui qui a le plus exercé l'imagination des inventeurs, jusqu'ici toutefois sans succès. La solution, en effet, était digne de tous leurs efforts : la machine à composer était le complément de la machine à imprimer. Mais celle-ci, quoique difficile à combiner, ne remplissait que des fonctions manuelles, et la mécanique pouvait les exécuter ; tandis que la première se proposait pour but des opérations dans lesquelles la main a moins de part que l'intelligence, parce qu'elles sont variables et qu'elles exigent l'intervention du calcul et du goût, qualités tout intellectuelles que l'homme ne saurait transmettre aux machines. L'homme peut créer une machine propre à accomplir des fonctions générales ; mais il ne lui communiquera pas la réflexion, avec laquelle il modifie incessamment son travail suivant l'occurrence. Par exemple, la justification s'arrête bien à un point déterminé ; mais à la condition que la ligne sera revue et retouchée pour éviter la coupure d'un mot, ou pour la faire d'une manière conforme à la règle. L'espacement est donc, dans la composition, un travail provisoire, qui ne saurait devenir définitif par l'effet d'un procédé mécanique. On pourrait aussi parler de la multiplicité des fautes qui résulteraient de l'action précipitée du conducteur de la machine, des difficultés très-grandes de la distribution, et d'autres obstacles de tout genre.

Quoi qu'il en soit, les tentatives n'ont pas fait défaut à cette invention vivement désirée. Pour ne pas remonter à des essais plus anciens et restés à l'état théorique, nous citerons MM. Young et Delcambre, qui construisirent, il y a une douzaine d'années, un clavier mécanique destiné à la composition. Cette machine fort ingénieuse, et pour laquelle ses auteurs obtinrent une médaille à l'exposition de 1844, a fonctionné quelque temps dans des imprimeries de Paris; mais elles ont été bientôt forcées de l'abandonner. D'autres machines à composer (entre autres, la *composeuse* de M. Gobert) ont été établies tout récemment; elles ne sont pas arrivées sur le terrain de la pratique : aussi ne leur consacrerons-nous aucune mention.

Nous reconnaissons que de nos jours la science de la mécanique a produit de grandes merveilles; nous ne doutons point qu'elle n'accomplisse encore beaucoup d'autres prodiges que nous ne soupçonnons pas aujourd'hui; mais il lui reste de graves difficultés à vaincre pour remplacer, si jamais elle y parvient, le travail intelligent et varié du compositeur.

Nouvelle casse. — Une nouvelle casse, dont l'essai a été fait dans plusieurs imprimeries de Paris, vient d'être présentée à l'Association des Imprimeurs de la capitale; l'accueil qu'elle y a reçu lui donne beaucoup de chances de se substituer avec le temps à la casse actuelle, qui, de même que la presse en bois, remonte presque à l'origine de l'art.

Les changements qui distinguent la casse nouvelle de l'ancienne, sont : sa réduction à un seul casseau, embrassant plus de superficie qu'un seul et moins que

<table>
<tr><td>É</td><td>È</td><td>Ê</td><td>Ç</td><td>W</td><td>Æ Œ</td><td>§</td><td>*</td><td>A</td><td>B</td><td>C</td><td>D</td><td>E</td><td>F</td><td>G</td><td>H</td></tr>
<tr><td>Q</td><td>R</td><td>S</td><td>T</td><td>U</td><td>V</td><td>X</td><td>Y Z</td><td>I</td><td>J</td><td>K</td><td>L</td><td>M</td><td>N</td><td>O</td><td>P</td></tr>
</table>

Left half of the working case:

<table>
<tr><td>ë</td><td>ï</td><td>ü</td><td>o</td><td>s</td><td>l</td><td>m</td><td>r</td><td>e</td><td>†</td><td>‡</td><td>( )</td><td>é</td></tr>
<tr><td>ù</td><td>à</td><td>è</td><td>i</td><td>ò</td><td>ù</td><td colspan="7"></td></tr>
<tr><td>è / à</td><td colspan="4">b</td><td colspan="4">c</td><td colspan="3">d</td><td>e</td></tr>
<tr><td>ç / z</td><td colspan="3">;q</td><td colspan="3">l</td><td colspan="3">m</td><td colspan="2">n</td><td>i</td></tr>
<tr><td>y / x</td><td colspan="3">v</td><td colspan="3">u</td><td colspan="3">t</td><td colspan="2">Esps 1 p. / 1 p. 1 2</td><td>Espaces.</td></tr>
</table>

Right half of the working case:

<table>
<tr><td>1</td><td>2</td><td>3</td><td>4</td><td>5</td><td>6</td><td>7</td><td>8</td></tr>
<tr><td colspan="2">s</td><td>— / =</td><td>f</td><td>g</td><td>h</td><td>9
W /</td><td>0
« »</td></tr>
<tr><td colspan="2">o</td><td>p</td><td>ff
j</td><td>fi
k</td><td>fl
? !</td><td>æ œ
—</td><td>Demi-cads.
Ca-drats.</td></tr>
<tr><td colspan="2">a</td><td colspan="2">r</td><td>;
.</td><td>:
,</td><td colspan="2">Cadrats.</td></tr>
</table>

65 Centimètres.

45 Centimètres.

les deux ; un remaniement presque général des cassetins ; l'élimination des petites capitales.

La casse d'une seule pièce présente une économie
d'achat ; en outre, une économie d'espace d'environ un
tiers, tant pour les rangs que pour les rayons ; et de
plus, une économie d'éclairage.

La nouvelle distribution des cassetins y est conforme
aux améliorations indiquées par l'expérience.

L'élimination des petites capitales, qui, ainsi que
l'italique, sont rejetées en dehors de la casse romaine,
et qui sont distribuées dans un petit casseau spécial,
permet de les appliquer à plusieurs caractères romains
du même corps, et de les sauver d'une refonte pré-
maturée. Cette simplification présente une économie de
matériel, et fait disparaître des probabilités de mélanges
qui se réalisent presque toujours.

Enfin la casse italique, qui ne trouvait pas à utiliser
les cassetins réservés aux petites capitales, rentre ainsi
dans ses limites naturelles.

Sans préjuger la portée de cette innovation ni l'opposition plus ou moins fondée qu'elle peut rencontrer,
nous donnons ci-dessus le nouveau modèle, dont on
pourra soi-même apprécier les dispositions.

FIN DE LA QUATRIÈME PARTIE.

VOCABULAIRE

TYPOGRAPHIQUE

N. B. Ce Vocabulaire est loin de comprendre toute la langue technique
de la typographie, dont l'ensemble est fort riche; on y trouvera
seulement un petit nombre de mots qui n'ont pu être définis, ou
suffisamment expliqués, dans le cours de l'ouvrage.

ABATTRE *la frisquette* et *le tympan:* c'est le mouvement
que fait l'imprimeur après que sa feuille de papier a été
placée sur le tympan, et qu'on appelle *faire le moulinet.*

APPROCHE. Dans la composition on appelle *approche* la séparation inopportune de deux lettres, causée par un corps
étranger interposé entre elles, ou par une partie saillante
de matière que l'apprêt des caractères fait ordinairement
disparaître.

Comme terme de fonderie, ce mot exprime la distance
naturelle qui existe entre les lettres, et le blanc nécessaire
que porte chacune d'elles. On peut fondre un caractère
plus large ou plus serré d'*approche*, suivant le besoin,
ou plutôt selon que sa forme le comporte; mais on conçoit
que, si toutes les lettres d'un caractère n'avaient pas une
approche uniforme, il en résulterait un effet choquant
pour la vue, et gênant pour le lecteur. C'est du montage du
moule que dépendent la justesse et l'égalité de l'*approche.*

11*

Assortiment. C'est une police partielle, plus ou moins importante, qui a pour objet de recompléter un caractère désassorti, ou de le pourvoir de sortes nécessaires pour une composition spéciale.

Baisser ou **Hausser** *la pointure*. Cette opération a pour but de rectifier le registre lorsqu'il est imparfait.

Banque. On appelle ainsi la *paye* des ouvriers.

Bardeau, synonyme de *casseau*. C'est une réserve, distribuée comme la casse, dans laquelle on survide les sortes surabondantes. On attache ordinairement au mot *bardeau* l'idée de quelque chose d'incomplet, et l'on donne ce nom à une casse dont les cassetins sont, les uns plus ou moins pleins, les autres vides, par conséquent hors d'état de servir.

Bilboquet. Ce nom se donne aux plus légers des ouvrages de ville, tels que têtes de lettres, cartes d'adresse, billets de faire part, factures, etc.

Blanc. Ce mot a, dans les diverses parties de la typographie, différentes acceptions, que nous allons faire connaître successivement.

En fonderie on appelle *blancs* les espaces et les cadrats, parce qu'ils représentent les parties de la composition qui, au tirage, forment des blancs.

On dit qu'un caractère *porte son blanc*, lorsque l'œil est au corps dans une proportion inférieure. Certaines lettres *portent du blanc :* c'est-à-dire que leur conformation est telle, que, placées auprès de quelques autres lettres, elles paraissent être espacées, bien que leur approche soit celle de tout le caractère.

Dans la composition, on donne ce nom à certains intervalles qui séparent les mots ou les lignes, intervalles plus grands que ceux que forme un espacement ou un interlignage ordinaire. Dans ce sens on dit une *ligne de blanc*, pour signifier une distance qui tient la place d'une ligne.

Dans l'imposition, on distingue les *petits* et les *grands blancs*. Les premiers comprennent les fonds et les têtières : les autres sont les marges extérieures et de pied.

Au tirage, on dit, en sens opposés, *être en blanc*, et *être en retiration*. — Faire son registre *en blanc*, c'est le faire sans toucher la forme, et en couvrant d'une maculature la feuille sur laquelle on observe le foulage.

BLANCHIR, en termes de composition, signifie augmenter le nombre des interlignes, ainsi que cela se fait dans les pages où il se trouve des titres, ou des lignes d'interlocuteurs.

BLOQUER *une lettre*, c'est la remplacer provisoirement par une autre de même épaisseur, afin de n'avoir pas de remaniement à faire en la débloquant. On recourt à cet expédient lorsqu'une lettre ou une sorte manque, pour éviter des retards préjudiciables dans la composition. Afin que le blocage soit reconnaissable aux yeux du correcteur, il faut retourner ou renverser la lettre provisoire.

BONNE FEUILLE. On appelle ainsi les feuilles bien venues et tirées après la mise en train.

BOURDON, DOUBLON. On appelle *bourdon* l'omission, faite par le compositeur, d'une partie quelconque de la copie. Le *doublon* est, au contraire, en termes de correction, synonyme de répétition. Ces deux genres de fautes sont également graves. Les remaniements plus ou moins longs qu'elles nécessitent doivent être exécutés avec les mêmes soins qu'une composition primitive.

BRAIE. C'est une feuille de papier fort, découpée comme

une frisquette, et qui en fait l'office pour le tirage des épreuves. Elle n'est pas attenante au tympan ; on l'enlève avant la touche, et on la replace ensuite sur la forme.

BROCHURE. On donne ce nom aux volumes qui n'atteignent pas le minimum du nombre de feuilles que comporte leur format.

CALES. Ce sont des coins de grande dimension, dont on se sert pour arrêter sous presse une forme dont le châssis est beaucoup plus petit que le marbre de la presse.

CAPUCIN. Dans les tirages manuels où l'on éprouve quelque difficulté à marger, comme ceux où la feuille est très-grande ou très-petite, on colle sur la marge un petit carré de carton ou de papier fort, découpé en pointe, qu'on appelle *capucin*, et qui sert à retenir la feuille.

CHAPERON. Ce mot est synonyme de *passe*. Il se donne à cette partie de papier qui se tire en sus du nombre déterminé, et qui est, suivant les usages de l'imprimerie, dans la proportion d'une main par rame.

CHASSER. Ce mot s'emploie pour exprimer la différence des caractères entre eux quant à leur épaisseur et à leur force de corps. Ainsi l'on dit que *le Cicéro chasse plus que la Philosophie*. Comme ce terme indique toujours un rapport dont le premier membre excède le second, on dit mieux encore : *le Cicéro chasse comparativement à la Philosophie*.

Il signifie aussi, pris en mauvaise part, espacer fortement les mots, blanchir, restreindre la justification, les pages, et les raccourcir, pour remplir de l'espace à peu de frais.

CHEVAUCHER. Se dit pour désigner les défauts accidentels d'alignement, particulièrement dans les bouts de lignes qui montent ou descendent, ce qui arrive fréquemment lorsqu'une forme est mal serrée.

CLICHER. Voir *Stéréotypie*, p. 365.

CONSERVER *une forme*, c'est la mettre en réserve après le tirage, au lieu de la distribuer. Nous avons donné des détails sur les *conservations* dans un article spécial, p. 348.

COQUILLE. En termes de composition, une *coquille* est le déplacement d'une lettre mise dans un cassetin étranger. Cette faute provient, la plupart du temps, de la distribution ; comme la composition qui la suit doit nécessairement s'en ressentir, il faut l'éviter avec soin.

En termes de correction, on appelle *coquille* toute faute consistante dans la substitution d'une lettre à une autre.

Il y a, comme on voit, une grande affinité entre ces deux acceptions ; ou plutôt la seconde est déterminée par la première.

En papeterie, la *coquille* est une sorte de papier, de la dimension du carré, collé et propre à recevoir l'écriture. Ce nom lui vient d'une espèce de coquillage qu'il portait autrefois pour marque.

COUCHER. Ce mot s'applique à une composition dans laquelle les lettres ne sont pas d'aplomb. Lorsque des lettres sont *couchées*, et qu'elles ne présentent pas une surface plane, elles produisent au tirage un effet qui les rend presque illisibles, et le côté de la lettre qui penche vient mal ou ne vient pas du tout. Ce défaut, qui est fort grave, peut tenir, soit à ce que les lignes ont été mal dressées dans le composteur ou dans la galée, soit à ce qu'ayant été mal justifiées, si le rouleau les prend par le flanc, il les couche vers l'extrémité de la ligne.

COUP. On appelait presse *à deux coups* celle dont la platine s'abaissait deux fois sur le tympan pour le tirage de la feuille. On disait, dans ce sens, le *premier* et le *second coup*. — *Imposer au premier coup*, c'est imposer dans le côté gauche du châssis.

CRÉNÉ, ÉE. Une lettre *crénée* est celle dont l'œil déborde le corps dans certaines parties. Telles sont quelques capitales accentuées, quelques lettres italiques, etc. Ces sortes sont susceptibles de se casser au moindre choc, et surtout au tirage, quand la crénure ne porte pas d'épaulement ; elles demanderaient aussi des soins particuliers à la distribution.

CRÉNURE. Les crénures sont deux mortaises pratiquées dans le long de la barre du châssis et à chacune de ses extrémités. Elles donnent passage à l'ardillon des pointures, qui s'émousserait s'il portait sur le fer. Pour que ce but soit toujours atteint, les crénures doivent être évidées avec soin et creusées assez profondément. Ce sont elles qui indiquent le dessus du châssis, et le sens dans lequel on doit le tourner lorsqu'on impose une forme.

CULBUTER. Se dit en parlant des feuilles qu'on met en retiration sur la même forme et immédiatement après le tirage en blanc.

DÉBLOQUER. C'est mettre la lettre bloquée à la place de celle qui en tenait lieu provisoirement.

DÉCHARGE. La *décharge* est, ainsi que nous l'avons expliqué dans les opérations du tirage, cette feuille qu'on place sur le tympan de la presse manuelle, ou sur le cylindre de la presse mécanique, lorsqu'on imprime une retiration. A la presse mécanique, on passe des *décharges* avant de tirer des feuilles blanches.

DÉCHARGER *un rouleau, une forme*, c'est ôter l'encre dont l'un ou l'autre se trouve couvert.

On *décharge* le rouleau lorsqu'il est trop encré, ou qu'il

n'a pas encore pris, et que l'impression n'a pas toute la
netteté désirable. Pour cela on se sert de feuilles maculées
et hors de service.

On *décharge* une forme lorsqu'elle est empâtée, ou au
moment de la cessation du travail, afin que l'encre ne se
sèche pas sur l'œil du caractère, ce qui l'emplirait et
nuirait au tirage. Cela se fait en tirant sur la forme,
avec force et à diverses reprises, une feuille de papier
commun.

L'encre *décharge* lorsqu'elle est faible de qualité et que
le vernis y domine; dans ce cas elle ne se sèche jamais
parfaitement.

DÉCOUPER *la frisquette,* c'est mettre à jour chacune des
parties correspondantes de la forme qui doivent recevoir
l'impression. Il n'y a donc que les pages ou portions de
pages blanches qui ne se découpent pas.

DÉFETS. On donne ce nom aux exemplaires incomplets qui
restent après l'assemblage. On conserve ces feuilles pour
remplacer au besoin celles qui pourraient se gâter dans
les volumes, ou pour les défalquer d'un nouveau tirage
dans le cas de réimpression identique.

DELEATUR. Ce mot latin est le nom du signe de correction
qui indique une suppression à faire. Sa forme est à peu
près celle qu'on donnait autrefois au *denier.*

DÉMONTER *une casse,* c'est l'enlever de dessus le rang pour la
placer dessous ou dans le rayon; ce qui se fait en plaçant
le casseau supérieur sur le casseau inférieur.

DÉPATISSER *une imprimerie* ou *un atelier,* c'est distribuer
tous les pâtés qui s'y trouvent.

DÉROULER *la presse,* c'est imprimer au train, par le moyen
de la manivelle, un mouvement rétrograde. Cette opéra-

tion a lieu immédiatement après que le coup de barreau a été donné, avant de relever le tympan et la frisquette. On ne doit dérouler la presse qu'au point nécessaire pour que le tympan soit levé sans toucher la platine. Si on la déroule entièrement, les crampons frappent sur l'extrémité des bandes, ce qui produit une secousse nuisible à l'aplomb de la presse.

DESSERRER *une forme*, c'est chasser les coins dans le sens rétrograde, au moyen du décognoir et du marteau.

Desserrer de la lettre, c'est desserrer une forme de distribution. Cette opération est du nombre des fonctions que comprend la mise en pages.

DÉTRANSPOSER. C'est replacer dans leur ordre naturel des pages ou des lignes qui ont été transposées à la mise en pages ou à la correction.

DISTRIBUER. C'est remettre les lettres dans leurs cassetins respectifs. Ce travail demande beaucoup de soins; c'est l'élément d'une bonne composition. On en trouvera tous les détails dans le chapitre qui y est consacré, p. 129.

La lettre à *distribuer* s'appelle *distribution*, comme l'opération elle-même.

Distribuer le rouleau, c'est prendre de l'encre sur la table, en l'y promenant à plusieurs reprises et avec une certaine force, pour que la distribution soit bien faite et que la prise d'encre soit très-légère.

DIVISER *un mot*, c'est le séparer en deux parties, dont la première reste à la fin d'une ligne, et l'autre est reportée au commencement de celle qui la suit. (Voir l'article *Division*, page 206.

DOUBLER. En termes de composition, c'est répéter deux fois un mot, une ligne, un alinéa. Ce genre de faute s'appelle *doublon*.

Doubler une ligne a encore une autre signification, que voici. Lorsqu'un vers dépasse d'un mot, ou d'une partie de mot, la justification, et qu'on n'a pas la ressource de le faire entrer dans la marge, on rejette le mot et on le place à l'extrémité d'une autre ligne dont le commencement est blanc. On ne doit recourir que dans des cas de nécessité reconnue à cet expédient, qui peut occasionner quelque confusion, et qui nuit toujours à l'aspect d'une page. On a conservé l'habitude, dans certains ouvrages, tels que des dictionnaires, de doubler les lignes en en faisant entrer la fin, soit dans la ligne supérieure, soit dans la ligne inférieure, suivant que la place s'y rencontre.

En termes de tirage, on dit qu'une impression *double*, lorsque les lettres se reflètent et semblent avoir reçu un double foulage. Cet inconvénient peut venir, soit de l'ouvrier, s'il abat mal son tympan ou s'il roule mal le train, soit de la presse, par défaut de passage. Il avait lieu fréquemment avec les anciennes presses à deux coups, où les pages du milieu de la forme (dans l'in-douze, par exemple) étaient imprimées en deux fois. Ce défaut se manifeste également dans les presses mécaniques par des causes diverses.

Doublon. Voir Bourdon.

Ébarber *une lettre*, c'est abattre avec un instrument tranchant un talus qui marque au tirage.

Ébarber *une feuille, un volume*, c'est égaliser avec des ciseaux les fausses marges de ses feuilles.

Embaucher *un ouvrier*, c'est l'admettre dans les ateliers après la présentation de son livret. Avec le chef de la maison, il n'y a que le prote à qui ce droit appartienne.

Encart. On appelle ainsi, dans les feuilles de plusieurs formats divisibles par cahiers (in-douze, in-dix-huit, etc.), un carton, simple ou double, qui se détache à la pliure pour être intercalé dans la principale partie d'un cahier.

Étançonner *une presse*, c'est l'assujettir au moyen d'étançons fixés dans un mur ou dans le plancher supérieur. Cela n'a lieu que pour les presses en bois; les presses en fonte se maintiennent par leur poids.

Fantaisie. On qualifie ainsi, d'une manière générale, tous les caractères autres que le romain et l'italique, et qui servent à orner et à varier les titres. Ce mot comprend aussi les perles, les vignettes et autres objets d'ornement.

Feinte. On appelle ainsi le défaut qui résulte, dans un endroit de la feuille imprimée, d'une touche plus faible que dans le reste de la feuille.

Financière. On donnait autrefois ce nom à un caractère d'écriture dont la forme se rapprochait de la ronde.

Foulage. Le *foulage* est le relief produit par l'impression sur le revers de la feuille. La fixation du *foulage* d'une manière modérée et uniforme est un des points les plus essentiels du tirage.

Fouler. Se dit en parlant de l'effet que produit la platine abaissée sur le tympan par le moyen du barreau. Pour que le tirage soit bon, la presse doit fouler régulièrement.

Friser. On dit d'un tirage qu'il *frise*, lorsqu'il manque de netteté, et lorsque l'impression se projette au delà de l'œil de la lettre. Ce défaut peut provenir de plusieurs causes, entre autres du relâchement du tympan, du défaut de passage, du manque d'aplomb dans le marbre ou dans la platine. Ce mot est synonyme de *papilloter*.

Frontispice. Le frontispice est la page de titre d'un livre. (Voir, page 161, l'article *Titre*.)

Gagner. En termes de composition, c'est obtenir un résultat plus restreint que la copie ou les calculs ne le comportaient.

Hausse. C'est l'épaisseur supplémentaire, représentée par un papier plus ou moins fin, que l'on colle sur le tympan ou sur le cylindre, ou qu'on ajoute à la mise en train, pour remédier au manque de foulage dans une partie quelconque de la forme, si étendue, ou si minime qu'elle soit. Ainsi une *hausse* se pose aussi bien sur une lettre que sur une page.

Hausser. Voir **Baisser**.

Idem, Ibidem. Le mot *idem* remplace dans les tableaux, dans les tables, ou autres compositions de ce genre, l'objet ou le personnage dont il vient d'être parlé. Le mot *ibidem* remplace l'ouvrage qui a été immédiatement cité. L'un exprime donc l'identité de sujet, et l'autre l'identité de lieu. Ils se composent le plus ordinairement en italique, et s'abrégent en *id., ibid.*

Intercaler un carton, une demi-feuille, c'est imposer la feuille dont ils font partie de manière qu'à la pliure ils se trouvent placés en encart.

Labeur. Ce nom s'applique généralement à tous les ouvrages de long cours, et susceptibles d'occuper plusieurs ouvriers. Dans cette acception, il est opposé à la dénomination d'*ouvrages de ville,* qui comprend les productions fugitives de l'imprimerie, et celles qui ne forment pas volume. Ces deux classes se partagent l'ensemble des travaux typographiques.

Larron. On appelle ainsi le défaut qui résulte d'un pli existant dans un coin de la feuille, que l'ouvrier a omis de faire disparaître, et qui, lorsque la feuille est étendue après le tirage, laisse en blanc toute la partie cachée par le pli et qui était destinée à l'impression.

On donne encore ce nom aux parcelles qui se détachent parfois de la feuille de papier, et qui masquent l'impression.

LETTRINE. On appelait ainsi autrefois les lettres italiques, placées soit en supérieures, soit entre parenthèses, qui renvoyaient aux notes ou aux additions. L'usage des chiffres en pareil cas a prévalu.

LEVER *la lettre,* exprime le mouvement que fait la main droite de celui qui compose. Dans cette opération, il faut saisir la lettre par la tête, et examiner si son cran est bien tourné. On dit d'un compositeur qui a le travail facile et prompt, qu'il *lève bien la lettre. — Lever la correction* d'une épreuve, c'est réunir dans le composteur toutes les lettres nécessaires pour la corriger.

LÉZARDE. On donne ce nom à certaines raies blanches qui se présentent parfois dans la composition d'une page, et qui y sont occasionnées par la rencontre fortuite de plusieurs espaces qui se trouvent placées les unes au-dessous des autres dans plusieurs lignes consécutives. Quand ce défaut est trop apparent, on y remédie au moyen de quelques remaniements qui déplacent ces espaces.

LIVRET. Chaque ouvrier, après l'expiration du terme de son apprentissage, demande au maître imprimeur chez lequel il a travaillé une attestation au moyen de laquelle il obtient un *livret.* Ce *livret* doit porter les dates d'entrée et de sortie de chaque imprimerie dans laquelle il a été employé, et le certificat de libération de toute espèce d'engagement, signé du chef ou du prote de l'établissement.

MACULATURE. C'est ainsi qu'on appelle les grosses feuilles qui servent d'enveloppes aux rames.

Maculer. Une feuille de papier peut *maculer* au tirage, soit par l'effet de garnitures, de coins, de biseaux, ou de supports, qui, n'étant pas baissés ou garantis, reportent l'encre sur la feuille; soit lorsque le poids d'une pile de rames tirées en blanc fait décharger l'encre sur le côté non imprimé; soit, au tirage de la retiration, lorsque des étoffes ou des décharges trop sales noircissent le côté déjà tiré.

Manchettes. Ce mot est synonyme d'*additions*. On peut voir, page 183, l'article relatif à cette partie de la composition.

Marger. A la presse manuelle, c'est placer les feuilles à imprimer de telle manière qu'elles couvrent exactement celle qui est collée sur le tympan, et qu'on appelle la *marge*. A la mécanique, c'est placer la feuille, soit sur la table à *marger*, soit sur le cylindre, suivant la position qui lui est affectée dans l'économie de la machine. Une feuille mal *margée* est perdue, et doit être remplacée. Ce mot ne s'applique qu'au tirage en blanc; à la retiration on ne *marge* pas, on pointe.

Marque. Lorsque l'imprimeur trempe son papier, il est d'usage qu'il fasse une *marque* de cinq en cinq mains; c'est un pli qui dépasse la feuille, toujours au même coin.

Masquer. Se dit lorsqu'on colle du papier sur une partie de la frisquette, afin que les pages correspondantes de la forme ne s'impriment pas sur la feuille.

Les pages blanches restent ordinairement *masquées*, afin que l'encre ne puisse pas maculer le papier.

Matière. On appelle ainsi le vieux caractère destiné à être refondu. En composition, *matière* est synonyme de texte ou de copie; on dit : *la matière manque*, ou *la matière abonde*.

Moine. C'est le défaut qui se manifeste au tirage lorsque, par le fait de l'imprimeur, ou du rouleau, une partie de la forme n'a pas été touchée.

Monter *une casse*, c'est la dresser sur le rang.

Mordre, se dit en parlant de la frisquette, lorsque, n'étant pas suffisamment découpée, elle masque mal à propos quelque partie de la forme, ordinairement un bout de ligne ou un bord de page. Il arrive quelquefois à la frisquette de *mordre* lorsqu'elle vacille sur le tympan, faute d'être assurée dans ses couplets.

Onglet. On appelle ainsi un feuillet isolé. Il est certains cas où l'*onglet* est inévitable, tels que dans la demi-feuille in-dix-huit, et souvent à la fin d'un volume d'un format quelconque. Quelquefois, lorsqu'une page a été imprimée avec des fautes, on refait un *onglet;* mais cette opération dépare le livre. Le pli fait au bas de l'*onglet,* pour qu'au brochage il soit atteint par le fil, sort du fond du volume, et lui donne un aspect désagréable. Lorsqu'on impose deux pages en *onglet*, et qu'elles se tirent sans feuillet blanc, il faut augmenter un peu la marge du fond aux dépens de la marge extérieure, pour que le pli puisse être fait.

Papilloter. Synonyme de *friser*. (Voir ce dernier mot.)

Passage. Le *passage* d'une presse est l'intervalle qui se trouve, d'une part, entre les côtés et la plate-forme de la platine, et, de l'autre, les côtés et la surface extérieure du petit tympan.

Paté. On appelle ainsi un mélange de lettres ou de caractères brouillés ensemble, soit par accident, soit par négligence. Les *pâtés* causés par accident ou par maladresse peuvent avoir lieu pour une ligne, pour une page ou pour une forme entière; ceux qui sont le résultat de la négligence se forment, par agglomération, sous les rangs ou dans des cassetins.

Qu'un *pâté* se fasse avant ou après le tirage, on doit toujours le composer, c'est-à-dire séparer les lettres et les caractères qui entraient dans la composition, et les distribuer sur-le-champ. Si l'on ne répare pas ainsi le dommage que de pareils accidents entraînent pour une imprimerie, on peut au moins l'atténuer en sauvant les lettres que ce dérangement n'a pas détériorées.

PERDRE. Synonyme de *chasser*, et inverse de *gagner*. Voir ces deux mots.

PIQURE. On donne ce nom aux ouvrages qui, ne formant qu'un très-petit nombre de feuilles, sont piqués sur la couverture au lieu d'être brochés.

POINTER, c'est placer sur le tympan de la presse, sur la table ou sur le cylindre de la mécanique, les feuilles tirées en blanc de manière que les pointures entrent exactement dans les trous qui ont été faits lors du tirage en blanc.

PORTE-PAGE. C'est une double ou quadruple épaisseur de papier, sur laquelle on dépose les paquets et les pages lorsqu'ils sont liés.

QUEUE. On appelle ainsi une fin de page laissée en blanc, et dont la suite est reportée en page ou en belle page. Suivant le besoin, on cherche ou l'on évite les *queues*.

RAMOITIR, c'est humecter avec une éponge imbibée d'eau. On *ramoitit* de cette façon un tympan, ou une feuille de papier dont on veut se servir tout de suite.

RATISSER *le rouleau*. Quand il a été graissé de vernis ou d'encre et qu'on le reprend pour s'en servir, on enlève le corps gras dont il est enduit, avec un instrument non tranchant, en forme de croissant, qu'on promène sur toute sa circonférence.

Rattrapage. On appelle ainsi l'intervalle laissé entre deux parties de copie destinées à se suivre : par exemple, lorsque le commencement de la seconde partie est fait avant la fin de la première. En pareil cas, on presse le *rattrapage*.

Rayon. Les *rayons* sont des planches disposées en forme de casier, dans lesquelles on place les casses lorsqu'elles ne sont pas occupées.

Regagner, c'est faire rentrer dans une limite donnée une copie qui excède cette limite. Pour cela, on *regagne* des bouts de lignes en resserrant les lignes qui précèdent, ou l'on *regagne* dans les blancs.

Regard. Placer un texte en *regard* d'un autre texte ou d'une traduction, c'est mettre l'un et l'autre dans des pages ou dans des colonnes que l'œil peut embrasser en même temps.

Réglette. Nous avons expliqué le sens de ce mot dans le chapitre qui traite des garnitures de la forme. La *réglette de longueur* est la mesure commune dont se sert le metteur en pages ; et habituellement il emploie pour cette opération, soit une *réglette*, soit un lingot coupé ou marqué à cette mesure.

Relevage, Relever. Le *relevage*, en termes généraux, est l'enlèvement de la forme de dessus le marbre de la presse quand le tirage en est fini. Mais on se sert plus spécialement de ce mot lorsque, pour un motif d'urgence ou de toute autre nature, on *relève* la forme avant l'achèvement de l'impression, sauf à en reprendre ultérieurement le tirage.

Remanier. On *remanie* de la composition, soit lorsqu'on en retranche ou qu'on y ajoute quelque chose, soit pour la changer de justification.

On *remanie* le papier après qu'il a été trempé et pressé,

c'est-à-dire qu'on le retourne dans différents sens, en le
prenant à peu près par main, afin que l'eau le pénètre
également.

RETOURNER *le papier*. Lorsqu'il a été tiré en blanc, il faut
avoir soin de le placer sur le banc de la manière qui convient pour la retiration, et l'on doit s'assurer, en tirant la
première feuille, s'il est bien *retourné* sur le pupitre. On
retourne in-octavo et *in-douze;* l'une et l'autre manière
est applicable à tous les formats : en donnant des modèles
de leur imposition, nous avons fait connaître le sens dans
lequel chacun d'eux devait se *retourner*.

RÉVISION. Épreuve donnée sous presse après la tierce, lorsque celle-ci contenait encore des corrections, et destinée
uniquement à s'assurer de leur vérification sans nouvelle
lecture.

ROULER. On dit qu'une presse *roule*, lorsqu'elle n'est plus
arrêtée par la mise en train, et que le tirage se continue
sans interruption.

SABOT. Boîte dans laquelle on jette les lettres usées et destinées à être remises au creuset.

SERRER. Nous avons expliqué en plus d'une occasion dans
quel cas on *serrait* ou *desserrait* les formes, et comment
on y procédait.

En termes de composition proprement dite, *serrer* veut
dire employer généralement des espaces faibles, et restreindre les blancs, pour gagner du terrain.

SURCHARGES. On comprend sous cette dénomination générale
tout ce qui sort une composition des conditions données.
Sans parler des corrections, qui forment un article spécial,
les *surcharges* comprennent toutes les difficultés, telles
que des tableaux ; toutes les parties en caractères plus fins,

telles que sommaires, notes, épigraphes, etc., qui motivent de l'augmentation dans un prix de composition établi pour un texte uniforme.

TACONNER, c'est taquer par dessous. Il arrive quelquefois que des lames de filets sont basses en certaines parties; dans ce cas on donne en dessous quelques coups de pointe, ou l'on étire la matière avec de légers coups de marteau, pour mettre l'œil au niveau du reste : cela s'appelle *taconner*.

On appelle aussi *taconner* coller, avant le tirage, sous une forme qui contient des lettres de hauteurs inégales, une feuille de papier trempée qui rétablit le niveau.

TÉTIÈRES. On appelle ainsi les garnitures qui forment les têtes de pages. Elles doivent être combinées de manière que la marge qu'elles représentent soit avec celle du pied dans le rapport de deux à trois.

VÉRIFICATION. Synonyme de *révision*. Voir ce mot.

VIOLON. On donne ce nom à une galée de mise en pages dont la longueur excède plus ou moins la dimension ordinairement adoptée.

FIN DU VOCABULAIRE.

TABLE

DES MATIÈRES

INTRODUCTION

PREMIÈRE PARTIE

COMPOSITION

CHAPITRE I

ÉLÉMENTS DE LA COMPOSITION

CHAPITRE II

DE LA COMPOSITION

CHAPITRE III

DES CONDITIONS ESSENTIELLES ET DES PARTIES INTÉGRANTES D'UN LIVRE

CHAPITRE IV

DES PARTIES ÉVENTUELLES D'UN LIVRE

CHAPITRE V

DE CERTAINES DISPOSITIONS PARTICULIÈRES DE LA COMPOSITION

CHAPITRE VI

DES USTENSILES QUI SERVENT A LA COMPOSITION

SECONDE PARTIE

TIRAGE

CHAPITRE I

DE LA PRESSE MANUELLE

CHAPITRE II

DES DIVERSES OPÉRATIONS DONT SE COMPOSE LE TIRAGE

CHAPITRE III

DES MATÉRIAUX ET DES USTENSILES QUI SERVENT AU TIRAGE

CHAPITRE IV

CHAPITRE V

TROISIÈME PARTIE
ADMINISTRATION D'UNE IMPRIMERIE

CHAPITRE I

CHAPITRE II

QUATRIÈME PARTIE

APPENDICE

FIN DE LA TABLE DES MATIÈRES.

TOURS. — IMPR. MAME.

TRAITÉ

DE LA

TYPOGRAPHIE

PAR

HENRI FOURNIER

IMPRIMEUR

DEUXIÈME ÉDITION

CORRIGÉE ET AUGMENTÉE

1 fort volume grand in-18. Prix, broché : 3 fr.

Depuis la première publication de cet ouvrage, achevé en 1824, de grands changements se sont opérés dans certaines parties de la typographie. Comme tous les arts industriels, la typographie, durant cette période laborieuse et exempte de longues perturbations, a fait d'énergiques efforts pour ne pas demeurer stationnaire ; ces efforts ont été suivis de succès, et elle s'est placée à un rang honorable dans les annales du progrès, ainsi que l'attestent les produits qu'elle a montrés et les récompenses qu'elle a obtenues dans les expositions de la France et de l'Angleterre.

La gravure des caractères, qui par moments semblait perdre de vue les bons modèles et mettre en péril notre supériorité nationale, est rentrée dans une voie plus sévère et revenue à des types admis par le goût.

La fonderie a participé à cette tendance vers un ensemble de travaux corrects et satisfaisants.

Le tirage a rencontré dans la propagation prompte et incessante, dans l'amélioration indéfinie des presses mécaniques, la nécessité d'une transformation où devaient être conciliées la rapidité de la production et la perfection du produit.

D'autres causes sont venues modifier la nature des opérations typographiques. L'application de la mécanique à la fabrication du papier, l'immense consommation qui s'en est suivie, et les ressources illimitées que le papier continu a offertes à la librairie; le développement simultané des machines à papier et des machines de tirage; l'extension donnée à la gravure sur bois, qui est devenue un art nouveau sous le nom, nouveau également, d'illustration : toutes ces circonstances, survenues presque concurremment, ont placé l'imprimerie dans des conditions d'activité et d'avancement qui ont été pour elle toute une révolution.

Aujourd'hui comme alors associé au mouvement typographique, nous avons assisté à son développement progressif; nous en avons observé tous les détails, nous en avons étudié et, nous pouvons dire, secondé la marche (1). Aussi avons-nous tenu compte dans cette nouvelle édition (2) de toutes les innovations heu-

(1) L'auteur dirige aujourd'hui, à Tours, les ateliers typographiques de la maison Mame, le plus vaste établissement d'imprimerie, de librairie et de reliure qui existe dans le monde entier.

(2) On y trouvera le modèle d'une *nouvelle casse* adoptée dans plusieurs maisons de Paris, présentée à l'Association des Imprimeurs, et qui a beaucoup de chances d'être généralement admise avec le temps.

reuses que nous avons vues apparaître, des habitudes nouvelles qui ont prévalu, des procédés qui ont pris racine, des moindres modifications qui se sont introduites. Nous n'avons pas même laissé sans une mention spéciale les essais infructueux, pensant qu'il n'était pas inutile, pour l'histoire de l'art et pour l'expérience de ceux qui l'exercent, de signaler ces tentatives que des hommes doués d'imagination, mais dépourvus de pratique, conçoivent et exécutent sans se préoccuper de la facilité, de la possibilité d'application.

Nous formons le vœu que cette édition, mise au niveau de la situation présente et à la portée de tous les typographes, puisse profiter à l'enseignement trop souvent incomplet de bon nombre d'entre eux, dont l'apprentissage négligé ou inachevé, dont l'instruction mal dirigée, dont les travaux routiniers doivent chercher à se retremper dans la théorie, et y puiser des notions propres à sauver l'art de la décadence et à les sauver eux-mêmes de la médiocrité, condition funeste à l'homme et surtout à l'ouvrier. (*Avant-propos de cette deuxième édition.*)

TOURS

A^e MAME ET Cie, IMPRIMEURS-LIBRAIRES

PARIS

DELARUE, LIBRAIRE, QUAI DES AUGUSTINS, 11

Tours. — Imprimerie Mame.

DIVISION DE L'OUVRAGE